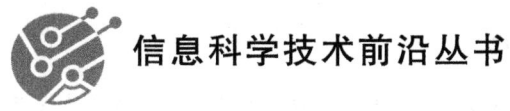
信息科学技术前沿丛书

基于预训练语言模型的文本属性图表示学习及应用

李朝卓　许　杰　郭三川　著

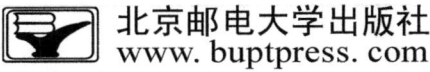
北京邮电大学出版社
www.buptpress.com

内 容 简 介

文本属性图广泛分布于诸多应用场景之中，其核心挑战在于如何巧妙地融合节点的文本语义特性与图结构的拓扑信息，从而强化节点的表征学习能力，实现高效且精准的学习范式。为应对这一挑战，本书从多个维度对文本属性图进行了综合性的研究探讨，包括文本属性图综合性研究：基准测试与深度思考、细粒度融合节点文本属性的图表示学习、文本属性图上的半监督表示学习、低内存占用的文本属性图表示学习、GNN-LM 紧耦合的文本属性图表示学习、基于变分推断的大规模文本属性图上的表示学习、基于高频感知分层对比选择性编码的文本属性图表示学习、基于文本属性图表示学习的搜索广告系统、基于拓扑驱动语言模型预训练的推荐系统、基于文本属性图表示学习的社交网络对齐等多方面的研究。这些研究不仅深化了我们对文本数据与图结构融合的理解，也为相关领域的实践提供了坚实的理论基础和丰富的案例指导。

本书旨在为对图神经网络感兴趣或正在从事相关领域研究与实践的广大读者提供全面而深入的指导。同时，本书也可作为撰写学术论文或进行课题研究的参考书籍，可为学术研究和实际应用提供有力的支持。

图书在版编目（CIP）数据

基于预训练语言模型的文本属性图表示学习及应用 / 李朝卓，许杰，郭三川著. -- 北京 ：北京邮电大学出版社，2025. -- ISBN 978-7-5635-7557-2

Ⅰ. TP391

中国国家版本馆 CIP 数据核字第 2025YE2621 号

策划编辑：马晓仟　　责任编辑：孙宏颖　　责任校对：张会良　　封面设计：七星博纳

出版发行：北京邮电大学出版社
社　　址：北京市海淀区西土城路 10 号
邮政编码：100876
发 行 部：电话：010-62282185　传真：010-62283578
E-mail：publish@bupt.edu.cn
经　　销：各地新华书店
印　　刷：保定市中画美凯印刷有限公司
开　　本：787 mm×1 092 mm　1/16
印　　张：11
字　　数：277 千字
版　　次：2025 年 6 月第 1 版
印　　次：2025 年 6 月第 1 次印刷

ISBN 978-7-5635-7557-2　　定　价：58.00 元

· 如有印装质量问题，请与北京邮电大学出版社发行部联系 ·

前　　言

近年来,对于图挖掘(graph mining)任务的研究,着重于从图结构数据中挖掘有价值的信息,图挖掘已成为学术界和工业界广泛关注的热点话题。图数据为深入研究人类行为模式和信息交互关系提供了广阔的空间。例如,过去二十年间,社交网络迅速发展,成为互联网中重要的交互流量贡献者。用户可以在社交网络中分享和交流信息。与传统媒体不同,社交媒体中的好友关注关系紧密连接用户,形成了大规模的社交关系网络。此外,在学术研究领域,科学文献的相互引用关系构成了文献引用网络,科研人员可以通过该网络快速、准确地定位到特定文章。因此,作为一种流行的数据结构,图已经成为互联网海量数据的重要存储形式。

节点分类、社团发现和链接预测等图挖掘任务通常将图中的节点作为输入样本。因此,如何为节点学习高质量、低维度的表示向量,以便利用主流机器学习模型进行后续任务处理,成为基于图数据挖掘任务的重要挑战,这一任务通常被称为图表示学习(graph representation learning)。学习到的节点表示向量需能够体现节点间的相似性(如拓扑相似性、属性相似性等)。作为近年来的研究热点,图表示学习任务得到了广泛关注。

图表示学习的核心在于有效地融合图拓扑结构中的信息和节点属性信息。图神经网络(Graph Neural Network,GNN)通过消息传递机制来建模拓扑结构信息,而信息文本作为知识传播与情感交流的主要载体,也成为描述节点属性的重要数据形式。预训练语言模型(Pre-trained Language Model,PLM)凭借其强大的语言理解和泛化能力,带来了自然语言处理领域的革命性变革。然而,文本数据并非简单的线性词序列,而是隐含了复杂的语义结构、上下文关系及潜在的图结构信息。因此,探索如何结合预训练语言模型与图神经网络,以更全面地捕捉文本的属性与关系,成为当前研究的一大热点。近年来,基于文本属性图的表示学习已成为图机器学习领域备受关注的方向,旨在整合文本的语义信息与图结构的拓扑关系,以提升节点表示学习的质量。

本书对以下问题展开深入研究:文本属性图综合性研究:基准测试与深度思考、细粒度融合节点文本属性的图表示学习、文本属性图上的半监督表示学习、低内存占用的文本属性图表示学习、GNN-LM紧耦合的文本属性图表示学习、基于变分推断的大规模文本属性图上的表示学习、基于高频感知分层对比选择性编码的文本属性图表示学习,以及文本属性图表示学习在搜索广告系统、推荐系统和社交网络对齐中的应用。具体而言，本书的主要贡献和创新点如下。

(1) 文本属性图综合性研究：基准测试与深度思考

本书开篇构建了精心设计的 CS-TAG 数据集，旨在促进文本属性图（TAG）表示学习领域的发展。该数据集规模庞大，覆盖多个领域。本书通过多样化的基准实验（包括预训练语言模型、图神经网络及其协同训练方法）对其进行了全面评估。这些实验不仅评测了算法性能，还引发了人们对文本属性图特性及表示学习算法设计的深入思考，为后续研究奠定了理论基础。

(2) 细粒度融合节点文本属性的图表示学习

在图数据领域，节点属性作为不可或缺的要素，对于提升图表示学习的效果至关重要。第 3 章研究了将节点属性信息融入图表示学习的过程，以增强表示向量的表达力与泛化能力，并提出了基于多视图学习的 PPNE 模型。该模型为拓扑结构和节点属性分别设计了误差函数，在联合学习框架下进行迭代优化，最终得到了融合属性的节点表示。实验表明，PPNE 模型在节点分类与链接预测任务上表现优异，证明了节点属性信息在提升图表示学习性能中的关键作用。

(3) 文本属性图上的半监督表示学习

第 4 章研究了结合少量标注数据与大量未标注数据的半监督图表示学习方法。通过神经网络框架融合图的拓扑结构和节点标注信息，该方法在表示学习过程中显著地提升了模型的准确性与鲁棒性。它有效地将标注信息从少量节点传播到大量未标注节点，生成了高质量的任务敏感节点表示。实验在 3 个真实数据集上验证了该方法的优越性能。

(4) 低内存占用的文本属性图表示学习

针对资源受限环境下图表示学习内存占用大的问题，第 5 章提出了一种基于共享基础向量的节点表示策略，并设计了两种模型：自编码器压缩模型和图卷积网络模型。这些模型在保证表示向量质量的同时，显著地减少了内存占用，突破了资源限制，实现了高效而精准的图表示学习。实验结果表明，该策略在大规模图数据场景下具备显著的内存优化效果。

(5) GNN-LM 紧耦合的文本属性图表示学习

为进一步提升文本属性图的表示学习效果，第 6 章提出了一种紧耦合的文本属性图表示学习模型 GraphFormers。通过将 GNN 与 Transformer 模块嵌套，该模型实现了文本编码与图信息聚合的一体化，从而深度融合了图与文本信号。该模型采用渐进式学习策略，提升了图上信息的整合能力。实验结果显示，GraphFormers 在效率相当的情况下超越了现有方法，增强了表示向量的表达力和泛化能力，为文本分析、情感计算等任务提供了可靠的特征输入。

(6) 基于变分推断的大规模文本属性图上的表示学习

面对大规模文本属性图带来的计算挑战,第 7 章提出了一种基于变分推断的表示学习新策略 GLEM。GLEM 通过将图结构信息转化为概率分布,并结合变分期望最大化框架,交替更新语言模型和图神经网络,实现了高效的表示学习。实验结果表明,GLEM 突破了传统方法在大规模数据处理上的瓶颈,推动了文本属性图在实际应用中的广泛使用。

(7) 基于高频感知分层对比选择性编码的文本属性图表示学习

近年来关于图神经网络与预训练语言模型的研究各自取得了显著的成果,但在文本属性图上结合两者的研究相对较少。现有的 GNN 较少以上下文感知方式建模节点文本,PLM 则因其序列结构难以直接表征图结构。为应对此类挑战,第 8 章提出了 HASH-CODE 模型,通过高频感知频谱分层对比选择性编码,将 GNN 与 PLM 深度融合。与传统的"级联架构"不同,HASH-CODE 模型依赖 5 个自监督优化目标,以促进不同粒度下图与文本信号的相互增强。实验结果表明,该模型在 6 个真实基准数据集上表现优异,尤其是在增强高频成分感知和对比学习目标方面,提升了嵌入的区分性。

(8) 基于文本属性图表示学习的搜索广告系统

第 9 章聚焦搜索广告领域,探讨了利用文本属性图表示学习技术优化个性化推荐与精准投放策略。针对传统双塔模型忽略用户与广告商个性化偏好的问题,第 9 章提出了"面向用户与广告商的个性化广告搜索"(PASS)。通过引入四元组相关性模型,融合用户与广告商信号及历史行为数据,以超图形式建模偏好,第 9 章提出了异构文本超图 Transformer 模型,以深度结合文本语义与超图拓扑结构信息。实验结果表明,该模型显著地提升了搜索广告系统的智能化水平,为用户提供了更个性化的广告体验。

(9) 基于拓扑驱动语言模型预训练的推荐系统

在电商领域,商品表征学习至关重要,其核心在于如何融合商品的语义信息与由用户行为(如共同点击或共同浏览)产生的交互信息。现有方法通常依赖单一类型信息或松散结合两者,导致表征效果受限。第 10 章提出了 TESPA 模型,该模型通过相互增强语义与交互建模,优化商品表征学习。TESPA 模型通过相互结合商品的内在语义和交互关系,显著地提升了商品表征的质量。

(10) 基于文本属性图表示学习的社交网络对齐

第 11 章针对社交网络对齐问题,提出了一种基于图表示学习的解决方案,旨在减少对标注数据的依赖。研究表明,不同社交网络的图表示在低维空间中具有相似性(同质性),该方案利用这一特性,通过提取节点、边及图结构信息,构建表示向量,并结合 Wasserstein 距离和对抗学习框架,最小化不同社交网络特征空间之间的距离,以实现跨平台用户身份识别及信息传播分析。实验结果表明,在少量标注数据条件下,该方案仍能实现优良的对齐效果。

总体而言，文本属性图上的表示学习在理论和方法上取得了显著进展，为深化人们对文本数据与图结构融合的理解奠定了坚实的基础。本书系统地梳理并深入地探讨了这一新兴领域的前沿成果与未来趋势，汇集了国内外在该领域的最新研究，并通过理论分析、方法创新、实验验证及实际应用等多个维度，为读者呈现了丰富的文本属性图表示学习全景图。然而，该领域仍面临着一些挑战，如非线性图结构的建模和更有效的协同学习方法等，这些问题亟须进一步研究。未来的研究将继续致力于解决这些难题，以推动文本属性图表示学习的持续发展。总之，本书不仅全面地总结了当前的研究现状，还对未来的研究方向进行了深刻的分析与展望。我们期待本书的出版能够激发更多学者与工程师的兴趣与热情，共同推动文本属性图表示学习领域的蓬勃发展。

本书由北京邮电大学李朝卓和郭三川、北京外国语大学许杰著。

本书由中央高校基本科研业务费专项资金资助（Supported by the Fundamental Research Funds for the Central Universities）（项目批准号：2025ZZ039。项目名称：基于多模态预训练的富属性图表示学习研究）。

目 录

第 1 章 绪论 ··· 1

  1.1 研究背景与研究意义 ··· 1

  1.2 相关工作 ··· 7

  1.3 主要挑战 ··· 8

  1.4 本书的主要贡献 ·· 9

第 2 章 文本属性图综合性研究:基准测试与深度思考 ···························· 11

  2.1 引言 ·· 11

  2.2 相关工作 ·· 13

  2.3 CS-TAG:文本属性图上数据集与基准测试 ·································· 14

    2.3.1 CS-TAG 概述 ·· 14

    2.3.2 数据集构造 ·· 14

    2.3.3 文本属性图上传统学习范式 ·· 16

    2.3.4 语言模型上拓扑预训练 ·· 17

  2.4 实验部分 ·· 18

    2.4.1 属性静态建模对 GNN 的影响 ··· 19

    2.4.2 协同训练范式分析 ·· 20

    2.4.3 基于 PLM 的方法与基于 GNN 的方法的比较 ························ 21

    2.4.4 拓扑预训练方法的有效性分析 ··· 23

  2.5 讨论 ·· 24

  2.6 总结与展望 ··· 25

第 3 章 细粒度融合节点文本属性的图表示学习 ···································· 26

  3.1 引言 ·· 26

3.2 融合节点属性的图表示学习模型 ··· 27
3.2.1 问题定义 ··· 27
3.2.2 模型框架 ··· 28
3.2.3 基于拓扑结构的目标函数 ··· 29
3.2.4 基于节点属性的目标函数 ··· 30
3.2.5 联合优化算法 ··· 31
3.2.6 讨论 ··· 33
3.3 实验 ··· 34
3.3.1 数据集介绍 ··· 34
3.3.2 对比方法 ··· 35
3.3.3 节点分类 ··· 35
3.3.4 链接预测 ··· 36
3.4 本章小结 ··· 37

第 4 章 文本属性图上的半监督表示学习 ··· 39
4.1 引言 ··· 39
4.2 半监督的图表示学习模型 ··· 41
4.2.1 问题定义 ··· 41
4.2.2 模型框架 ··· 41
4.2.3 顺序敏感的图表示学习模型 ··· 42
4.2.4 半监督的图表示学习模型 ··· 45
4.3 实验 ··· 47
4.3.1 数据集介绍 ··· 47
4.3.2 对比方法 ··· 47
4.3.3 网络重构 ··· 48
4.3.4 节点分类 ··· 49
4.3.5 链接预测 ··· 51
4.3.6 参数敏感性分析 ··· 51
4.4 本章小结 ··· 52

第 5 章 低内存占用的文本属性图表示学习 ··· 54
5.1 引言 ··· 54

5.2 低内存占用的图表示学习···57
　　5.2.1 问题定义···57
　　5.2.2 基于预训练特征的多热点图表示学习···57
　　5.2.3 端到端的多热点图表示学习··60
5.3 实验···62
　　5.3.1 数据集介绍···62
　　5.3.2 对比方法··63
　　5.3.3 基于预训练特征的多热点图表示学习···64
　　5.3.4 端到端的多热点图表示学习··68
5.4 本章小结··70

第6章　GNN-LM 紧耦合的文本属性图表示学习···72

6.1 引言···72
6.2 相关工作··74
6.3 GraphFormers···75
　　6.3.1 GNN-nested Transformers··75
　　6.3.2 模型简化：单向图聚合··78
　　6.3.3 模型训练：两阶段渐进式学习··78
6.4 实验···79
　　6.4.1 实验数据和设置···79
　　6.4.2 基线方法···80
　　6.4.3 整体实验评估··80
　　6.4.4 消融实验···82
　　6.4.5 效率分析···83
　　6.4.6 在Bing 搜索中的线上 A/B 实验···83
6.5 本章小结··84

第7章　基于变分推断的大规模文本属性图上的表示学习··86

7.1 引言···86
7.2 相关工作··87
7.3 背景···88
　　7.3.1 文本属性图··88

  7.3.2 基于语言模型的节点分类方法 ………………………………………… 89
  7.3.3 基于图神经网络的节点分类方法 ……………………………………… 89
 7.4 模型框架 …………………………………………………………………………… 89
  7.4.1 伪似然函数变分框架 …………………………………………………… 90
  7.4.2 参数化技术 ……………………………………………………………… 90
  7.4.3 期望估计步：语言模型优化 …………………………………………… 91
  7.4.4 期望最大化步：图神经网络优化 ……………………………………… 92
 7.5 实验 ………………………………………………………………………………… 92
  7.5.1 实验设置 ………………………………………………………………… 92
  7.5.2 直推式节点分类 ………………………………………………………… 93
  7.5.3 无结构的归纳式节点分类 ……………………………………………… 95
  7.5.4 训练范式对比 …………………………………………………………… 95
  7.5.5 收敛性分析 ……………………………………………………………… 96
 7.6 本章小结 …………………………………………………………………………… 97

第8章 基于高频感知分层对比选择性编码的文本属性图表示学习 ……………… 98

 8.1 引言 ………………………………………………………………………………… 98
 8.2 相关工作 …………………………………………………………………………… 101
  8.2.1 文本属性图上的表示学习 ……………………………………………… 101
  8.2.2 对比学习 ………………………………………………………………… 101
 8.3 预备知识 …………………………………………………………………………… 102
  8.3.1 定义（文本属性图） …………………………………………………… 102
  8.3.2 问题陈述 ………………………………………………………………… 103
  8.3.3 高频感知频谱对比损失 ………………………………………………… 103
 8.4 方法 ………………………………………………………………………………… 103
  8.4.1 概述 ……………………………………………………………………… 103
  8.4.2 基于文本属性图的分层对比学习 ……………………………………… 104
 8.5 实验 ………………………………………………………………………………… 108
  8.5.1 实验设置 ………………………………………………………………… 108
  8.5.2 整体比较 ………………………………………………………………… 109
  8.5.3 消融实验 ………………………………………………………………… 109
  8.5.4 效率分析 ………………………………………………………………… 110

8.6 本章小结 ………………………………………………………………………… 110

第 9 章 基于文本属性图表示学习的搜索广告系统 ……………………………………… 111

9.1 引言 ……………………………………………………………………………… 111

9.2 背景定义 ………………………………………………………………………… 114

    9.2.1 问题定义 ………………………………………………………………… 114

    9.2.2 超图 ……………………………………………………………………… 115

9.3 方法 ……………………………………………………………………………… 115

    9.3.1 整体架构 ………………………………………………………………… 115

    9.3.2 异构超图的构建 ………………………………………………………… 115

    9.3.3 异构文本超图 Transformer …………………………………………… 118

    9.3.4 相关性模块 ……………………………………………………………… 121

    9.3.5 目标函数 ………………………………………………………………… 122

9.4 实验 ……………………………………………………………………………… 122

    9.4.1 实验设置 ………………………………………………………………… 122

    9.4.2 主要结果 ………………………………………………………………… 124

    9.4.3 消融实验 ………………………………………………………………… 124

    9.4.4 冷启动场景下的效果 …………………………………………………… 126

    9.4.5 模型效率分析 …………………………………………………………… 127

9.5 本章小结 ………………………………………………………………………… 127

第 10 章 基于拓扑驱动语言模型预训练的推荐系统 ……………………………………… 128

10.1 引言 …………………………………………………………………………… 128

10.2 方法 …………………………………………………………………………… 129

    10.2.1 拓扑驱动的语言模型预训练 …………………………………………… 129

    10.2.2 基于语义的图丰富化 …………………………………………………… 131

    10.2.3 多通道共同训练模块 …………………………………………………… 131

    10.2.4 多通道聚合与对比学习 ………………………………………………… 133

    10.2.5 训练目标函数 …………………………………………………………… 133

10.3 实验 …………………………………………………………………………… 133

    10.3.1 离线实验结果 …………………………………………………………… 134

    10.3.2 在线实验结果 …………………………………………………………… 135

10.3.3　消融研究 ·· 135
　10.4　本章小结 ··· 137

第 11 章　基于文本属性图表示学习的社交网络对齐 ······················· 139

　11.1　引言 ·· 139
　11.2　基于图表示学习的社交网络对齐 ·· 142
　　11.2.1　准备知识 ·· 142
　　11.2.2　问题定义 ·· 143
　　11.2.3　映射函数 ·· 143
　　11.2.4　单向映射模型 $SNNA_u$ ··· 144
　　11.2.5　双向映射模型 $SNNA_b$ ··· 146
　　11.2.6　正交映射模型 $SNNA_o$ ··· 146
　11.3　实验 ·· 147
　　11.3.1　数据集介绍 ··· 147
　　11.3.2　数据预处理 ··· 148
　　11.3.3　对比方法 ·· 148
　　11.3.4　实验结果 ·· 149
　　11.3.5　模型训练过程分析 ··· 151
　11.4　本章小结 ··· 151

第 12 章　结语 ·· 153

参考文献 ·· 156

第1章
绪　　论

1.1　研究背景与研究意义

随着通信技术的快速发展和各类智能终端设备的广泛普及,近年来互联网蓬勃发展。各种基于图的数据服务逐渐成为人们日常生活中不可或缺的一部分。例如,社交网络在过去二十年中迅速发展,成为互联网交互流量的重要贡献者。用户可以在社交网络上与其他用户进行信息分享和交流。与传统媒体不同,社交媒体中的好友关注关系将用户紧密相连,从而形成了规模庞大的社交关系网络。知名社交媒体咨询公司"We Are Social"发布的《2024年全球数字报告》(*Global Digital 2024 Report*)指出,全球社交平台用户数量已突破50亿大关,占全球人口的62.3%。在过去一年中,全球社交平台新增了2.66亿用户,同比增长了5.6%。此外,在学术研究领域,科学文献之间的相互引用构成了文献引用网络。科研人员可以通过这一网络快速、准确地定位某篇特定的文章。知名计算机科学文献平台DBLP(https://dblp.uni-trier.de)目前已收录超过400万篇文献,拥有超过3 600万条引用关系。因此,作为一种广泛应用的数据结构,图已经成为互联网海量数据资源的重要存储形式。

近年来,图挖掘(graph mining)任务的研究旨在从图数据中挖掘出有价值的信息,已成为工业界和学术界的热门话题。图类型数据为深入研究人类行为模式和信息交互关系提供了广阔的空间。例如:在社交平台上,可以根据某用户的关注网络推测其兴趣偏好,从而进行商品或好友的个性化精准推荐,以提高营销效率和用户黏性;在文献引用网络中,可以根据引用拓扑结构寻找在某一特定话题下具有影响力的研究人员或相关文献;在用户-商品评分网络中,可以通过历史评分信息预测用户对某些商品的潜在兴趣,从而进行更准确的商品推荐。基于图的数据挖掘任务不仅具有巨大的实际应用价值,还面临着显著的科研挑战,因此吸引了越来越多科研人员的关注。

图表示学习是图数据挖掘任务的基础工具。换言之,若能利用图表示学习技术提升其他图数据挖掘任务的效果,则该技术的价值和通用性才能得到充分体现。图表示学习通过有效利用拓扑结构与节点属性等信息生成高质量的节点表示向量,理论上应能提升其他任务的表现。因此,我们选择了社交网络分析中的经典问题——社交网络对齐,来验证图表示学习技术的有效性。社交网络对齐旨在判断不同社交平台上的多个账户是否属于同一个自然人,是跨平台社交数据分析的基础。现有方法通常在个体层面进行账户对齐,因此依赖大量标注数据。然而,鉴于不同社交平台的独立性,获取此类标注数据往往耗时费力。我们发现,若使用图表示学习模型将不同社交网络表示为低维空间,这些社交空间的整体分布具有相似性,这种现象被称为社交网络中的同质性。社交表示空间的同质性同样有助于账号对齐,并且这一无监督信息可以有效减少对标注数据的依赖。为验证图表示学习模型的有效性,我们提出了一种基于图表示学习的社交网络对齐模型,以提高任务的表现。关于该问题的详细讨论将在第11章展开。

现有大多数基于图的数据挖掘模型以图中的节点作为输入样本。例如,节点分类用于预测节点所属类别,链接预测用于判断两个节点之间是否可能存在边,社团发现则用于确定哪些节点属于同一社团。因此,如何将节点表示为流行的机器学习模型能够接受的数学化表示向量,是基于图的数据挖掘的基本任务。我们针对这一问题系统地研究了图表示学习,旨在为图中的节点生成低维、稠密、连续且高质量的表示向量。低维是指节点表示向量的维度较小,包含较少的数字元素,从而减少下游数据挖掘模型的训练参数,提高训练速度并节省内存。稠密则意味着节点表示向量中几乎不含0元素,相比稀疏向量,稠密向量有更广泛的特征空间,具备更强的表示能力。稠密向量还可以减少机器学习模型中无效计算的次数,节省计算资源。连续性指节点表示向量的数值波动在较小范围内,不会出现极端值,确保了下游模型中参数计算的稳定性。高质量则意味着节点表示向量应能保存网络拓扑结构信息和节点属性信息,例如,若两个节点的拓扑结构或属性相似,则其表示向量在低维空间中距离也应较近。图表示学习通过将节点从高维稀疏特征空间映射到低维隐空间,来缓解"维数灾难"的挑战,并最大限度地保留原始空间的特性,为下游的数据挖掘或机器学习任务提供了有效的接口。

除了节点之间的关系,节点的属性信息也是图的重要组成部分。例如:在社交网络中,用户可以自定义个人信息,如年龄、性别、职业和学历等;用户还可以发布短文本以展示生活或表达对事件的看法。图的拓扑结构信息侧重于描述节点间的关系,而节点属性则能从另一个角度描绘节点本身的特性。节点属性同样有助于评估节点间的相似度。例如,若两个用户拥有相似的个人信息或发布类似的短文本,即便他们在社交网络中的距离较远,他们的兴趣与倾向仍可能相似,其表示向量也应更为接近。因此,为生成高质量的节点表示向量,我们需要研究如何将节点属性与拓扑结构信息相融合。对此问题的深入分析将在第3章展开。

节点是图的基本组成部分,节点之间的边构成了图的拓扑结构。拓扑结构包含丰富的关联信息,有助于评估节点间的相似度。例如:若两个节点直接相连,它们应具有一定的相似性,这称为一阶相似性;若两个节点拥有多个共同的邻居节点,它们也应被视为相似,这称为二阶相似性。大多数图表示学习模型通过将这种拓扑相似性作为目标函数来生成融合拓扑信息的节点表示向量。基于拓扑的表示学习方法利用无监督信息来学习通用的节点表示向量。然而,在某些特定任务中,节点可能具备与应用相关的标注信息。例如,在社交网络用户性别分类任务中,部分用户会标注其性别信息,这些标注信息能够更好地定义节点间的相似性,是与该任务紧密相关的指导信息。传统的无监督图表示学习方法生成的表示向量只能保留网络的拓扑信息,忽略了这些标注信息,因此在特定任务中可能无法取得令人满意的效果。因此,我们将深入探讨如何在无监督图表示学习过程中引入少量标注信息,以同时捕捉拓扑结构和节点标注信息,从而在特定任务下取得更佳的表现。对此问题的详细讨论将在第 4 章展开。

随着智能终端的普及,许多移动应用需要利用图数据提升服务效果。例如,基于移动端的教育软件可能需要加载知识图谱以提供精准的数据检索服务。然而,移动端设备内存有限,如何在有限的内存下执行图数据挖掘任务成为亟待解决的问题。现有图表示学习模型通常为每个节点学习独立的表示向量,且不同节点的表示向量相互独立,因此其内存消耗随着图规模的增加线性增长。例如,对于一个节点数为 100 000 的网络,若表示向量维度为 500,传统模型会生成包含五亿个浮点数的表示向量,占用超过 1 GB 的内存。如果输入的图规模更大,这些表示向量可能导致内存溢出。因此,为提高图表示学习模型的通用性,我们将深入研究如何在确保表示向量质量的前提下,尽可能减少其内存消耗。对此问题的深入探讨将在第 6 章进行。

此外,图在现实中的广泛应用涵盖了建模对象关系与结构的多个领域,如社交网络、交通系统网络与生物蛋白质相互作用网络。这些现实世界的图通常与文本属性相关,形成了文本属性图。文本属性图广泛存在于各种场景中,如社交网络中每个用户都有相应的文本描述,或引文网络中文本内容与每篇论文相关。在文本属性图上的学习已成为图学习、信息检索与自然语言处理领域的研究热点。文本属性图学习的核心挑战在于如何有效整合节点属性(文本语义)和图拓扑(结构连接),以促进节点表示的学习。一方面,节点关联的文本信息提供了丰富的语义内容,使得我们能更好地表征节点的属性,这些文本信息可通过预训练语言模型(如 BERT、Electra、Roberta、Deberta、DistilBERT 等)捕捉;另一方面,图拓扑编码了节点间的固有邻近关系。已有研究表明,基于信息传递机制的图神经网络(如 SAGE、GCN、GAT、GIN、JKNet 等)能够有效捕捉这种结构关系。

基于预训练语言模型(PLM)和基于图神经网络(GNN)的方法是文本属性图学习的两大主流范式。基于 PLM 的方法直接将节点文本输入预训练语言模型,但由于图结构的非线性,这类方法可能忽略拓扑信息。相比之下,基于 GNN 的方法能更准确地保留复杂的图拓扑信息。然而,GNN 的一个局限是节点属性与图拓扑的建模相对独立,多数 GNN 将节点属性预先建模为静态表示,并在信息传递过程中将其视为固定参数,导致训练过程的不一致性,影响整体效果。

为同时发挥 GNN 与 PLM 的优势,近年来协同训练范式被提出了,二者以级联或嵌套方式结合,共同建模节点属性与图拓扑。尽管理论上这一方法具备吸引力,但其内存复杂度与图的大小成正比,因领域文本同样需编码,所以面临严重的可扩展性问题。受到预训练技术进展的启发,我们提出新的研究方向:能否通过预训练语言模型理解图拓扑?若能通过设计合适的预训练任务,将拓扑信息有效编码到语言模型中,便能避免协同训练的效率挑战。但如何设计预训练任务,将图拓扑中的宝贵知识编码到语言模型中,仍是亟待解决的关键问题。

近年来,研究人员提出了多种类型的图表示学习方法来为节点学习高质量的表示向量,例如基于矩阵分解的模型、基于随机游走的模型和基于神经网络的图表示学习模型。然而,目前仍有很多关键问题的研究不够充分,值得我们进一步探索。本书聚焦于图表示学习领域中的几个热门研究点,进行系统而深入的分析和探讨。具体而言,本书重点关注以下问题的研究:文本属性图的综合研究、细粒度融合节点文本属性的图表示学习、文本属性图上的半监督表示学习、低内存占用的文本属性图表示学习、GNN 与 PLM 紧耦合的文本属性图表示学习、基于变分推断的大规模文本属性图表示学习、基于高频感知分层对比选择性编码的文本属性图表示学习,以及文本属性图表示学习在搜索广告系统、推荐系统和社交网络对齐中的应用。以下为各章节内容介绍。

① 文本属性图综合性研究:基准测试与深度思考。文本属性图(Text-Attributed Graphs,TAG)在各种现实世界的场景中非常普遍,其中每个节点都与一个文本描述相关联。TAG 上表示学习的关键在于将单个节点内的文本语义与节点之间的拓扑结构进行完美融合。最近预训练语言模型(Pre-trained Language Model,PLM)和图神经网络(Graph Neural Network,GNN)的研究进展促进了 TAG 上的有效学习,并引起了人们越来越多的研究兴趣。然而,由于缺乏有意义的基准数据集与标准化的评估流程而阻碍了该领域的发展。在本书中,我们提出了 CS-TAG 来为 TAG 领域提供全面、多样的具有挑战性的基准数据集。CS-TAG 数据集在规模上较大,且涵盖了从引文网络到购买图等多个领域。除了构建数据集外,我们还在 CS-TAG 上对多种学习范式进行了广泛的基准实验,包括 PLM、GNN、PLM-GNN 协同训练方法,以及我们提出的新颖的语言模型上的拓扑结构预训练方法。综上所述,我们精心设计了一系列旨在评估文本属性图表示学习算法性能的基准测试集。这些测试集不仅覆盖了文本属性图的不同类型、规模和复杂度,还融入了多样化的评估指标,并展示了基准测试的实验结果,以全面、客观地反映算法的性能表现。对这些基准测试结果的深入分析,引发了我们对文本属性图结构特性、语义丰富性以及表示学习算法设计原则的深刻思考,为后续章节的研究奠定了坚实的理论基础。

② 细粒度融合节点文本属性的图表示学习。现有研究一般基于拓扑结构进行节点的无监督表示学习。然而在图中,除了图拓扑结构信息,节点也会包含丰富的属性。例如,在社交网络中,用户之间的关注关系形成图的拓扑结构。同时,用户也会在社交平台上展示自己的个人属性和发布短文本信息,这类数据形成了节点的属性。节点属性是图数据的重要组成部分,从另外一个视图描述节点的特有性质,同样有助于判断节点之间的相似性。因此,第 3 章研究如何将节点属性信息融合到图表示学习过程中,以增强表示向量的表达能力和泛化能力,为此我们提出了一个基于多视图学习的图表示学习模型 PPNE。首先,针对拓扑结构视图和节点属性视图,我们在第 3 章提出两个误差函数,来分别捕捉节点之间的拓扑相似性和属性相似性,进而在一个统一的联合学习框架下,使上述两个误差函数共享学习参数并进行迭代模型优化,最终得到融合属性的节点表示向量。在 5 个公开的真实数据集上,我们验证了 PPNE 模型在两个经典数据挖掘任务(节点分类和链接预测)上的有效性。通过引入节点属性信息,我们不仅能够更准确地捕捉图结构中的关键特征,还能够为后续的节点分类、链接预测等任务提供更加丰富的信息支持。

③ 文本属性图上的半监督表示学习。为充分利用少量标注数据和大量未标注数据,第 4 章探讨了半监督的图表示学习方法,通过引入少量监督信息来指导表示学习过程,提高模型的准确性和鲁棒性。节点之间的关联关系形成图的拓扑结构,是图的基础组成部分。现有研究一般基于拓扑结构进行节点的无监督表示学习,即如果两个节点的拓扑结构相似,其对应的表示向量也应该相似。然而,在一个特定的应用中,部分节点可能会拥有少量的标注信息,例如社交网络中用户的分类信息。标注信息将有助于判断节点在某个特定任务下

的相似度,并可以提供额外的与任务相关的指导信息。第 4 章提出一个基于神经网络的半监督图表示学习框架来融合拓扑结构信息和节点标注信息。此框架能够将标注信息从少量的有标注节点上逐步扩散到大量的未标注节点上,进而生成更高质量的、任务敏感的节点表示向量。第 4 章在 3 个公开的真实数据集上进行了详细的实验,并利用 3 个典型任务来验证了所提模型的优越性能。

④ 低内存占用的文本属性图表示学习。现有的图表示方法一般为每个节点学习一个单独的表示向量,因此所需的内存空间会随着图规模的扩大而线性增长。如果输入的图包含了大量的节点,现有方法生成的节点表示向量会占用海量的内存,并有可能导致内存溢出。针对资源受限环境下的图表示学习问题,第 5 章着眼于如何在保证表示向量质量的同时,尽量地减小节点表示向量所占的内存空间。第 5 章首先提出了一个基于共享基础向量的节点表示策略,然后根据此策略提出了一个基于自编码器的深度学习模型来压缩传统的节点表示向量。另外,第 5 章还提出了一个基于图卷积网络的模型来实现端对端的低内存节点表示学习。第 5 章在 4 个真实数据集上验证了该模型的有效性。实验结果证明了该模型能够在没有明显性能降低的前提下,大幅度地减少内存消耗量。

⑤ GNN-LM 紧耦合的文本属性图表示学习。为了进一步提升文本属性图表示学习的效果,本书深入地探讨了紧耦合的文本属性图表示学习方法。文本属性图上的表示学习旨在基于节点的文本特征和邻居信息为节点生成低维(Embedding)表示。近年来在预训练语言模型和图神经网络上的突破推动了这项技术的发展。现有研究主要依赖于级联模型架构:首先使用语言模型将节点的文本特征编码为文本表示,然后由图神经网络对这些文本表示进行聚合。然而,由于文本特征的独立建模,这种架构并不能充分建模文本属性图的特征。在第 6 章中,我们提出了一种新的模型 GraphFormers,将层级的图神经网络(GNN)模块与语言模型中的 Transformer 模块嵌套在一起。这种新提出的模型可以将文本编码和图信息聚合融为一体,形成一个迭代式的工作流程,通过同时优化文本表示和图结构表示,实现两者之间的深度融合与相互促进,从而可以从全局的视角准确地理解每个节点的语义信息。此外,我们还引入了一种渐进式学习策略,将模型在处理后数据和原始数据上依次进行训练,以增强其在图上整合信息的能力。我们对所设计的模型在 3 个大规模数据集上进行了充分的评估。实验结果显示,GraphFormers 在运行效率相当的情况下,超越了现有最先进的基线方法,这一创新不仅提高了文本属性图表示向量的表达能力和泛化能力,还为后续的文本分析、情感计算等任务提供了更加可靠、丰富的特征输入。

⑥ 基于变分推断的大规模文本属性图上的表示学习。在文本属性图中,每个节点都与一个文本描述相关联。文本属性图学习的一个理想解决方案是将文本信息、图结构信息与语言模型、图神经网络相结合。然而,由于同时训练语言模型和图神经网络的计算复杂度很高,所以当图的规模很大时,这个问题就变得非常具有挑战性。面对大规模文本属性图数据带来的计算挑战,第 7 章创新性地提出了基于变分推断的表示学习方法 GLEM 来进行大规模文本属性图学习,该方法通过引入变分推断框架,将复杂的图结构信息转化为易于处理的概率分布形式,从而实现了在大规模文本属性图上的高效表示学习。GLEM 基于变分期望最大化框架来融合图结构和语言学习,该方法在期望估计步和期望最大化步中交替更新语言模型和图神经网络,而非在大规模文本属性图上同时训练这两个模块。GLEM 的学习过程赋予两个模块相互交互、相互增强的能力。在多个数据集上进行的大量实验证明了

GLEM 的有效性和高效性。这一成果不仅解决了传统方法在处理大规模数据时面临的瓶颈问题,还为文本属性图表示学习在实际应用中的广泛推广提供了有力支持。

⑦ 基于高频感知分层对比选择性编码的文本属性图表示学习。近年来,图神经网络和预训练语言模型在各自的研究领域展现了卓越的能力,GNN 在建模图结构方面具有优势,而 PLM 则擅长处理自然语言。然而,将这两者有效结合并将其应用于文本属性图的研究相对较少,尤其是在更高层次的整合方面仍然面临许多挑战。具体而言,一方面,传统的 GNN 在处理节点的文本属性时,往往缺乏上下文感知能力,难以充分捕捉文本中的复杂语义信息;另一方面,PLM 由于其序列化的特性,无法直接表征复杂的图结构,这使得其在图数据建模时存在一定的局限性。为了克服这些局限性,第 8 章提出了一种创新性的模型——HASH-CODE。该模型通过高频感知频谱分层对比选择性编码,深度融合了 GNN 与 PLM 的优势,从而为文本属性图的建模提供了更具表现力的方案。HASH-CODE 的核心创新在于,它不仅摒弃了传统的"级联架构"方法,还设计了 5 个自监督优化目标,旨在多尺度上增强图信号与文本信号的互相补充与强化。这种多目标优化机制确保了在不同粒度下,图结构与文本特征的有效协同,从而提升了整体模型的表达能力。在实验验证中,HASH-CODE 在 6 个真实基准数据集上取得了优异的表现,尤其是在增强高频成分的感知和对比学习目标的优化上,显著地提升了嵌入的区分性。这表明,HASH-CODE 不仅能够在传统任务上展现出卓越的性能,还能够更好地处理复杂的图-文本交互信息,在各种应用场景下都具备广阔的应用前景。通过这种创新性的架构设计,HASH-CODE 为图神经网络与预训练语言模型的融合提供了一条全新的路径,提供了文本属性图领域的更多研究可能性。

⑧ 基于文本属性图表示学习的搜索广告系统。在搜索广告领域,广告搜索系统的核心在于建模用户的搜索意图和广告商的广告目的之间的相关性,因而个性化推荐与精准投放是提高用户体验和商业价值的关键。通过融合文本属性图表示学习技术,第 9 章探讨了如何根据用户的搜索行为、历史记录以及广告内容之间的复杂关系,构建出更加精准的广告推荐模型,优化搜索广告系统的个性化推荐与精准投放策略,展现该技术在提升用户体验和商业价值方面的巨大潜力。现有的传统的基于双塔(查询-关键词)的相关性模型,仅仅依靠简短的查询文本和关键词文本来表示这些意图与目的,忽略了参与者(即用户和广告商)的多样化和个性化的偏好,导致了其在实际使用中不理想的表现。在第 9 章中,我们主要研究"面向用户与广告商的个性化广告搜索"(PASS)这个全新的问题。具体来说,我们提出将用户和广告商的信号纳入相关性模型,以促进真实的搜索意图和广告目的的建模,从而形成一个基于四元组(即用户-查询-关键词-广告商)的相关性判断任务。同时,我们探索了平台中各种类型的历史行为,并以超图的形式提供丰富的补充知识,建模用户与广告商的偏好。我们还进一步提出了一种全新的异构文本超图 Transformer 模型,从而深度融合文本的语义信息和高阶超图的拓扑结构信息。我们对模型在工业界真实的数据上进行了充分的评估,并且通过具体的实验结果证明了我们提出的问题的重要性以及模型的优越性。这一研究不仅提升了搜索广告系统的智能化水平,还为用户带来了更加贴心、个性化的广告体验。

⑨ 基于拓扑驱动语言模型预训练的推荐系统。在各种在线电子商务推荐系统应用中,学习商品的表示至关重要。商品表示学习的核心问题在于如何有效地融合单个商品的语义信息以及由用户行为(例如共同点击或共同浏览)产生的不同商品之间的交互信息。产品语

义描述了商品的内在特性,而交互信息则从人类感知的角度反映了商品之间的关系。现有的方法要么仅依赖于单一类型的信息,要么将语义与交互信息松散结合,导致物品表示能力受限。为了解决这一问题,本书提出了一种全新的模型 TESPA,该模型旨在实现语义建模与交互建模的相互增强。具体而言,TESPA 通过细粒度的拓扑预训练,将交互图中的协同过滤信号编码到语言模型中,同时基于语义相似性进一步丰富交互图。在此基础上,本章提出了一种新颖的多通道协同训练范式,用于在统一的框架下深度融合语义和交互信息。通过这种方式,TESPA 能够同时发挥语义和交互信息的优势,从而促进物品表示学习的效果。实验结果表明,无论是在线上还是线下评估中,TESPA 都表现出了显著的优势。这不仅验证了模型的有效性,也表明通过语义和交互信息的深度融合,可以极大地提升物品的表示能力,从而为在线电子商务中的各类应用提供更具表现力的支持。TESPA 为融合物品的内在语义特征和用户行为交互信息提供了一条全新的路径,打破了以往方法在单一信息源上的局限性,进一步推动了物品表示学习的研究与应用。

⑩ 基于文本属性图表示学习的社交网络对齐。社交网络作为文本数据的重要来源之一,其图结构特性尤为显著,第 11 章针对社交网络对齐问题,提出了基于图表示学习的解决方案。社交网络对齐用于判断不同社交平台上的多个账户是否属于同一个自然人,是社交网络分析领域的一个经典任务。现有的工作一般在样本层次进行账号的对齐,因此需要利用大量的标注数据作为指导。第 11 章深入研究了基于图表示学习的社交网络对齐技术,为跨平台用户身份识别、信息传播分析等任务提供了新思路。在第 11 章中,我们发现如果将不同的社交网络利用图表示学习模型表示为低维度空间,这些社交空间的整体分布具有相似性,也被称为社交网络中的同质性。第 11 章引入社交空间整体的相似性作为补充信息来减少对样本层次的标注数据的依赖,通过提取社交网络中的节点特征、边关系以及图结构信息,构建出能够准确反映社交网络特性的表示向量,然后进一步研究如何利用这些表示向量来实现跨平台用户身份识别、信息传播分析等任务。第 11 章将不同的社交特征空间看作不同的分布,并引入 Wasserstein 距离来计算两个分布之间的距离,进而利用对抗学习框架来最小化其 Wasserstein 距离来进行社交网络的对齐。第 11 章在 5 个真实数据集上验证了该模型的效果。实验结果表明在少量标注数据下,该模型依然能够达到较好的对齐效果。

1.2　相关工作

在文本属性图的表示学习领域,近年来该方向引起了广泛关注,尤其是在图机器学习中,节点分类问题已成为研究的重点之一。具体而言,文本属性图的节点分类任务可以形式化为一种基于文本的表示学习问题,其核心目标是利用每个节点的文本特征来进行分类预测。早期的研究多采用卷积神经网络(CNN)或递归神经网络(RNN)来处理这一任务,这些方法在一定程度上取得了有效的结果。然而,随着 Transformer 架构的兴起,尤其是预训练语言模型的发展,语言模型逐渐成为文本表示学习的首选工具,因其能够在编码句子上下文语义时展现出强大的能力。

与此同时,文本属性图的节点分类任务也可以被视为图学习问题,图神经网络在这一领域取得了显著的进展。图神经网络通过接受节点的数值特征作为输入,并学习图的结构信息，来推断出节点的表示。这一能力使得图神经网络在节点分类和链接预测等任务中表现优异。特别地，GNN能够将节点的属性与图的拓扑结构结合起来，从而更全面地捕捉信息。然而，当前基于GNN或语言模型的方法仍然具有一定的局限性，因为它们各自的表示学习仅依赖于部分观察到的信息，即文本或图结构，这种割裂的学习方式制约了模型的表现。

为了充分发挥语言模型和图神经网络各自的优势，研究者们近年来提出了多种融合这两类模型的方法。一个常见的策略是，首先使用预训练语言模型对节点的文本信息进行编码，然后将其输出作为初始节点表示输入到图神经网络中，进而进行信息传递和图结构的学习。虽然这一方法在一定程度上提高了模型的表现，但由于其在图神经网络训练阶段对语言模型的节点表示没有进行充分优化，因而存在局限性。此外，GNN本身的可训练参数相对较少，这种分阶段的训练方式虽然确保了模型的可扩展性，但由于其在语义建模过程中没有充分考虑图的拓扑信息，导致了性能的瓶颈。

为了克服这些问题，近期的研究提出了联合优化图神经网络和语言模型的框架。在这种框架下，图的结构信息和节点文本特征能够在统一的训练过程中同时得到优化。这种联合学习方法通过共享信息来提升图节点的表示能力。然而，这种策略在实际应用中仍面临着严重的可扩展性问题。原因在于，每次训练时都需要从零开始使用语言模型对所有邻域节点进行编码，这会带来巨大的计算开销。因此，现有的模型通常将信息传递限制在少量的一跳邻域内，这在某种程度上导致了信息的丢失，进而影响了模型的最终表现。

此外，还有一些方法尝试通过图神经网络来处理文本分类任务。这些方法与上述方法不同，它们通常假设图结构是不可观察的，并使用图神经网络对节点之间的结构关系进行建模。这些方法将图神经网络应用于由文本单词生成的合成图或文本与单词之间的共现模式图。然而，在文本属性图节点分类问题中，图的结构信息是可观察到的，因此这些方法无法很好地满足这一特定任务的需求。

总的来说，尽管现有方法在文本属性图节点分类任务中取得了一定的进展，但如何更高效地融合语言模型和图神经网络，如何在保证模型性能的同时提升计算效率，依然是该领域亟待解决的重要问题。随着相关技术的进一步发展，未来可能会出现更为高效且具备更强泛化能力的联合学习框架，从而推动文本属性图表示学习领域的进一步突破。

1.3 主要挑战

文本属性图上的表示学习涉及多个挑战，特别是在整合文本语义和图结构的背景下，以下是扩展这些挑战的详细描述。

① 整合节点属性和图拓扑。文本属性图的核心挑战在于如何同时有效地整合节点的文本属性（语义信息）和图的拓扑结构（连接关系）。文本属性中的语义信息包含了上下文相关的丰富信息，而图结构反映了节点之间的邻近关系及其相互影响。如何在学习过程中动态地将这两方面的信息加以融合，是提升节点表示质量的关键。例如，某些基于图的模型可能无法充分捕捉到文本语义中的复杂关系，或者忽视了图结构的重要性。因此，开发能够在全局图结构与局部语义信息之间保持平衡的建模策略至关重要。

② 挑战性的非线性图结构。文本属性图的拓扑结构通常具有高度的非线性特征，这意味着节点之间的关系往往是复杂和多层次的，难以通过简单的线性模型进行捕捉。对于此类图结构，线性模型容易导致信息丢失或过度简化，无法适应图中复杂的语义和拓扑特性。为此，需要更灵活的非线性模型，例如图神经网络，以更好地捕捉节点之间的复杂互动。这一挑战驱动了图神经网络在文本属性图领域的广泛应用，并引发了对更复杂架构的需求，尤其是在捕捉高阶关系时。

③ 节点属性和图拓扑建模的协同学习。目前，基于预训练语言模型和基于图神经网络的两大主流方法在节点属性和图拓扑的建模过程中往往是分离的，这种脱节限制了协同学习的效果。具体而言，PLM 侧重于捕捉节点的语义信息，而 GNN 则专注于图的拓扑结构。然而，二者在信息传递和融合过程中可能存在一致性问题。通常情况下，GNN 将节点的语义表示视为静态的，不会随着拓扑结构的变化而更新，导致在图传递过程中语义信息无法动态调整。因此，设计一种方法使得 PLM 和 GNN 能够协同演进，实时更新节点表示，从而更加准确地捕捉节点间的复杂交互，是一个重要方向。

④ 可扩展性问题。随着图规模的增大，特别是在处理大规模文本属性图时，模型的可扩展性成为一个瓶颈。文本节点的丰富语义信息会导致图的维度和复杂度呈指数级增长，而协同学习模式中的计算量也随着节点和边的增加而迅速膨胀。为了应对这种情况，开发轻量化的模型架构或高效的分布式计算策略是当前研究的重点。基于分层抽象的图神经网络或基于稀疏图结构的高效算法可能是缓解可扩展性问题的潜在解决方案。

⑤ 预训练任务设计。有效的预训练任务设计可以显著地提升语言模型在处理文本属性图时的表现。然而，如何将图中的复杂拓扑结构信息有机地编码到预训练任务中，仍是一个有待深入研究的难题。现有的预训练任务大多集中于文本的语义理解，对图的全局拓扑信息的捕捉较为不足。因此，设计新的预训练目标，使得模型在学习过程中既能理解文本的语义内容，又能掌握节点之间的复杂关系，成了提升表示学习质量的关键。例如，可以探索基于图结构的对比学习任务，或基于拓扑关系的生成式预训练任务，进一步提升模型的泛化能力。

通过应对这些挑战，文本属性图的表示学习可以更好地在实际应用中实现更强的鲁棒性和扩展性，特别是在跨模态和跨领域的复杂场景中。

1.4 本书的主要贡献

本书在文本属性图上的表示学习领域作出了多方面的创新性贡献，涵盖了方法设计、框架构建和可扩展性提升，具体包括以下几项。

① 节点属性与图拓扑整合方法的创新设计。本书在文本属性图上的表示学习中，提出了一种创新的方法，旨在有效整合节点属性（文本语义）和图拓扑（结构连接）。这一方法特别注重捕捉节点之间的语义和结构关系，以提升节点表示的准确性与表现力。我们引入了图注意力网络（Graph Attention Network，GAT）和多通道图神经网络等技术，通过利用注意力机制强化节点间的关联，尤其是在处理复杂的文本语义与非线性图结构时，实现了信息的高效融合。这一方法在有效捕捉局部语义信息和全局拓扑结构方面展现了显著优势。

② 协同学习框架的提出。针对传统方法中节点属性和图拓扑建模存在的相互脱节问题，本书提出了一种协同学习框架，将预训练语言模型与图神经网络结合在统一的端到端训练范式中。该框架通过统一建模，实现了节点语义和图结构信息的协同演进与共同学习。本书创新性地采用双向信息交互机制，使得语言模型的语义表示能够根据图的结构特征动态调整，反之亦然，从而打破了静态表示的限制。这一协同学习方法有效地提升了表示学习的性能，特别是在复杂文本和图结构的场景下表现出色。

③ 可扩展性的显著改进。针对现有方法在大规模文本属性图上的可扩展性问题，本书提出了一系列改进措施。通过对算法进行优化，采用更加高效的分布式数据结构，并引入轻量化的模型架构，本书解决了内存复杂度与图规模成正比的问题，显著地提升了方法的可扩展性。在大规模数据集上进行的实验表明，该方法在保持高精度和鲁棒性的同时，能够有效地处理超大规模图，展现了良好的扩展能力与应用潜力。

总体而言，本书在文本属性图的表示学习方向上做出了重要的理论和方法创新，推动了该领域的发展。这些贡献不仅有效地整合了文本与图结构信息，而且显著地提高了模型的性能和可扩展性，为未来的研究和应用提供了重要的参考和奠定了基础。

第 2 章
文本属性图综合性研究：基准测试与深度思考

2.1 引　　言

在众多领域中，图结构被广泛地应用于对现实世界中的对象及其关系和结构进行建模。这些领域涵盖了从社交网络到交通系统网络，再到生物蛋白质相互作用网络等多种应用场景。通常，现实世界中的图不仅仅是节点和边的集合，节点往往与丰富的文本属性相关联，形成了所谓的"文本属性图"。例如：在社交网络中，每个用户节点都伴随着个人简介或发布的内容；在引文网络中，每篇论文节点则都关联着文本内容。这类文本属性图广泛存在于各种场景中，随着其应用的扩展，如何在这些图上进行有效的学习已经成为图学习、信息检索以及自然语言处理等多个研究领域的一个关键问题。

在文本属性图上进行学习的核心挑战在于，如何有效地结合节点的文本语义属性与图的结构拓扑信息，从而提升节点的表示学习能力。一方面，节点关联的文本信息通常蕴含着丰富的语义内容，可以为节点的属性提供细致的语义表示，这类语义信息可以通过预训练语言模型进行有效捕捉和表征；另一方面，图的拓扑结构编码了节点之间的关系，这些结构性信息可以通过信息传递机制得以捕获，图神经网络已经被证明能够有效建模这一部分的信息。

如图 2-1 所示，在现有研究中，针对文本属性图的学习方法主要分为两大类：基于预训练语言模型（PLM-based）的方法和基于图神经网络（GNN-based）的方法。基于 PLM 的方法倾向于直接将节点的文本信息输入预训练语言模型中，以捕捉节点的语义表示。然而，由于文本属性图的图结构通常呈现高度的非线性，仅依赖 PLM 的方法往往会忽略或丢失图的拓扑结构信息，无法充分利用节点之间的复杂关系。相较之下，基于 GNN 的方法通过消息传递机制可有效捕捉节点之间的拓扑结构，能够较为准确地保留图中的拓扑信息。然而，基于 GNN 的方法存在一个固有的局限性，即在建模节点属性与图拓扑关系时，两者常常是割裂的。大多数 GNN 将节点的文本属性预处理为静态的向量表示，并在图的传播过程中将这些向量视为固定参数，无法进行更新。这意味着图拓扑和节点属性的建模过程是分离的，导致在训练过程中，GNN 的梯度无法有效地反向传播到文本属性的建模中，阻碍了端到端优化的可能性，进而影响了整体的学习效果。

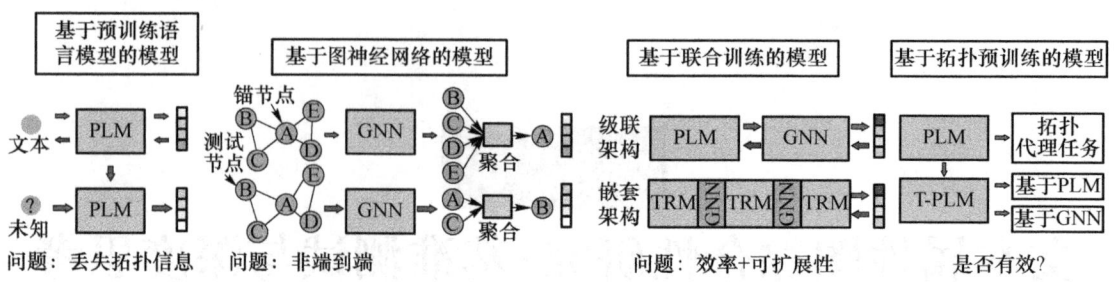

图 2-1 在文本属性图上表示学习范式一览

为了同时发挥 GNN 和 PLM 各自的优势，近年来一些研究提出了协同训练（Co-training）的范式，将 PLM 和 GNN 级联或嵌套结合，试图构建统一的端到端训练框架，从而同时对文本属性和图拓扑进行联合建模。协同训练在理论上具有吸引力，因为它能够在一个统一框架内学习语义和结构信息。然而，这类方法的可扩展性面临着严重挑战，尤其是在处理大规模图时，内存复杂度与图的大小呈正比增长，且领域文本的编码需求进一步加剧了这种问题。受近年来预训练技术的启发，我们提出了一个新的研究问题：能否通过预训练语言模型来理解图的拓扑结构？如果我们能够设计适当的预训练任务，将图的拓扑信息编码进语言模型中，那么语言模型便可以成为文本属性图学习的基础模型。在这一框架下，经过拓扑预训练的语言模型无须显式地依赖 GNN 进行图结构聚合，从而能够有效地规避协同训练框架中的扩展性问题。然而，如何设计出合适且有效的预训练任务，以将复杂的图拓扑信息编码到语言模型中，仍然是一个具有挑战性且未解决的研究课题。

为了全面探讨文本属性图中文本语义与图拓扑结构之间复杂的相互作用，我们展开了一项开创性的研究，旨在寻找适用于各类文本属性图的最优训练范式。现有的数据集（如 Cora、WikiCS、Amazon-Photo 等）尽管提供了节点的属性表示，但它们缺乏原始的文本属性数据，无法满足我们对复杂语义关系的探索需求。为了弥补这一不足，我们精心策划并构建了一个全新的数据集——CS-TAG。该数据集包括来自不同领域的八个文本属性图，并对文本与拓扑结构的交互进行了深入剖析，推动了该领域的进一步发展。我们在 CS-TAG 数据集上进行了系统且广泛的实验，全面评估了多种学习范式，构建了一个完整的基准体系。这些实验结果揭示了文本语义与图结构的内在联系，并深入地剖析了文本属性图的特性与行为。我们的贡献总结如下。

① 首个专为文本属性图设计的公开数据集。CS-TAG 是一个全新且公开的数据集，专为探索文本与图结构的交互而设计。我们从不同领域收集了多个文本属性图，并对其进行了系统的清理和整理。研究人员可以通过 GitHub 上的开源仓库（https://github.com/sktsherlock/TAG-Benchmark）轻松访问并根据需求重新处理数据。

② 深度建模节点属性的新范式。以往的图学习模型通常偏重于拓扑结构的学习，而我们的工作则强调了节点属性的深度建模。这一新颖的视角为未来的图神经网络设计提供了全新的启发，凸显了结合文本语义和图拓扑结构的重要性。

③ 语言模型的拓扑预训练。我们开创性地研究了在语言模型上进行拓扑预训练的问题，旨在使语言模型能够理解并捕捉图拓扑结构的特性。这种训练方法在 CS-TAG 数据集上的表现尤为出色，为语言模型的预训练开辟了新的方向。

④ 节点分类和链接预测任务的广泛实验。我们在 8 个不同的数据集上进行了广泛的

实验,重点关注节点分类和链接预测任务。通过对各种学习范式的严格评估,我们提供了准确、可靠的基准,推动了未来研究的深入开展。

2.2 相关工作

在本节中,我们将简要介绍 3 种流行的文本属性图学习范式,并对现有图学习基准与我们提出的 CS-TAG 进行比较。为验证这些方法的有效性,我们已在开源资源库中实现了本节讨论的大部分算法模型。

① 基于 PLM 的方法。预训练语言模型是经过在大规模语料库上进行预训练后,具有更强语义理解能力的通用语言模型。这类模型在文本建模上表现出色,尤其是在捕捉底层语义方面。早期的文本属性建模多基于浅层网络,如 Skip-Gram 和 GloVe,然而,随着 PLM 的发展,预训练-微调范式成为主流,且模型规模不断扩展,从最早的 ELMo、GPT,到后来广泛使用的 BERT、RoBERTa 及 DeBERTa。这些模型通过在大量数据上进行预训练,在通用的自然语言处理任务中表现出卓越的性能。在文本属性图上,PLM 通过低维表示捕捉节点文本的语义信息,并利用这些表示进行下游任务的学习。节点的文本属性通过 PLM 独立编码,使每个节点的个体信息都能够高效地传递到整体图表示中。

② 基于 GNN 的方法。随着图表示学习的快速发展,图神经网络成为处理图结构数据的主要工具。GNN 通过其有效的信息传递机制,可以在节点分类、链接预测等任务中展现出极大的潜力。常用的 GNN 模型包括 GCN、GAT、GraphSAGE、GIN、RevGAT 等,这些模型通过聚合邻居节点的信息形成表达力强的图表示。在文本属性图的背景下,GNN 通常采用 GraphSAGE 提出的"级联架构"来生成节点的最终表示。具体来说,节点的初始文本特征由 PLM 进行编码,GNN 则通过信息传递机制将节点的局部图结构特征与其文本属性结合起来,生成更为丰富的图表示。

③ 基于协同训练的方法。前述两种范式分别侧重于图结构和文本信息的建模,但这种分离的方式可能导致特征学习的局限性。为了更好地融合图结构与文本属性,近年来学者们提出了一些协同训练 GNN 和 PLM 的方法。协同训练的核心思想是通过嵌套或级联的方式,将 PLM 和 GNN 的训练过程结合起来。在这一范式中,PLM 生成的文本表示不仅作为 GNN 的输入,GNN 的输出也会反馈给 PLM,从而形成双向的信息交换。此类方法的优点在于,它能够充分发挥 GNN 和 PLM 各自的优势。然而,协同训练范式也存在明显的可扩展性问题:由于每个节点的文本信息及其邻居都需要通过 PLM 进行编码,显著地增加了计算开销,特别是在大规模图上的应用中尤为突出。

④ 图上表示学习基准的比较。当前图表示学习领域已有多个被广泛采用的成熟基准数据集。然而,这些基准在文本属性图学习任务上表现出诸多局限性。首先,大多数基准数据集缺乏原始文本信息,使得在建模图节点的文本属性时受到限制。其次,现有数据集未充分考虑文本属性与 GNN 相结合时可能带来的优势。最后,现有数据集的规模较小,难以全面评估模型在大规模图上的表现。

为了克服这些不足,我们提出了 CS-TAG,这是一个面向文本属性图学习的全新大规模基准数据集。CS-TAG 不仅包含丰富的文本信息,还通过设计多样的图结构,充分展示了文本语义与图拓扑之间的复杂交互。该数据集填补了现有基准在规模和多样性上的空白，为研究者提供了一个可靠的基准，用于评估不同范式下的学习方法。

2.3 CS-TAG：文本属性图上数据集与基准测试

在本节中，我们首先在 2.3.1 节简要地概述了所构造的 CS-TAG 基准的总体框架。紧接着，我们在 2.3.2 节详细地介绍了 CS-TAG 的构建过程，包括数据收集、清理、标记等各个步骤。此部分突出展示了 CS-TAG 的创新之处，尤其是与现有数据集相比，在多样性和规模上的显著改进。接着，2.3.3 节深入地阐述了 3 种主要学习范式——基于 GNN、基于 PLM 和基于 Co-training 的方法——在 CS-TAG 上的具体应用细节及各自的性能表现。最后，我们在 2.3.4 节中提出了对语言模型进行拓扑预训练的建议，旨在进一步提升模型在文本属性图上的学习能力。

2.3.1 CS-TAG 概述

为了解决以往研究中固有的局限性，我们提出建立一个标准化评估框架，专注于文本属性图的研究，并将其命名为 CS-TAG。这个框架旨在作为评估文本属性图上表示学习技术有效性的标准工具。CS-TAG 的设计考虑了可扩展性，因此包括不同规模的数据集，并纳入了由预训练语言模型、图神经网络和协同训练方法组成的可扩展基准模型。这样一来，研究人员可以在各种数据集规模下评估其模型的性能，确保了模型的普适性和鲁棒性。为了提高使用的便利性，我们提供了一个模块化的流程，简化了 CS-TAG 内实现不同模型的过程。这种模块化架构允许研究人员轻松地集成他们的新方法，并将其与现有方法进行比较，这不仅提高了实验的灵活性，还促进了方法间的直接对比，可帮助研究人员快速验证并优化他们的模型。此外，我们致力于维护一个公开的文本属性图排行榜，作为该领域最新进展的资料库。该平台将不断更新具有实用和研究价值的文本属性图数据集，促进社区内的持续进步与合作。排行榜不仅展示了当前最先进的方法，还提供了研究社区中的最新成果和发展动态。总而言之，CS-TAG 是一个可扩展、统一、模块化且持续更新的评估框架，旨在全面评估文本属性图上表示学习方法的性能，为研究人员提供一个高效、标准化的工具，以推动该领域的进一步发展。

2.3.2 数据集构造

为了深入研究不同学习范式在文本属性图上的表现，我们对现有文献中使用的各种文本属性图数据集进行了广泛调研。我们发现，许多常用的节点级数据集本质上都可以归类为文本属性图。例如，广为人知的引文网络数据集，如 Cora、PubMed、Citeseer 和 ogbn-arxiv，实际上都是文本属性图。在这些数据集中，每个节点都代表一篇论文，其属性来自文本信息，包括论文的标题、摘要以及其他相关内容。这些文本属性提供了重要的语义信息，为研究如何在图结构中有效利用文本特征奠定了基础。此外，学术合作网络（如 Coauthor

CS 和 Coauthor Physics)也是文本属性图的典型代表。在这些数据集中,节点通常表示不同的研究人员,而节点的属性则基于他们所发表论文中的关键词。通过这些文本信息,模型不仅能够捕捉学者之间的合作关系,还能在学术领域内构建语义上相互关联的图结构。

  这些数据集为探索文本属性图上的学习范式提供了丰富的实验基础。然而,我们观察到,现有的数据集虽然广泛使用,但在规模、文本信息的完整性以及任务多样性等方面仍存在一定的局限性。正因如此,CS-TAG 的构建旨在超越这些局限性,整合更大规模的多领域数据,并引入更多复杂的文本与图结构交互关系。通过在这些不同的数据集上进行评估,研究人员可以更全面地分析不同范式在文本属性图上的表现,为未来的模型设计提供重要的参考依据。

  尽管这些数据集在图神经网络研究中得到了广泛应用,但在针对文本属性图(TAG)的表示学习时,仍然存在显著的局限性。首先,这些数据集大多缺少原始的文本信息,这使得在这些数据集上进行有效的属性建模变得困难。其次,这些数据集普遍未充分探讨文本属性对 GNN 模型表现的影响。在大多数情况下,它们使用简单的词袋模型(BoW)或传统的文本编码技术(如 GloVe 或 Skip-Gram)来表示文本属性,然而这些技术已经逐渐无法满足当前复杂的任务需求。最后,这些数据集的规模普遍较小,限制了不同学习模型之间在多种数据集上的表现差异,从而影响了研究结果的广泛性和泛化能力。

  为了解决这些问题,我们主动收集并构建了新的文本属性图数据集。以购物图为例,我们从亚马逊数据集中提取了书籍-儿童/历史(Books-Children/History)、电子-计算机/照片(Ele-Computers/Photo)和运动-健身(Sports-Fitness)这 3 类商品的相关数据。在这些数据集中,节点代表不同类型的商品,边表示商品之间的购买或浏览关系,节点标签则根据商品类别进行分配。

  为了深入探索文本属性对文本属性图的影响,我们为每个数据集都设计了不同的文本属性。例如,在"书籍-儿童/历史"数据集中,节点的文本属性来自相应书籍的标题和描述,如"描述:诗歌集;标题:《黄金诗歌宝藏》"。在"运动-健身"数据集中,节点的文本属性则仅来自运动类商品的标题,如"女孩芭蕾舞裙荧光橙色"。而在"电子-计算机/照片"数据集中,节点的文本属性则源自高赞评论和商品摘要,如"物超所值的相机!拍摄的照片非常清晰,价格也很实惠!"。

  通过为这些数据集提供丰富的文本属性,我们的研究能够更全面地评估文本属性对文本属性图学习的影响,并为该领域提供了一个更具挑战性且更有现实意义的基准测试平台。

  此外,我们还构建了两个额外的数据集,分别是 CitationV8 和 GoodReads,以支持链接预测任务。CitationV8 数据集是从 DBLP 引文网络中提取的,其节点属性源于研究论文的标题和摘要,每条边则代表两篇论文之间的引用关系。该数据集为研究学术引用网络中的链接预测提供了一个理想的平台,能够有效地评估不同模型在预测论文之间引用关系方面的表现。GoodReads 数据集则源自一个广受欢迎的图书评论网站,专注于捕捉图书之间的"相似项"链接关系。我们为每本书都提供了详细的文本属性,包括书籍的标题和描述,这些信息丰富的文本属性为研究图书推荐系统中的链接预测任务提供了重要支持。在该任务中,系统需预测两本相似书籍之间的关联性,从而构建更为智能化的推荐模型。通过这两个数据集,我们不仅扩展了用于链接预测任务的研究场景,还为不同领域(学术引文与图书推荐)中的链接预测挑战提供了多样化的数据资源。这种跨领域的数据集设置,使得我们能够在不同应用场景中评估模型的泛化能力,并为文本属性图的研究提供了更加广泛的测试平台。有关这些新构建数据集的详细统计信息及其与现有数据集的比较,参见表2-1。

表2-1 CS-TAG使用的文本属性图数据集统计信息

	数据集	节点	边	类别	领域	建模方式	规模	原始文本
之前的工作	WikiCS	11 701	216 123	10	Wikipedia	GloVe	Medium	×
	Cora	2 708	5 429	7	Academic	Bag of words	Small	×
	Citeseer	3 327	4 732	6	Academic	Bag of words	Small	×
	Pubmed	19 717	44 338	3	Academic	Bag of words	Medium	×
	ogbn-arxiv	169 343	1 166 243	40	Academic	Skip-Gram	Large	√
	Coauthor cs	18 333	81 894	15	Academic	Bag of words	Medium	×
	Coauthor Physics	34 493	247 962	5	Academic	Bag of words	Medium	×
	Amazon Photo	7 487	119 043	10	E-commerce	Bag of words	Small	×
	Amazon Computers	13 381	245 778	8	E-commerce	Bag of words	Medium	×
我们的工作	ogbn-arxivTA	169 343	1 166 243	40	Academic	PLM	Large	√
	Books-Children	76 875	1 554 578	24	E-commerce	PLM	Large	√
	Books-History	41 551	358 574	12	E-commerce	PLM	Large	√
	Ele-Computers	87 229	721 081	10	E-commerce	PLM	Large	√
	Ele-Photo	48 362	500 928	12	E-commerce	PLM	Large	√
	Sports-Fitness	173 055	1 773 500	13	E-commerce	PLM	Large	√
	CitationV8	1 106 759	6 120 897	—	Academic	PLM	Large	√
	GoodReads	676 084	8 582 324	—	E-commerce	PLM	Large	√

2.3.3 文本属性图上传统学习范式

现有的文本属性图学习范式大致可分为3类。①基于GNN的方法:这种方法主要将GNN作为基础模型,通过消息传递机制捕捉底层图拓扑结构。②基于PLM的方法:这种方法依赖于常见的预训练语言模型,从文本节点属性中捕捉语义,这些模型在理解文本语义方面能力出众,并表现出很强的可迁移性。③协同训练方法:这种方法在统一的框架下对GNN和LM进行联合学习,以发挥双方的优势。接下来,我们将给出这3种范式的公式化定义。

(1) 基于GNN的方法

基于GNN的方法被用于在图节点之间传播信息,通过消息传递从而提取有意义的表示,其一般形式化定义如下:

$$h_u^{(k+1)} = \text{UPDATE}_\omega^{(k)}(h_u^{(k)}, \text{AGGREGATE}_\omega^{(k)}(\{h_v^{(k)}, v \in \mathcal{N}(u)\}))$$

其中k表示GNN的层数,$\mathcal{N}$表示邻居节点的集合,u表示目标节点,ω表示GNN中的学习参数。请注意,初始节点特征向量$h_u^{(0)}$是使用预训练语言模型或其他浅层文本编码器(例如

Skip-Gram)预先学习得到的。这种属性建模阶段与随后的 GNN 训练无关。来自 GNN 训练目标的梯度无法反向传播到 PLM 中以更新其参数。这种 PLM 与 GNN 的解耦影响了整体的效果。

(2) 基于 PLM 的方法

基于 PLM 的方法利用预训练技术的有效性来增强各个节点内文本的建模。这类方法的一般形式化定义如下：

$$h_u^{(k+1)} = \text{UPDATE}_\psi^{(k)}(h_u^{(k)})$$

其中，ψ 表示 PLM 中的可学习参数。PLM 推进了节点文本属性的建模。然而，在基于 PLM 的方法中将关键的拓扑上下文与文本属性结合起来仍然是一个挑战，尤其是在可用文本数据有限的情况下。

(3) 基于协同训练的方法

GNN 和 LM 在统一的训练框架下进行联合训练：

$$f_\Theta(A, T) = \text{GNN}_\omega(A, \text{PLM}_\psi(T)), \Theta = \{\omega, \psi\}$$

其中 f 表示学习函数，Θ 表示全部可学习参数，这些参数来自 GNN 和 PLM 模块。LM 生成的输出作为 GNN 的输入。值得注意的是，从 GNN 获得的梯度可以反向传播到 LM，从而更新其参数。然而，基于协同训练的方法面临着重要的可扩展性挑战。这主要是编码邻域文本所带来的内存复杂性，导致内存需求与图的大小呈线性比例增长。

2.3.4 语言模型上拓扑预训练

在协同训练范式中引入显式的 GNN 聚合操作会带来训练复杂性和资源需求方面的固有挑战，这主要是由于需要同时对中心节点及其邻居节点的文本进行建模。因此，我们考虑这样一个问题：有没有一种训练范式既能享受图拓扑的优点，又能避免显式的聚合操作？受近年来预训练技术进展的启发，我们期望教会语言模型理解拓扑结构。我们为此提出了 3 个拓扑预训练任务，将图结构融入语言模型中，以使其能够更好地理解和捕捉底层拓扑结构，如图 2-2 所示。

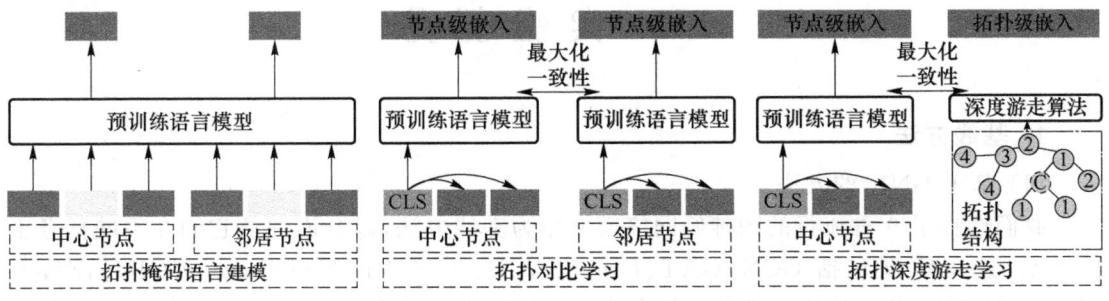

图 2-2 不同拓扑预训练方法的示例

1. 拓扑增强掩码语言模型(TMLM)

受掩码语言建模任务的启发，我们提出了一种新颖的拓扑增强掩码语言模型(TMLM)来捕捉令牌层面的一阶邻居信息。给定一个中心节点 c 及其一个邻居 n，它们对应的文本分别形式化定义为 $T^{(c)} = \{t_1^{(c)}, t_2^{(c)}, \cdots, t_k^{(c)}\}$ 和 $T^{(n)} = \{t_1^{(n)}, t_2^{(n)}, \cdots, t_u^{(n)}\}$。我们用特殊令牌

[MASK]随机替换中心节点 $T^{(c)}$ 和 $T^{(n)}$ 中的令牌子集。TMLM 的目标是预测出被遮蔽的令牌。让 $\Phi^{(s)} = \{\phi_1^{(c)}, \phi_2^{(c)}, \cdots, \phi_{m-1}^{(n)}, \phi_m^{(n)}\}$ 代表在 $T^{(c)}$ 与 $T^{(n)}$ 中被掩码的 m 个令牌的索引。TMLM 的目标函数如下:

$$\mathcal{L}_{\text{tmlm}}(T_\Phi^{(s)} | T_{-\Phi}^{(s)}) = \frac{1}{m}\sum_{i=1}^{m} \log p(t_{\phi_i} | T_{-\Phi}^{(s)}; \theta)$$

其中 θ 表示可学习参数。

2. 拓扑增强对比学习(TCL)

受对比学习的启发,我们提出了一种新颖的拓扑增强对比学习任务(TCL)来捕捉节点级别的一阶邻居信息。给定一个中心节点 c 及其一个邻居 n,它们对应的节点级(句子/文档级)表示表征是从 T_Φ^c 中的 CLS 令牌推导出来的,可表示为 h^c, h^n。TCL 的目标是拉近中心节点 h^c 与邻居节点 h^n 的距离,同时使自己远离其他节点。我们将余弦相似度函数表示为 $\text{sim}(h^c, h^n) = h^{c\text{T}} h^n / \|h^c\| \|h^n\|$。因此,TCL 的最终目标函数如下:

$$\mathcal{L}_{\text{tcl}} = -\log \frac{\exp(\text{sim}(h^c, h^n)/\tau)}{\sum_{n'=1, n' \neq n}^{N} \exp(\text{sim}(h^c, h^{n'})/\tau)}$$

其中 τ 表示温度参数,N 表示批次大小。

3. 拓扑增强随机游走学习(TDK)

TMLM 和 TCL 主要捕捉低阶拓扑结构信息,而高阶拓扑结构信息仍需通过设计合适的任务来捕捉。考虑 DeepWalk 等算法可以捕捉图中的高阶拓扑结构信息,我们尝试使用 DeepWalk 算法学习到的节点表示来增强 LM 学习到的表示。我们首先将整个图结构输入 DeepWalk 中,得到每个节点 c 的对应表示 k^c。TDK 的目标是使中心节点 h^c 更接近其从 DeepWalk 中学习到的表示 k^c。TDK 的最终目标函数如下:

$$\mathcal{L}_{\text{tdk}} = -\log \frac{\exp(\text{sim}(h^c, k^c)/\tau)}{\sum_{c'=1, c' \neq c}^{N} \exp(\text{sim}(h^c, k^{c'})/\tau)}$$

2.4 实验部分

1. 基线方法

(1)基于 GNN 的方法

我们选择了 9 种流行的图神经网络模型作为基线方法,以全面评估它们在不同任务上的表现,这些模型包括 GCN、GAT、GraphSAGE、RevGAT、NodeFormer、GIN、JKNet、MoNet 和 APPNP。这些模型各自代表了图神经网络领域中不同的架构和设计理念,能够有效地捕捉图结构信息。

(2)基于 PLM 的方法

我们选取了 5 种不同规模的预训练语言模型(PLM)来进行比较,覆盖从小参数到大参数的多种配置。小参数模型:包括 BERT-Tiny、ELECTRA-Small 和 DistilBERT,这些模型具有较小的参数规模,适用于资源有限的场景。中参数模型:包括 BERT-Base、ELECTRA-

Base、RoBERTa-Base 和 DeBERTa-Base，这些模型在参数规模与计算效率之间取得了良好的平衡。大参数模型：包括 BERT-Large、ELECTRA-Large、RoBERTa-Large 和 DeBERTa-Large，这些模型具有大规模的参数，能够处理更为复杂的语义和上下文关系。

（3）协同训练方法

由于协同训练框架在大规模数据集上的扩展性问题，我们仅探索了 BERT-Tiny 与 GCN 和 GraphSAGE 组合的有效性。这种协同训练方法将语言模型与图神经网络进行联合训练，能够同时捕获文本和图结构的特征，有望提升模型的整体性能。

（4）语言模型的拓扑预训练

为了进一步提升基于 PLM 模型在图数据上的表现，我们在不同数据集和不同 PLM 上进行了大量实验，设计了多种拓扑预训练任务。我们提出了一种多任务学习框架，对 3 个预训练任务进行迭代训练，并将这种方法命名为 TMDC（Topology-aware Multi-task Deep Co-training）。通过 TMDC，我们能够有效提升模型在复杂图结构上的表现。

2. 实施细节

图神经网络的实现：我们使用 DGL（Deep Graph Library）来实现所有的图神经网络模型。这个库为处理图数据提供了高效的接口，并支持分布式计算，使得我们能够在大规模数据集上进行快速实验。预训练语言模型：预训练语言模型主要基于 Huggingface 库中的模型实现。我们在一个统一的框架中训练所有的 PLM，以确保实验的可比性。鉴于近期兴起的高效微调技术，我们对大参数语言模型的最后四层编码层进行微调，冻结了其余层的参数，以减少计算开销并提升训练效率。

3. 评测指标

我们在节点分类和链接预测两个任务上对不同基线方法进行了全面的评估和比较。对于节点分类任务，我们使用了准确率和 F1-score 作为评测指标，以衡量模型在不同类别之间的区分能力。对于链接预测任务，我们使用了以下 4 项指标进行评测。MRR（Mean Reciprocal Rank）：衡量模型预测的相关性排名。Hits@10、Hits@50 和 Hits@100：评估模型在前 10、50 和 100 个预测中是否包含正确的链接。通过这些指标，我们能够全面评估不同模型在文本属性图上的表现，并为未来的研究提供有力的参考。

2.4.1 属性静态建模对 GNN 的影响

在本小节中，我们分析了不同节点属性建模方法对下游 GNN 的影响。表 2-2 展示了在 ogbn-arxiv-TA 数据集上，不同 PLM 生成的特征对不同 GNN 的节点分类实验效果的影响。通过观察表 2-2 我们发现，RevGAT 在所有初始节点特征下表现最佳，而 GAT 和 SAGE 表现次佳。同时我们发现，它们受不同节点特征的影响也相对较小，分别为 7.54%、7.16% 和 7.06%。JKNet、APPNP、MoNet 和 MLP 则受初始节点特征的影响较大，浮动都超过了 20%。此外，RoBERTa、BERT 和 DistilBERT 所编码的节点特征在所有类型的基线上都表现较好，而在许多下游自然语言处理相关任务中表现较好的 DeBERTa 却没有很有效。这可能是因为 DeBERTa 在预训练时看到的语料比较少，导致它们在下游任务上对文本进行建模时无法很好地理解其语义。

表 2-2 不同 PLM 节点特征下 GNN 在 ogbn-arxiv-TA 上的精度比较

Scale	PLM	Arxiv									
		GCN	GAT	SAGE	RevGAT	NFormer	GIN	JKNet	APPNP	MoNet	MLP
Small	BERT-Tiny	72.03	72.25	72.35	**72.52**	71.91	68.42	69.50	71.63	45.13	57.22
	ELECTRA	68.45	70.97	69.63	**71.12**	69.45	58.09	62.87	59.55	36.65	36.58
	DistilBERT	73.39	73.48	74.48	**74.68**	73.56	72.30	71.44	74.01	50.51	68.11
Base	ELECTRA	70.81	71.67	70.82	**71.96**	70.43	64.88	63.41	65.62	38.91	48.56
	BERT	73.30	73.40	74.14	**74.59**	72.80	71.94	70.08	73.90	46.90	67.35
	RoBERTa	73.56	73.38	74.52	**74.82**	73.12	72.63	69.40	74.01	44.53	69.31
	DeBERTa	68.15	66.56	67.58	**68.26**	67.11	62.05	44.16	52.37	29.67	47.07
Large	ELECTRA	70.44	71.01	70.72	**72.56**	70.04	64.47	58.34	64.52	37.26	47.72
	BERT	73.25	73.37	74.15	**74.68**	73.12	71.88	68.70	73.53	43.31	66.85
	RoBERTa	**73.95**	**73.72**	74.64	**74.99**	73.12	**73.10**	68.10	**74.17**	44.01	**69.51**
	DeBERTa	72.57	71.50	73.22	**73.59**	71.88	71.25	54.41	69.28	33.53	66.28
Diff		5.80	7.16	7.06	7.54	6.45	15.01	27.28	21.80	20.84	32.93

注:"Scale"指不同版本的 PLM(参数数量);"Diff"表示最佳和最差表现者之间的性能差距。我们用灰色粗字体标出每行中表现最好的一行,用黑色粗字体标出每列中表现最好的一列。

2.4.2 协同训练范式分析

在本小节中,我们将分析协同训练范式与基于 PLM 和 GNN 的方法在节点分类任务方面的性能对比。"PLM-Based"列中的 Tiny 和 Base 分别代表 BERT-Tiny 和 BERT-Base。T-GCN、T-SAGE 和 B-GCN、B-SAGE 分别代表 BERT-Tiny 和 BERT-Base 的节点特征输入给下游 GCN 和 GraphSAGE 中。而 GCN(T)和 SAGE(T)分别表示用 GCN 和 SAGE 与 BERT-Tiny 进行协同训练。我们将 GCN(T)和 SAGE(T)分别与相应的 T-GCN 和 T-SAGE 进行比较。如表 2-3 所示,与 T-SAGE 相比,SAGE(T)在 4 个数据集上都有所提升,在 Photo 数据集上的提升最大,为 3.39%。然而,在大多数数据集上,GCN(T)的表现不如 T-GCN,在 ogbn-arxiv-TA 上甚至比在 BERT-Tiny 上的效果还差了 1.61%。

表 2-3 3 种学习范式在 6 个数据集上的节点分类实验分析

数据集	PLM-Based		GNN-Based				Co-Training Based	
	Tiny	Base	T-GCN	B-GCN	T-SAGE	B-SAGE	GCN(T)	SAGE(T)
Arxiv	70.83	72.96	72.03	73.3	72.35	**74.14**	69.22	73.57
Children	49.85	**59.91**	57.07	58.11	57.57	58.74	54.75	59.7
History	83.06	**86.09**	84.52	85.04	84.79	85.12	83.52	85.09
Photo	73.75	77.53	82.42	82.7	83.25	83.27	83.32	**86.64**
Computers	58.32	60.4	87.43	87.86	87.9	**88.3**	83.93	86.04
Sports	81.47	86.02	84.93	86.16	87.06	**87.34**	85.06	85.87

注:"Sports"数据集使用 F1 指标进行评测,其余数据集使用准确率。我们将每个数据集上最好的结果进行了加粗。

协同训练框架需要同时训练 PLM 与 GNN。这种模式的内存需求和时间成本都大大增加了,如表 2-4 所示。为了便于协同训练 PLM 与 GNN,我们减少了训练时的批次大小或邻居采样数量。这种有限的可扩展性导致 GNN 聚合的邻居数量大幅减少,从而可能影响了信息传递的有效性。

表 2-4　Co-Training 与 TCL 之间有效性与可扩展性的比较

数据集	BERT-Tiny						BERT-Base					
	Co-Training			TCL			Co-Training			TCL		
	Acc	Memory	Time	Acc	Memory	Time	Acc	Memory	Time	Acc	Memory	Time
Arxiv	73.57	76.27%	44	71.55	27.59%	7	—	OOM	—	74.87	70.73%	130
Children	59.7	97.28%	15.5	54.11	19.76%	2	—	OOM	—	60.73	80.99%	30
History	85.09	85.74%	5.7	86.06	14.69%	1.3	—	OOM	—	86.8	98.73%	18
Photo	86.64	97.83%	14.6	73.86	22.75%	3.1	—	OOM	—	82.85	70.65%	120
♯ Average	76.25	89.38%	19.95	71.4	21.20%	3.4	—	OOM	—	76.31	80.28%	74.5

2.4.3　基于 PLM 的方法与基于 GNN 的方法的比较

在本小节中,我们将比较不同数据集中基于 PLM 的方法和基于 GNN 的方法。如表 2-5、表 2-6、表 2-7、表 2-8 所示,GNN 一栏表示特定 PLM 节点特征在所有 GNN 上的最佳结果。在 Children 与 History 数据集上,基于 PLM 的方法比基于 GNN 的方法效果更好。这可能是因为这些数据集上的文本属性信息更全面,因此文本属性在很大程度上反映了节点之间的链接关系。因此,在这种情况下,基于 PLM 的方法对文本属性的建模能力更强,会更有优势。而在 Photo 数据集上,基于 GNN 的方法全面优于基于 PLM 的方法。这可能是因为 Photo 数据集中的文本属性主要来自用户对商品的评论信息。一些质量较低的评论会给文本属性带来一定的噪声,从而降低基于 PLM 的方法的有效性。

表 2-5　在 Arxiv 数据集上对基于 PLM、基于 GNN 的方法和拓扑预训练方法的节点分类任务准确率的比较

Scale	Model	Arxiv					
		PLM	GNN	TMLM	TDK	TCL	TMDC
Small	BERT-Tiny	70.83	**72.52**	70.83	71.50	71.55	71.17
	ELECTRA	71.26	71.12	72.65	72.83	73.06	**73.71**
	DistilBERT	72.50	74.68	73.53	74.38	74.89	**75.50**
Base	ELECTRA	72.67	71.96	73.51	74.33	74.26	**75.56**
	BERT	72.96	74.59	73.97	74.23	74.87	**76.11**
	RoBERTa	73.10	74.82	74.25	74.57	75.37	**75.97**
	DeBERTa	73.82	68.26	74.26	75.01	75.15	**75.99**

续 表

Scale	Model	Arxiv					
		PLM	GNN	TMLM	TDK	TCL	TMDC
Large	ELECTRA	72.42	72.56	74.76	73.82	74.17	**75.58**
	BERT	73.24	74.68	75.01	74.31	75.15	**75.75**
	RoBERTa	73.83	74.99	75.18	74.58	75.48	**75.73**
	DeBERTa	74.57	73.59	75.92	75.20	75.58	**76.20**

注：每个数据集上在不同 PLM 上的最佳方法以粗体进行显示。

表 2-6 在 History 数据集上对基于 PLM、基于 GNN 的方法和拓扑预训练方法的节点分类任务准确率的比较

Scale	Model	History					
		PLM	GNN	TMLM	TDK	TCL	TMDC
Small	BERT-Tiny	83.06	85.03	85.76	85.79	86.06	**86.88**
	ELECTRA	84.18	83.11	84.54	84.42	84.57	**85.18**
	DistilBERT	85.81	85.67	85.76	86.29	86.28	**86.88**
Base	ELECTRA	85.64	83.79	85.77	85.88	**86.62**	86.41
	BERT	86.09	85.28	86.24	86.46	86.80	**86.82**
	RoBERTa	85.85	85.69	86.19	86.32	86.95	**86.96**
	DeBERTa	86.16	82.31	86.00	86.46	**87.01**	86.94
Large	ELECTRA	86.13	83.56	86.39	86.49	**86.82**	86.28
	BERT	86.24	85.15	86.47	86.73	86.93	**86.94**
	RoBERTa	86.41	85.23	86.72	86.75	87.11	**87.22**
	DeBERTa	87.00	84.89	87.11	87.26	87.30	**87.32**

注：每个数据集上在不同 PLM 上的最佳方法以粗体进行显示。

表 2-7 在 Children 数据集上对基于 PLM、基于 GNN 的方法和拓扑预训练方法的节点分类任务准确率的比较

Scale	Model	Children					
		PLM	GNN	TMLM	TDK	TCL	TMDC
Small	BERT-Tiny	49.85	**57.86**	54.27	53.43	54.11	54.66
	ELECTRA	57.03	56.42	57.35	56.92	56.88	**58.55**
	DistilBERT	59.90	59.33	60.03	60.23	60.60	**61.38**
Base	ELECTRA	59.09	56.42	59.93	60.27	60.21	**60.83**
	BERT	59.91	58.74	60.34	60.43	60.73	**61.43**
	RoBERTa	59.80	59.01	60.19	60.71	61.47	**61.83**
	DeBERTa	60.26	50.72	60.73	61.39	61.92	**62.20**
Large	ELECTRA	58.28	56.59	60.51	59.31	59.29	**61.31**
	BERT	60.65	58.90	60.84	61.15	61.50	**62.06**
	RoBERTa	60.93	59.26	62.11	61.95	62.06	**63.24**
	DeBERTa	61.61	56.34	61.91	**62.51**	62.37	62.46

注：每个数据集上在不同 PLM 上的最佳方法以粗体进行显示。

表 2-8 在 Photo 数据集上对基于 PLM、基于 GNN 的方法和拓扑预训练方法
的节点分类任务准确率的比较

Scale	Model	Photo					
		LM	GNN	TMLM	TDK	TCL	TMDC
Small	BERT-Tiny	73.75	**84.12**	74.30	73.99	73.86	74.92
	ELECTRA	76.58	**83.12**	76.09	76.89	77.74	77.83
	DistilBERT	77.51	**84.34**	77.81	79.69	81.85	82.52
Base	ELECTRA	77.84	**82.98**	78.27	80.18	81.47	82.82
	BERT	77.53	**84.46**	78.54	81.04	82.85	84.09
	RoBERTa	78.11	**84.59**	78.33	81.26	82.47	83.04
	DeBERTa	78.37	81.44	79.27	81.34	83.07	**83.80**
Large	ELECTRA	77.25	**83.00**	79.21	78.44	79.56	81.32
	BERT	77.72	**84.21**	78.95	79.26	80.74	81.14
	RoBERTa	79.60	**85.12**	80.32	80.82	81.47	82.55
	DeBERTa	79.63	82.55	80.45	81.33	82.33	**82.70**

注：每个数据集上在不同 PLM 上的最佳方法以粗体进行显示。

2.4.4 拓扑预训练方法的有效性分析

在本小节中，我们对 3 种不同的拓扑预训练方法进行了全面分析，并将其与基于预训练语言模型和基于图神经网络的传统方法进行比较。实验结果表明，在几乎所有的预训练语言模型和数据集上，我们提出的拓扑预训练方法均能显著提升模型性能，验证了拓扑信息在增强文本属性图上的有效性。对于这 3 个独立的预训练任务，我们观察到 TCL(Topology Contrastive Learning)在大多数情况下能带来更大的性能增益，表明在节点级别进行拓扑结构学习具有重要优势。特别是与其他任务相比，TCL 能更有效地捕捉低阶拓扑结构信息，尤其是在复杂图结构的数据集中表现出色。相比之下，TMLM(Topology-aware Masked Language Modeling)和 TCL 在捕捉低阶拓扑信息方面的差异表明，节点级别的拓扑学习比令牌级别的学习方式更为有效，可能是因为节点级别的拓扑学习更贴近图的全局结构，从而能够更好地传递语义信息。

此外，TDK(Topology-aware Dependency Knowledge)在多数情况下仅次于 TCL，表现出了较强的竞争力。这种现象表明，PLM 在训练过程中能够从复杂的拓扑结构知识中受益，尤其是在需要捕捉高阶节点关系和依赖关系的任务中，TDK 能够有效地增强模型对图结构的理解。

此外，我们进一步探索了将这 3 种预训练任务结合起来的效果，并提出了一种联合优化的框架，命名为 TMDC(Topology-aware Multi-task Deep Co-training)。在该框架中，我们首先对 PLM 执行令牌级别的 TMLM 任务，随后使用 TCL 和 TDK 任务共同优化增强后的语言模型。这种多任务学习框架旨在通过多角度的拓扑信息捕捉来进一步提升模型性能。

从表 2-5、表 2-6、表 2-7、表 2-8 中的结果可以看出，TMDC 在大多数情况下能够进一步提升模型的总体表现。这一现象表明，不同的预训练任务可以从各自的角度为语言模型传授不同的拓扑知识。通过令牌级别和节点级别的协同学习，模型不仅能够更好地捕捉局部的文本语义信息，还能够从全局图结构中获取更丰富的上下文信息。这一结果为未来在文本属性图上的预训练任务设计提供了新的方向和启示。

在未来的工作中，我们计划进一步探索其他形式的拓扑预训练任务，以更全面地提升语言模型在复杂图数据上的表示学习能力。这些任务可以包括高阶拓扑特征建模、异构图的结构学习以及跨域知识迁移，从而为文本属性图领域提供更多的预训练策略与研究范式。

2.5 讨　　论

文本属性图作为一种融合了文本信息与图结构的核心数据形态，近年来在复杂的现实世界任务中发挥了至关重要的作用，尤其是在推荐系统领域中展示了广泛的应用前景。推荐系统作为一种基于大规模用户交互数据的算法体系，依赖于构建精确的物品表示，以揭示用户潜在的需求和兴趣。通过将物品的文本属性（如标题、描述等）与其在图中的拓扑位置相结合，文本属性图提供了捕捉物品间复杂关联的新途径。

以经典的"啤酒"和"尿布"案例为例，这一看似非直观的物品间关联恰恰是通过分析顾客行为模式得出的。这种模式体现在"物品-物品"图的节点连接中，而这些节点连接能够显著地提升推荐的准确性与多样性。更深层次的分析表明，这种关联并非来自物品的语义相似性，而是反映了现实世界中潜在的用户行为偏好。在此背景下，本书重点探讨如何从物品固有的文本元数据中提炼出更具代表性的语义特征。文本信息作为物品的重要属性，包含大量的上下文信息和细微的差异，这些信息对于构建细粒度的物品表示尤为关键。然而，仅依赖文本特征难以充分捕捉物品间的复杂关系，特别是在存在高度异构性和非对称性连接的图中。因此，拓扑结构的知识整合成为物品表示学习不可或缺的部分。通过将图的拓扑信息纳入表示学习过程中，模型能够更好地捕捉到物品间的交互模式和潜在关联，从而提高表示的泛化能力和稳健性。

值得注意的是，图的拓扑结构不仅是节点物理连接的简单映射，它还包含大量反映人类认知、社会动态及行为模式的复杂信息。例如，在购物行为中，尽管"啤酒"与"尿布"在文本语义上存在显著差异，但其图连接反映了用户在某些特定情境下的实际购买行为。这种非直观关联在推荐系统优化中具有独特的价值，能够帮助模型更好地理解用户的行为模式和潜在需求。

基于此，本书研究的目标是通过深度建模文本属性与图结构之间的复杂交互，提升推荐系统中物品表示的质量与预测性能。此外，本书还将探索这一框架在赞助搜索等新兴领域中的扩展应用，特别是如 AdsGNN、HBGLR、PASS 等前沿模型。在赞助搜索场景中，用户行为、文本信息与图结构的有机结合对于优化广告推荐具有重要意义。本书通过结合多维度信息，力图开发出更为智能、高效的算法框架，以应对在线推荐与搜索系统日益复杂的挑战。这一探索不仅为现有的推荐系统带来了新的视角，还为更广泛的基于图的任务提供了新的思路与方法，从而推动了该领域的进一步发展。

2.6 总结与展望

文本属性图作为一种结合了文本信息与图结构特性的复杂数据结构,在学术文献引用、社交媒体分析以及电子商务推荐等现实场景中,展现出巨大的潜力和广泛应用。在这些图中,节点不仅携带着丰富的文本属性,还通过边形成复杂的拓扑关系,这使得 TAG 成为一种能够同时捕捉深层语义信息与复杂关系网络的重要工具。TAG 上的表示学习旨在揭示节点间的拓扑结构与其文本描述之间的内在关联,这一任务的挑战在于如何同时高效地捕捉节点文本的深层语义信息和图的结构关系。

近年来,预训练语言模型和图神经网络在自然语言处理和图数据建模中的进展,推动了 TAG 表示学习的发展。PLM 擅长对文本进行深度语义建模,而 GNN 则在捕捉节点间的拓扑依赖方面表现卓越。这两者的结合,特别是在 TAG 上的应用,极大地提升了模型捕捉复杂图-文本交互特性的能力。然而,当前研究面临的主要瓶颈在于缺乏统一的、具有代表性的 TAG 基准数据集,难以对算法性能进行标准化评估,进而限制了领域内研究成果的横向比较和创新发展。

为填补这一空白,本书提出了 CS-TAG(Comprehensive Set of Text-Attributed Graphs)数据集,这是一个多领域、多规模的 TAG 基准测试平台,旨在推动该领域的标准化与深入研究。CS-TAG 数据集不仅覆盖了学术、社交媒体和电子商务等多个实际应用场景,还通过精心设计的标注和数据预处理流程,确保了其质量与一致性,适用于多种任务需求。该数据集的发布,为研究者提供了一个统一的测试平台,有助于不同模型在多样化场景下的客观比较与优化。

除了数据集本身,本书还系统性地探索了不同表示学习方法在 CS-TAG 上的表现,涵盖了 PLM、GNN,以及创新的 PLM-GNN 协同训练范式。这些实验不仅验证了现有方法的有效性,还通过提出一种基于拓扑结构的预训练策略,进一步提升了 PLM 在 TAG 中的表现能力。该方法通过在预训练阶段融入图的拓扑信息,增强了模型对节点文本与图结构的联合建模能力,从而在各类任务上取得了显著提升。总体而言,CS-TAG 数据集及其伴随的研究框架,为文本属性图表示学习领域提供了一个坚实的基础。我们期望这一数据集能够促进自然语言处理和图神经网络领域的深度融合,激发更多关于 TAG 表示学习的新思想与新实践。同时,我们将不断更新和扩展 CS-TAG,以持续支持该领域的长远发展,推动 TAG 表示学习方法的性能提升和创新应用。

第 3 章
细粒度融合节点文本属性的图表示学习

3.1 引言

目前,大多数图表示学习方法都聚焦于如何有效利用图的拓扑结构信息来生成节点表示。这些方法的核心假设是,具有相似拓扑结构的节点在低维特征空间中的分布应相对接近。然而,依赖于图的拓扑结构往往会面临信息不足的问题,特别是在现实世界中的大规模图中,拓扑结构可能无法充分描述节点之间的相似性。例如,在社交网络中,两个具有相同兴趣的用户可能在拓扑上距离较远,甚至可能没有任何直接的连接关系。在这种情况下,单纯依赖拓扑结构的图表示学习方法可能无法捕捉节点之间的潜在关联。

为了解决这个问题,本章提出了将图中的节点属性信息作为补充,从而提高节点表示学习的效果的方法。在现实世界的图中,节点通常包含丰富的属性信息,如社交网络中用户的个人信息、发布的文本内容,或者文献引用网络中的文献标题和摘要等。节点属性为图中的节点提供了另一维度的信息,从属性信息中可以捕捉到节点的语义特征和行为模式。例如,在社交网络中,如果两个用户发布了相似的内容,尽管他们在社交关系上可能距离较远,但他们的兴趣或行为倾向很可能是相似的。因此,节点属性信息与拓扑结构相结合,有助于提升节点表示的质量,能够更好地捕捉节点之间的相似性。

然而,现有的图表示学习方法大多只依赖拓扑结构信息,忽略了节点属性这一重要信息。此外,虽然一些方法采用了矩阵分解等技术来引入节点的文本信息,但这些方法通常计算开销大,难以处理大规模图结构,且仅能处理单一属性类型,不能充分利用节点的多样化属性信息。这限制了这些方法在实际应用中的广泛性和通用性。现实生活中的节点往往包含多种多样的属性信息,如社交网络中的文本、图片和地理位置等,因此,单一属性的处理方法无法有效地适应复杂的图结构。

本章提出的工作旨在开发一种能够同时融合拓扑结构和节点属性信息的通用图表示学习模型,以应对以下几个主要挑战。首先,图中的不同节点可能包含不同类型的属性信息。例如,在社交网络中,部分用户出于隐私考虑可能不会公开个人信息,而其他用户可能乐于分享个人信息,导致每个节点拥有的属性类型存在差异。其次,不同图类型中的节点属性类型也可能各不相同。例如,在 Twitter 和新浪微博的社交网络中,节点的主要属性是用户发布的文本内容,而在图片分享网站 Flickr 中,节点的属性则主要是图片信息。因此,设计一个能够处理不同类型节点属性的通用图表示学习模型具有较大挑战。最后,尽管节点属性和拓扑结构能够协同提升节点表示的学习效果,但二者之间的关联性和独立性相互交织,使得设计一个能够高效结合两者的框架变得复杂。现有的基于拓扑结构的方法,如 DeepWalk 和 Node2Vec,主要依赖于图的拓扑连接关系,难以直接融入节点属性信息,这进一步限制了它们在现实场景中的适用性。

综上所述,本章旨在提出一种普适的图表示学习模型,该模型能够充分融合图中的拓扑结构和节点属性信息,克服现有方法在处理异质性节点属性和不同类型图结构时的局限性,从而为节点表示学习提供更为全面和有效的解决方案。这一研究不仅可以应用于社交网络、知识图谱、推荐系统等领域,还能够为与其他图数据相关的任务提供新的思路和方法。

本章提出了一种通用的图表示学习模型,称为 PPNE(普适节点属性融合表示),旨在有效结合节点的拓扑结构与属性信息进行联合学习。本章将该任务定义为一个联合优化问题,希望在学习过程中同时优化基于图的拓扑结构和节点属性的目标函数,以获得更全面的节点表示。本章提出了基于负采样的目标函数来捕捉图中的拓扑信息,其核心思想是通过最大化给定邻居节点与其对应的中心节点共同出现的概率期望,来学习基于拓扑的节点表示。具体而言,本章利用随机游走技术,将图的拓扑结构转换为节点序列,通过这些序列构建负采样目标函数,以学习节点的拓扑表示向量。这一过程能够有效地捕捉图中的局部和全局结构信息。同时,本章提出了基于节点属性的目标函数,用于融合节点的特征信息。首先,基于预定义的相似度度量方法,将输入图转换为节点属性相似度矩阵;其次,从该矩阵中提取一系列约束条件,以反映节点之间的属性关系。本章定义了两种约束类型:不等式约束和数值约束。基于节点属性的目标函数旨在确保学习到的节点表示能够满足这些约束条件,从而更好地反映节点属性之间的相似性或差异性。为了实现上述目标,本章采用随机梯度下降(SGD)算法对这两个目标函数进行联合优化。节点的表示作为共享的可训练参数,通过优化过程逐步学习到能够同时表征图拓扑结构与节点属性的表示向量。最终,经过模型训练后,节点表示能够保存来自拓扑视图和属性视图的丰富信息,为后续任务提供更全面的表示。在实验部分,本章在 5 个不同的数据集上,针对两个典型的数据挖掘任务验证了 PPNE 模型的有效性。实验结果表明,PPNE 在多种评估指标上均表现出优越的性能,充分证明了该模型在处理具有复杂拓扑和属性信息的图表示学习任务中的强大能力。

3.2 融合节点属性的图表示学习模型

3.2.1 问题定义

本小节首先给出了相关的数学符号,进而提出了研究问题的数学化定义。输入的图 G 的表示如下: $G=(V,T,P)$。其中, V 是图中的节点集合;矩阵 $T\in\mathbb{R}^{|V|\times|V|}$ 是图的 0-1 邻接矩阵,里面包含了拓扑结构信息;矩阵 $P\in\mathbb{R}^{|V|\times|V|}$ 是图的属性相似度矩阵,里面的元素 $P_{i,j}\in[0,1]$ 代表了节点 i 和 j 之间的属性相似度。下面给出了待研究问题的数学化定义。

融合节点属性的图表示学习：基于输入的图 $G=(V,T,P)$，融合节点属性的图表示学习的目的是生成一个矩阵 $X\in\mathbb{R}^{|V|\times d}$，其中 $d\ll|V|$ 是预定义的表示向量的维度。矩阵 X 中的每一行 X_i 是对应节点 i 学习到的表示向量。期待学习到的节点表示向量 X_i 能够同时保存拓扑结构矩阵 T 和节点属性矩阵 P 中的信息。

3.2.2 模型框架

图 3-1 展示了 PPNE 的模型框架。从模型图左侧可以看出，图中的每个节点都拥有一系列的属性，例如性别、所在区域和兴趣标签。首先，PPNE 模型从输入的图中构建出两个 $|V|\times|V|$ 的矩阵：拓扑矩阵和属性相似度矩阵。拓扑矩阵是包含 0 和 1 元素的邻接矩阵，里面包含了节点之间的连接。属性相似度矩阵包含了每一对节点之间的属性相似度值。本章通过预定义的相似度计算方法生成属性相似度矩阵。因此，给定任何一个类型的图，用户都可以根据自己的需要去设计合适的属性相似度计算方法。例如，在地理数据挖掘的任务中，地理相关的属性（例如地址、地理标签）会比其他类型的属性信息更加重要。属性相似度计算方法会随着输入图的类型或者下游数据挖掘应用的不同而变化，因此如何设计该计算方法不是本章关注的焦点。本章假设属性相似度矩阵已经由领域专家给出。节点属性相似度矩阵的引入使得 PPNE 模型可以适配于不同类型的图。

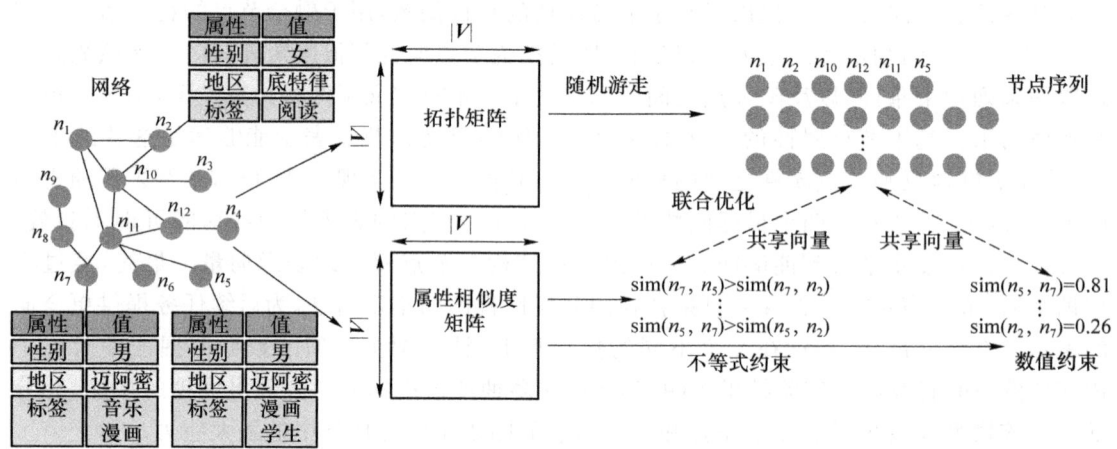

图 3-1 融合节点属性信息的图表示学习模型 PPNE

针对拓扑矩阵，本章首先利用随机游走将其转化成一系列的节点序列，进而提出了一个基于拓扑结构的目标函数来捕捉节点序列中保存的拓扑相似度信息。其核心思想是给定一个邻居节点，最大化其对应的中心节点出现的概率期望。针对节点相似度矩阵，本章从中抽取了一系列的约束条件，它们保证了拥有相似属性的节点对应的表示向量在低维度空间应该分布得比较近。本章定义了两种限制条件：数值约束和不等式约束。数值约束条件保证了两个表示向量之间的欧拉距离与对应节点的相似度成反比；不等式约束条件保证了两个相似节点对应的表示向量的相似度应该大于不相似节点对应的表示向量之间的相似度。基于节点属性的目标函数要求学习得到的表示向量能够满足这些约束条件。最后，如图 3-1 的右侧所示，本章利用随机梯度下降算法来联合优化上述两个目标函数。节点的表示向量被视为两个目标函数中的共享可训练参数,在模型训练结束后,节点的表示向量可以保存两个视图的丰富信息。

3.2.3 基于拓扑结构的目标函数

本小节介绍了基于拓扑结构的目标函数。根据文献,本章假设拥有相似的拓扑结构的节点对应的表示向量应该比较相似。基于此假设,给定一个特定的邻居节点,本章期待最大化其对应的中心节点出现的概率。在随机游走生成的某个节点序列中,一个中心节点的邻居节点是指在其周围的固定 w 大小窗口内出现的其他节点。为了提高模型训练的速度,本章提出了一个基于负采样的优化目标,节点的表示向量被视为其中的可训练参数。

首先,本章利用随机游走将拓扑矩阵 T 转化为一系列的节点序列 $\mathcal{C}$。每个节点被依次视作随机游走的起点。从每个初始节点出发,利用随机游走生成一个长度为 t 的节点序列。本章重复上述过程 r 次来获得足够的节点序列以保存拓扑信息。基于生成的节点序列 $\mathcal{C}$,本章提出的优化目标如下:

$$\text{maximize} \quad D_{\text{T}} = \prod_{n \in \mathcal{C}} \prod_{z \in \text{context}(n)} \prod_{u \in \{\{n\} \cup \text{NEG}(n)\}} p(u|z)$$

其中:n 是从节点序列 $\mathcal{C}$ 中抽样得到的中心节点;$\text{context}(n)$ 是中心节点在其所属的节点序列上对应的邻居节点;$\text{NEG}(n)$ 是针对中心节点 n 随机选取的负样本集合,远离中心节点的节点有更大的概率被选为负样本;条件概率 $p(u|z)$ 定义了给出邻居节点 z,中心节点 u 出现的概率。本章将真正的中心节点 n 视为正样本,将其对应的负样本集合中的节点视为负样本。给出一个邻居节点 z,该优化目标期待能够最大化正样本 $u \in \{n\}$ 出现的概率,同时最小化负样本 $u \in \text{NEG}(n)$ 出现的概率。

针对图中的节点 n,本章设计了两个相关的向量:表示向量 $\boldsymbol{v}_n$ 和参数向量 $\boldsymbol{\theta}_n$。当 n 在模型训练过程中被视为邻居节点时,它的表示向量是 $\boldsymbol{v}_n$;当 n 作为中心节点出现时,本章利用参数向量 $\boldsymbol{\theta}_n$ 表示它。基于上述假设,条件概率 $p(u|z)$ 的数学定义如下:

$$p(u|z) = \begin{cases} \sigma(\boldsymbol{v}_z^{\text{T}} \boldsymbol{\theta}_u), & L^n(u) = 1 \\ 1 - \sigma(\boldsymbol{v}_z^{\text{T}} \boldsymbol{\theta}_u), & L^n(u) = 0 \end{cases}$$

其中 σ 是 sigmoid 函数,其数学定义如下:

$$\sigma(\boldsymbol{v}_z^{\text{T}} \boldsymbol{\theta}_u) = \frac{1}{1 + e^{-(\boldsymbol{v}_z^{\text{T}} \boldsymbol{\theta}_u)}}$$

在条件概率 $p(u|z)$ 的定义中,$L^n(u)$ 是一个指示函数,其数学定义如下:

$$L^n(u) = \begin{cases} 1, & u \in \{n\} \\ 0, & u \in \text{NEG}(n) \end{cases}$$

综上所述,条件概率函数 $p(u|z)$ 的定义如下:

$$p(u|z) = [\sigma(\boldsymbol{v}_z^{\text{T}} \boldsymbol{\theta}_u)]^{L^n(u)} \cdot [1 - \sigma(\boldsymbol{v}_z^{\text{T}} \boldsymbol{\theta}_u)]^{1 - L^n(u)}$$

最终,基于拓扑结构的目标函数的数学定义如下:

$$\text{maximize} \quad D_{\text{T}} = \prod_{n \in \mathcal{C}} \prod_{z \in \text{context}(n)} \prod_{u \in \{\{n\} \cup \text{NEG}(n)\}} [\sigma(\boldsymbol{v}_z^{\text{T}} \boldsymbol{\theta}_u)]^{L^n(u)} \cdot [1 - \sigma(\boldsymbol{v}_z^{\text{T}} \boldsymbol{\theta}_u)]^{1 - L^n(u)}$$

通过最大化正样本的预测概率和最小化负样本的预测概率,上述目标函数能够有效地捕捉拓扑结构中包含的相似度信息。除此之外，本章还通过其他方法引入了丰富的网络结构信息。例如，负样本的采样过程考虑了节点之间的距离，远离中心节点的节点有更大的概率被选为负样本。最后，所提出的目标函数 D_T 能够有效地通过随机梯度下降算法求解。

与 DeepWalk 相比，本章提出的模型训练速度更快并且效果要更好。首先，DeepWalk 的目标函数为

$$\text{maximize} \quad D = \Pi_{n \in \mathcal{C}} \Pi_{z \in \text{context}(n)} p(z|n)$$

其中条件概率 $p(z|n)$ 引入了分层的 softmax 方法将计算复杂度从 $O(|V|)$ 降低到了 $O(\log_2|V|)$。因此，DeepWalk 的总体计算复杂度为 $O(|\mathcal{C}| \cdot 2w \cdot \log_2|V|)$，其中 w 为窗口大小。本章提出的模型进一步减少了计算复杂度，其计算复杂度为 $O(|\mathcal{C}| \cdot 2w \cdot (\text{ns}+1))$，其中 ns 代表每次负采样的节点的个数，是一个与图规模大小无关的常量。因此，优化目标的时间复杂度与图中的节点数目无关，能够有效地减少模型的训练时间。其次，在优化目标中，本章利用节点之间的距离作为基础概率进行负采样。这个策略使得提出的模型不仅能够捕捉节点附近的上下文局部信息，也能够更有效地利用全局的拓扑结构信息。

3.2.4 基于节点属性的目标函数

本小节介绍了基于节点属性的目标函数。在自然语言处理领域，SWE 和 RC-NET 引入了语义信息来提高单词表示向量的质量。基于上述工作，本章提出了两种从节点相似度矩阵 P 中抽取约束条件的方法，并基于这些约束条件提出了融合节点属性的目标函数。现有的工作一般要求节点中只能包含一种属性（例如文本）。不同于上述工作，本章提出了使用节点相似度矩阵 $P \in \mathbb{R}^{|V| \times |V|}$ 来代替原始的节点属性信息。根据不同类型的节点属性和下游数据挖掘应用的特点，研究人员可以灵活地自定义节点属性相似度计算的策略。这种设计保证了本章提出的模型能够被应用于不同类型的图上，提高了模型的普适性。

1. 基于不等式的约束条件

首先，本章从属性相似度矩阵 P 中抽取一系列的三元不等式作为约束条件。针对每个节点 n，依照相似度矩阵 P 中的信息，本章首先选择与其最相似的点作为正样本集 pos_n，以及选择与其最不相似的点作为负样本集 neg_n。正样本集 pos_n 中包含了与 n 最相似的 k 个其他节点，负样本集 neg_n 中包含了与 n 最不相似的 k 个节点，其中 $k \ll |V|/2$。基于上述两个节点集合 pos_n 和 neg_n，可以得到下列的不等式：

$$P_{np} > P_{nq}, p \in \text{pos}_n, q \in \text{neg}_n$$

其中 P_{np} 是节点 n 与 p 之间的属性相似度得分。基于上述不等式，学习到的节点表示向量需要能够满足下列约束条件：

$$\text{sim}(\boldsymbol{v}_n, \boldsymbol{v}_p) > \text{sim}(\boldsymbol{v}_n, \boldsymbol{v}_q), p \in \text{pos}_n, q \in \text{neg}_n$$

其中 $\boldsymbol{v}_n$ 是节点 n 的表示向量，$\boldsymbol{v}_q$ 是节点 q 对应的表示向量。函数 $\text{sim}(\boldsymbol{v}_n, \boldsymbol{v}_p)$ 计算了节点 n 和 p 对应的表示向量之间的余弦相似度。在处理完所有的节点之后，可以得到一个不等式约束条件的集合 $\mathcal{S}$。其中的元素符合下面三元组的格式：

$$\mathcal{S} = \{(i, j, k), \text{sim}(\boldsymbol{v}_i, \boldsymbol{v}_j) > \text{sim}(\boldsymbol{v}_i, \boldsymbol{v}_k)\}$$

基于上述得到的不等式集合 $\mathcal{S}$ 和节点序列集合 $\mathcal{C}$，本章提出了下面的优化目标来要求

学习到的节点表示向量尽量满足抽取的约束条件：

$$\text{minimize} \quad D_{\text{I}} = \sum_{n \in \mathcal{C}} \sum_{(i,j,k) \in \mathcal{S}} I_{i,j,k}(n) \cdot f(i,j,k)$$

其中，$I_{i,j,k}(n)$ 是一个指示函数，其数学定义如下：

$$I_{i,j,k}(n) = \begin{cases} 1, & i=n \text{ 或 } j=n \text{ 或 } k=n \\ 0, & \text{其他} \end{cases}$$

函数 $f(\cdot)$ 是一个规则化的铰链损失函数，其数学定义如下：

$$f(i,j,k) = \max(0, \text{sim}(\boldsymbol{v}_i, \boldsymbol{v}_k) - \text{sim}(\boldsymbol{v}_i, \boldsymbol{v}_j))$$

目标函数 D_{I} 保证了拥有相似属性的节点对应的表示向量之间的相似度要大于拥有不相似属性的节点之间的相似度。在目标函数的优化过程中，对于从序列中抽样出来的一个节点，首先从约束条件集合 $\mathcal{S}$ 中选择与其相关的约束条件，然后判断当前的表示向量是否满足上述三元组不等式。如果满足的话，表示向量保持不变；否则节点对应的表示向量会依照上述优化目标进行更新。

2. 基于数值的约束条件

第二种方法是将相似度矩阵 $\boldsymbol{P}$ 中的数值元素作为约束条件来调整表示向量的学习过程。如果两个节点有很高的属性相似度值，那么其对应的节点表示向量在所属的低维特征空间也应该距离较近。

与之前的基于不等式的约束条件类似，根据节点属性相似度矩阵 $\boldsymbol{P}$，针对图中的每个节点，本章选择与它最相似的和最不相似的 k 个节点作为正样本集合 pos_n 和负样本集合 neg_n。这两个集合中的样本对节点 n 具有很强的区分度。基于集合 pos_n 和 neg_n，本章提出了下列目标函数：

$$\text{minimize} \quad D_{\text{N}} = \sum_{n \in \mathcal{C}} \sum_{i \in \{\text{pos}_n \cup \text{neg}_n\}} P_{ni} d(\boldsymbol{v}_n, \boldsymbol{v}_i)$$

其中 $d(\boldsymbol{v}_i, \boldsymbol{v}_j)$ 计算了节点 i 与 j 对应的表示向量之间的欧拉距离，其计算过程如下：

$$d(\boldsymbol{v}_i, \boldsymbol{v}_j) = \sqrt{(\boldsymbol{v}_i - \boldsymbol{v}_j)^{\text{T}}(\boldsymbol{v}_i - \boldsymbol{v}_j)}$$

可以轻易地看出，目标函数 D_{N} 的优化过程受到节点相似度 P_{ni} 的影响。拥有相似属性的节点表示向量之间的距离的下降速度要比拥有不相似属性的节点表示向量之间的距离的下降速度快。因此目标函数 D_{N} 可以保证拥有相似属性的节点在学习到的表示空间中的距离更近。

3.2.5 联合优化算法

本小节展示了如何对上述基于拓扑结构和基于节点属性的优化目标进行联合优化。根据约束条件选择的不同，本章提出了两类 PPNE 模型：$\text{PPNE}_{\text{ineq}}$ 和 PPNE_{num}。$\text{PPNE}_{\text{ineq}}$ 模型联合优化基于拓扑结构的目标函数 D_{T} 和基于不等式约束的目标函数 D_{I}。PPNE_{num} 模型联合优化基于拓扑结构的目标函数 D_{T} 和基于数值约束的目标函数 D_{N}。本章采用随机梯度下降方法来求解该联合优化问题。首先，本章分别介绍了目标函数 D_{T}，D_{I} 和 D_{N} 的求解过程。然后，本章利用对应的推导公式来联合更新节点表示向量。

为了求解目标函数 D_{T}，本章首先最大化下面的对数似然函数：

$$\log D_\mathrm{T} = \log \Pi_{n\in \mathcal{C}}\, g(n)$$
$$= \Sigma_{n\in \mathcal{C}} \log g(n)$$
$$= \Sigma_{n\in \mathcal{C}} \log \Pi_{z\in \mathrm{context}(n)} \Pi_{u\in \{n\}\cup \mathrm{NEG}(n)} \left\{ [\sigma(\boldsymbol{v}_z^\mathrm{T}\boldsymbol{\theta}_u)]^{L^n(u)} \cdot [1-\sigma(\boldsymbol{v}_z^\mathrm{T}\boldsymbol{\theta}_u)]^{1-L^n(u)} \right\}$$
$$= \Sigma_{n\in \mathcal{C}} \Sigma_{z\in \mathrm{context}(n)} \Sigma_{u\in \{\{n\}\cup \mathrm{NEG}(n)\}} \left\{ L^n(u) \cdot \log[\sigma(\boldsymbol{v}_z^\mathrm{T}\boldsymbol{\theta}_u)] + [1-L^n(u)] \cdot \log[1-\sigma(\boldsymbol{v}_z^\mathrm{T}\boldsymbol{\theta}_u)] \right\}$$

给定节点序列 $\mathcal{C}$ 中的一个样本 $(n, \mathrm{context}(n))$ 以及采样得到的 z 和 u，上述优化目标可以简写成

$$\mathcal{L} = L^n(u) \cdot \log[\sigma(\boldsymbol{v}_z^\mathrm{T}\boldsymbol{\theta}_u)] + [1-L^n(u)] \cdot \log[1-\sigma(\boldsymbol{v}_z^\mathrm{T}\boldsymbol{\theta}_u)]$$

为了求解上述目标函数，本章需要计算下列偏导数：

$$\frac{\partial \mathcal{L}}{\partial \boldsymbol{\theta}_u} = L^n(u) \cdot [1-\sigma(\boldsymbol{v}_z^\mathrm{T}\boldsymbol{\theta}_u)] \cdot \boldsymbol{v}_z - [1-L^n(u)] \cdot \sigma(\boldsymbol{v}_z^\mathrm{T}\boldsymbol{\theta}_u) \cdot \boldsymbol{v}_z$$
$$= [L^n(u) - \sigma(\boldsymbol{v}_z^\mathrm{T}\boldsymbol{\theta}_u)] \cdot \boldsymbol{v}_z$$

因此，参数向量 $\boldsymbol{\theta}_u$ 可以根据下列公式进行更新：

$$\boldsymbol{\theta}_u = \boldsymbol{\theta}_u + \eta [L^n(u) - \sigma(\boldsymbol{v}_z^\mathrm{T}\boldsymbol{\theta}_u)] \cdot \boldsymbol{v}_z$$

其中参数 η 是学习速率。在上述公式中，$\boldsymbol{\theta}_u$ 和 $\boldsymbol{v}_z$ 是对称的，所以可以轻易地得到表示向量 $\boldsymbol{v}_z$ 的偏导数：

$$\frac{\partial \mathcal{L}}{\partial \boldsymbol{v}_z} = [L^n(u) - \sigma(\boldsymbol{v}_z^\mathrm{T}\boldsymbol{\theta}_u)] \cdot \boldsymbol{\theta}_u$$

因此，表示向量 $\boldsymbol{v}_z$ 的优化步骤如下：

$$\boldsymbol{v}_z = \boldsymbol{v}_z + \eta \sum_{u\in \{\{n\}\cup \mathrm{NEG}(n)\}} [L^n(u) - \sigma(\boldsymbol{v}_z^\mathrm{T}\boldsymbol{\theta}_u)] \cdot \boldsymbol{\theta}_u$$

下面给出上述公式中目标函数 D_I 的优化过程。为了简便起见，本章利用 s_{np} 来表示相似度得分 $\mathrm{sim}(\boldsymbol{v}_n, \boldsymbol{v}_p)$。给出从节点序列 $\mathcal{C}$ 中采样得到的样本 $(n, \mathrm{context}(n))$，本章首先计算 D_I 针对 $\boldsymbol{v}_n$ 的偏导数：

$$\frac{\partial D_\mathrm{I}}{\partial \boldsymbol{v}_n} = \sum_{(i,j,k)\in S} \frac{\partial f(i,j,k) \cdot I_{i,j,k}(n)}{\partial \boldsymbol{v}_n} = \sum_{(i,j,k)\in S} f' \cdot \left(\delta_{ik}(n) \frac{\partial s_{ik}}{\partial \boldsymbol{v}_n} - \delta_{ij}(n) \frac{\partial s_{ij}}{\partial \boldsymbol{v}_n} \right)$$

其中 $\delta_{ij}(n)$ 是一个指示函数，定义如下：

$$\delta_{ij}(n) = \begin{cases} 1, & i=n \text{ 或 } j=n \\ 0, & \text{其他} \end{cases}$$

另外，优化目标中 f' 函数的定义如下：

$$f' = \begin{cases} 1, & s_{ij} < s_{ik} \\ 0, & s_{ij} \geqslant s_{ik} \end{cases}$$

上述公式对应的偏导数可以轻易求解。例如，给定一个包含节点 n 的不等式约束条件，并且假设 $i=n$，本章可以得到下列的推导公式：

$$\frac{\partial s_{ij}}{\partial \boldsymbol{v}_n} = \frac{\partial s_{nj}}{\partial \boldsymbol{v}_n} = -\frac{s_{nj}\boldsymbol{v}_n}{|\boldsymbol{v}_n|^2} + \frac{\boldsymbol{v}_j}{|\boldsymbol{v}_n||\boldsymbol{v}_j|}$$

因此，针对训练样本 $(n, \mathrm{context}(n))$，节点 n 的表示向量的更新步骤如下：

$$\boldsymbol{v}_n = \boldsymbol{v}_n - \beta \cdot \eta \sum_{(i,j,k)\in S} \frac{\partial D_\mathrm{I}}{\partial \boldsymbol{v}_n}$$

其中 β 是权重参数，用来控制节点属性在表示学习中的权重。

下面给出目标函数 D_N 的优化过程。给出一个采样得到的 $(n, \mathrm{context}(n))$，首先计算

D_N 的偏导数：

$$\frac{\partial D_N}{\partial \boldsymbol{v}_n} = \sum_{i \in \{\mathrm{pos}_n \cup \mathrm{neg}_n\}} P_{ni} \frac{\partial d(\boldsymbol{v}_n, \boldsymbol{v}_i)}{\partial \boldsymbol{v}_n}$$

$$= \sum_{i \in \{\mathrm{pos}_n \cup \mathrm{neg}_n\}} P_{ni} \frac{\partial \sqrt{(\boldsymbol{v}_n - \boldsymbol{v}_i)^{\mathrm{T}}(\boldsymbol{v}_n - \boldsymbol{v}_i)}}{\partial \boldsymbol{v}_n}$$

$$= \sum_{i \in \{\mathrm{pos}_n \cup \mathrm{neg}_n\}} P_{ni} \cdot \frac{1}{2} \cdot [(\boldsymbol{v}_n - \boldsymbol{v}_i)^{\mathrm{T}}(\boldsymbol{v}_n - \boldsymbol{v}_i)]^{-\frac{1}{2}} \cdot (\boldsymbol{v}_n - \boldsymbol{v}_i + \boldsymbol{v}_n - \boldsymbol{v}_i)$$

$$= \sum_{i \in \{\mathrm{pos}_n \cup \mathrm{neg}_n\}} P_{ni} \cdot (\boldsymbol{v}_n - \boldsymbol{v}_i)[(\boldsymbol{v}_n - \boldsymbol{v}_i)^{\mathrm{T}}(\boldsymbol{v}_n - \boldsymbol{v}_i)]^{-\frac{1}{2}}$$

因此，节点 n 的表示向量的更新函数如下：

$$\boldsymbol{v}_n = \boldsymbol{v}_n - \beta \cdot \eta \sum_{i \in \{\mathrm{pos}_n \cup \mathrm{neg}_n\}} \frac{\partial D_N}{\partial \boldsymbol{v}_n}$$

3.2.6 讨论

本小节讨论了与 PPNE 模型相关的 3 个重要问题。

1. 节点属性相似度计算方法

本章选择了余弦相似度作为评估两个节点属性相似度的主要指标，配合欧几里得距离来衡量表示向量之间的空间距离。余弦相似度通过比较节点属性向量的夹角，提供了一种简单直观的方式来量化节点间的相似性，而欧几里得距离则进一步描述了向量之间的几何差异。尽管这些方法较为基础且广泛地应用于各类任务中，本书提出的 PPNE 模型在这些计算方法的基础上，仍然能够展现出显著的性能提升。这一结果不仅证明了 PPNE 模型在捕捉节点属性特征方面的优越性，也从侧面验证了其对简单度量指标的强大兼容性。

2. 属性相似度矩阵

PPNE 模型的关键输入之一是节点属性相似度矩阵。对于规模较大的图，计算所有可能的节点对的属性相似度是一项耗时且计算资源密集的任务，时间复杂度可达到 $O(|\boldsymbol{V}|^2)$。为此，本章提出了一系列优化策略以提升计算效率。首先，可以提前计算并存储每个节点属性向量的范数，以减少余弦相似度计算中重复计算范数的操作。其次，余弦相似度的计算可以进行并行化处理，从而显著缩短大规模图上的计算时间。最后，节点属性相似度矩阵的计算与后续的图表示学习任务独立，因而这一过程可以提前离线完成，不仅节省了在线计算的时间成本，还能为模型后续的训练阶段提供高效输入。通过这些优化措施，即使在处理大规模图数据时，PPNE 模型依然能够在保证相似度矩阵计算效率的同时，保持模型的整体性能和表达能力。

3. 与图神经网络的对比

图表示学习模型和图神经网络在结构和任务目标上有所不同。图表示学习模型通常是无监督的，其主要依赖网络拓扑结构信息来学习节点的普适表示。这类模型的优点在于其通用性，其能够在多种任务中应用，而无须为每个任务单独优化。相比之下，图神经网络通常是半监督模型，依赖少量标注数据来指导节点表示学习，进而优化针对特定任务（如节点分类）的表现。由于引入了与任务相关的监督信号，图神经网络在某些任务中（例如节点分类、链接预测)往往表现更优。然而,这种特定任务驱动的表示向量在其他任务中的适应性较低,难以直接迁移应用于不同的场景。相比之下,PPNE 模型专注于利用普适的节点属性相似度进行表示学习,无须过度依赖任务特定的监督信号,因而具备更强的任务迁移能力。这使得其在多任务环境中表现出较强的鲁棒性,特别适合处理需要泛化能力的图数据应用场景。

3.3 实　　验

本章在 5 个现实生活中的图数据集上评估了 PPNE 模型的性能。本章选取了节点分类和链接预测作为评估指标。

3.3.1　数据集介绍

为了评估所提出的 PPNE 模型的性能,本章将 4 个论文引用网络和 1 个社交网络作为验证数据集。表 3-1 展示了 5 个数据集的详细统计信息。4 个论文引用网络包括 Citeseer[①]、Cora、PubMed 和 DBLP[②]。在论文引用网络中,节点代表论文,图中的边代表论文之间的引用关系。论文所属的领域类别被看成其标注信息。在 Citeseer、Wiki 和 PubMed 数据集上,论文的摘要被看作其节点属性。在 DBLP 数据集上,论文的题目、作者、出版社和摘要被看作其节点属性。Google＋是一个社交网络数据集,其中节点代表用户,边代表用户之间的好友关系。每个用户的属性包括其性别、工作名称、所读大学和工作地点。每个用户的所在机构被看作其类别。本章选择了最流行的 6 个机构作为节点的类别。对于只拥有一种节点类型的数据集(Citeseer、Cora 和 PubMed),其对应的属性相似度矩阵包括每对节点之间的余弦相似度。对于拥有多种节点属性类型的复杂的数据集(DBLP 和 Google＋),本章分别计算不同类型属性之间的余弦相似度,然后对其进行线性加权求和得到最终的节点相似度值。本章利用少量的随机选取的样本来调整相关的权重。

表 3-1　数据集的统计信息

数据集	节点数目	边的数目	类别
Citeseer	3 312	4 732	6
Wiki	2 405	17 981	11
PubMed	19 717	44 338	3
DBLP	244 021	4 354 534	9
Google＋	107 614	13 673 453	6

[①] http://linqs.cs.umd.edu/projects/projects/lbc/index.html.
[②] https://snap.stanford.edu/data/index.html.

3.3.2 对比方法

本章将提出的 PPNE 模型与下面的方法进行了对比。
- **DeepWalk**：DeepWalk 是一个基于拓扑结构的图表示模型，它引入了 Skip-Gram 算法在随机游走生成的节点序列上学习节点的表示向量。
- **LINE**：LINE 是一个流行的基于拓扑结构的图表示学习模型。基于节点之间的一阶相似度和二阶相似度，LINE 设计了两个独立的优化目标函数。本章将两个目标函数学习到的节点表示向量进行拼接，得到了最终的表示向量。
- **Property Features**：该方法只考虑了节点的属性信息，本章利用 SVD 方法获得节点属性的低维度表示。
- **Naive Combination**：该方法将节点的属性表示向量以及 DeepWalk 学习到的基于拓扑结构的表示向量相连接，作为最终的节点表示向量。
- **TADW**：TADW 是一个基于矩阵分解的图表示学习模型，能够有效地将节点的文本信息融入最终的表示向量中。
- **PPNE$_{ineq}$**：PPNE$_{ineq}$ 是本章提出的基于不等式约束的 PPNE 模型。
- **PPNE$_{num}$**：PPNE$_{num}$ 是本章提出的基于数值约束的 PPNE 模型。

下面介绍本章使用的图表示学习方法对应的参数设置。对所有的数据集，节点的表示向量的维度被设置为 $d=160$。在 DeepWalk 方法中，邻居节点对应的窗户的大小 $w=10$，每个节点进行的游走次数被设置为 $r=80$，每个节点序列的长度设置为 $t=40$。在 LINE 方法中，负采样的个数被设置为 negative=5。在 Property Features 方法中，本章利用 SVD 方法将节点的属性特征保存在一个 160 维度的向量中。TADW 的参数与原始文章相同。在本章提出的 PPNE 模型中，负采样的次数 ns=5，平衡权重 $\beta=0.3$，SGD 中的学习率 $\eta=0.001$，每个节点开始的游走次数 $r=80$，每个节点序列的长度设置为 $t=40$。

3.3.3 节点分类

本章利用多标签节点分类任务来评估不同的图表示学习模型的效果。每个节点对应的低维度表示向量被视作其特征向量，然后本章将支持向量机作为分类模型来拟合对应的训练标注数据，返回每个节点最有可能属于的类别。支持向量机模型利用流行的机器学习框架 scikit-learn 来实现。对于每一个数据集，T_r 比例的节点被随机选取作为训练数据来训练上述分类器，剩余的节点被视为测试数据。本章重复上述过程 10 次，然后记录不同的图表示学习方法对应的分类准确率，最后求其平均值作为最终的分类结果。

表 3-2 展示了 4 个数据集上的多标签分类结果。表中的符号 "—" 代表 TADW 方法无法处理大规模的图，因为 TADW 使用的矩阵分解的方法非常消耗内存并且需要大量的计算资源。从表 3-2 中可以看出，本章提出的 PPNE 的性能持续地优于其他的对比方法。在 Citeseer 数据集上，PPNE$_{ineq}$ 的效果最好，并且优于最好的对比方法 TADW 接近 5%。在 Wiki 数据集上，PPNE$_{ineq}$ 比其他的对比方法提高了接近 3% 的节点分类准确率。在 DBLP 数据集上，PPNE$_{ineq}$ 比其他的对比方法提高了接近 5% 的分类准确率。在 Google+ 数据集

上，$PPNE_{num}$ 比其他的对比方法提高了接近 6% 的分类准确率。另外，在 Citeseer 和 Wiki 数据集上，相比于最强的对比方法 TADW 模型，本章提出的 PPNE 模型的性能提升是统计性显著的（p-value<0.05）。$PPNE_{ineq}$ 模型从节点的属性相似度中抽取节点之间的不等式约束，是一个比较粗略的信息表示方法。相对而言，$PPNE_{num}$ 直接利用了节点属性之间的相似度得分，实质上是对节点之间的不等式添加了数值，是一个更加精细的方法。如果这种相似度的程度定义符合对应的节点标注数据，将有助于模型的效果。例如，在 Google+ 数据集上，$PPNE_{num}$ 的表现要优于 $PPNE_{ineq}$；反之，则容易引入噪音，有可能带来负面影响。例如，在 Citeseer、Wiki 和 DBLP 数据集上，$PPNE_{ineq}$ 模型的效果要优于 $PPNE_{num}$ 模型。节点分类的实验结果证明了所提模型 PPNE 的有效性。通过将图的拓扑结构和节点的属性在统一的学习框架下融入节点表示向量，PPNE 在多个数据集上都达到了最好的效果。

表 3-2 多标签的节点分类结果（准确率）

方法	Citeseer			Wiki			DBLP			Google+		
T_r	10%	20%	30%	10%c	20%	30%	1%	2%	3%	1%	2%	3%
DeepWalk	47.8	53.5	56.5	56.9	61.8	64.0	63.0	64.8	65.7	55.9	56.9	57.4
LINE	41.2	45.8	49.5	57.6	59.4	63.2	61.2	62.8	63.8	53.7	54.6	55.1
Property Features	53.4	55.8	58.4	58.1	63.3	65.4	68.6	69.7	71.2	59.8	60.9	61.2
Naive Combination	54.1	56.5	60.5	64.4	69.3	72.3	69.4	71.2	72.9	61.8	62.7	64.2
TADW	55.9	58.5	61.8	71.0	74.9	77.3	—	—	—	—	—	—
$PPNE_{ineq}$	**60.4**	**63.2**	**66.1**	**74.5**	**77.7**	**80.0**	**76.2**	**77.8**	**79.2**	67.2	69.1	70.3
$PPNE_{num}$	58.5	62.7	65.5	71.4	75.0	76.7	75.5	76.9	78.7	**68.7**	**70.9**	**71.8**

3.3.4 链接预测

给出一个输入的图，链接预测的目的是预测哪些点在未来有可能出现连接，即两个节点之间有可能生成边。链接预测可以评估不同的图表示学习模型的预测性。为了进行链接预测任务，本章首先从输入的图中随机地去掉一部分（50%）的边。基于剩下的子图，本章利用不同的图表示学习方法生成每个节点的表示向量。去除的边中包含的节点对被看作正样本。同时，本章随机地选取同等数目的不连接的节点对作为负样本。正样本和负样本形成了一个平衡的标注数据集。给出标注数据中的一个节点对，本章计算两个节点对应的表示向量之间的余弦相似度。然后，引入 Area Under Curve（AUC）评分来衡量标注信息和向量相似度之间的一致性。本章同时也引入了一个流行的链接预测方法 Common Neighbors 来作为对比。表 3-3 展示了不同方法在链接预测任务上的实验结果。与最好的对比方法 TADW 相比，本章提出的 $PPNE_{ineq}$ 方法在 Citeseer 数据集上提高了 4%，在 PubMed 数据集上提高了 5%。实验结果证明了 PPNE 能够学习到高质量的节点表示向量来提高链接预测的性能。

表 3-3 链接预测的实验结果（AUC 得分）

模型	Citeseer	PubMed
LINE	0.725	0.751
DeepWalk	0.743	0.78
Common Neighbors	0.691	0.714
TADW	0.757	0.792
PPNE$_{ineq}$	**0.791**	**0.846**
PPNE$_{num}$	0.783	0.812

3.4 本章小结

本章深入地探讨了如何在图数据领域中有效学习并融合节点属性信息，以生成综合表达图结构复杂性和节点固有特性的节点表示向量。为了实现这一目标，我们提出了一种新颖且具有广泛适用性的图表示学习模型——属性感知的概率图表示网络（PPNE）。该模型巧妙地结合了节点的固有属性与图的拓扑结构，从而生成了更具信息量和表达力的节点表示。

我们将研究问题形式化为一个复杂的联合优化任务，目标是同时优化图的拓扑结构信息与节点属性信息的融合表示。具体而言，在图的拓扑结构方面，我们设计了一种基于随机游走（random walk）的误差函数。该函数通过模拟节点间的随机跳转过程，捕捉图的全局结构特性以及节点间的局部邻近关系，确保表示向量能够有效地反映节点在图中的相对位置和关系。与此同时，为了充分融入节点属性信息，我们将属性相似度抽象为一系列三元组（triplet）关系，并基于此构建了相应的目标函数。此目标函数的核心在于确保在表示空间中，属性相似的节点能够被投射到彼此相近的区域，从而在表征节点特征的过程中体现其固有属性的相似性。

在模型的实现上，节点的表示向量被视为上述两个目标函数中的核心可训练参数。我们采用了一种创新的联合学习框架，将两个误差函数共享的学习参数通过交替更新策略进行优化。这一框架通过不断迭代，交替优化图结构与节点属性的目标函数，最终收敛到全局最优解。该策略确保生成的节点表示向量能够同时反映图的结构信息和节点的属性特性，具备较高的表达能力与泛化能力。

为了全面评估 PPNE 模型的性能，我们在 4 个具有代表性的数据集上进行了实验，这些数据集涵盖了不同规模和类型的图结构。我们选择了两个经典的图数据挖掘任务——节点分类和链接预测，对模型的表现进行了广泛验证。在节点分类任务中，实验结果显示 PPNE 模型显著地提升了分类准确率，与现有主流模型相比表现更为优越。在链接预测任务中，PPNE 同样表现出了强大的预测能力，能够更准确地预测节点间的潜在链接。这些实验结果不仅证明了 PPNE 模型在有效融合节点属性和拓扑结构信息方面的优越性，还进一步表明了它在提升图数据应用性能方面的显著潜力。

  总体而言，PPNE模型通过巧妙地结合节点属性和图的结构信息，提出了一种高效的节点表示学习方法，能够在多种任务中表现出卓越的性能。未来的工作可以继续探索在更大规模图数据上的应用场景，进一步优化模型的计算效率和表现，同时考虑引入更多类型的节点属性与关系信息，以增强模型的泛化能力与应用广度。

第4章
文本属性图上的半监督表示学习

4.1 引　言

维度灾难(curse of dimensionality)是机器学习模型在处理高维数据时面临的根本挑战之一。随着输入特征维度的增加，模型的计算复杂度会迅速上升，导致计算时间和资源显著增加。这一问题在需要学习多个离散随机变量的联合分布时尤其突出，例如在自然语言处理中词语的联合分布或稀疏图网络中节点的关系建模。在这种情况下，维度灾难带来的数据稀疏性和计算成本成为必须克服的重大障碍。为应对这一挑战，研究人员提出了图表示学习(graph representation learning)技术。图表示学习旨在将图中的节点、边及其拓扑结构转换为连续、稠密、低维的向量表示。这种方法不仅能够显著地减少维度灾难带来的计算负担，还能在保持原始图结构信息的前提下生成高质量的节点向量。这些向量在诸如节点分类、链接预测、网络重构、推荐系统等基于图的数据挖掘任务中起到关键作用。

近年来，多个创新性的图表示学习模型被提出，这些模型能够有效地捕捉图拓扑结构中的复杂非线性关系，进而生成更具表现力的节点表示向量。然而，现有的模型仍然存在两个重要的不足。

首先，许多流行的图表示学习方法，尤其是基于随机游走的方法，通常忽略了节点在序列中的相对位置信息。以 DeepWalk 为例，该方法首先通过随机游走将图转化为节点序列，随后利用 Skip-Gram 模型从这些序列中生成节点表示。DeepWalk 假设如果两个节点拥有相似的邻居节点(context nodes)，那么它们的表示向量应该相似。然而，这种方法没有考虑节点序列中节点之间的距离。例如，如图 4-1 所示，节点 1 和节点 2 共享相同的邻居{4,5,6,7}，而节点 2 和节点 3 则共享邻居{8,9,10,11}。DeepWalk 会得出节点 1 和 2、节点 2 和 3 之间的相似度相等的结论，因为它们拥有相似的邻居数量。但实际上，节点间的直接连接应具有更强的相似性。因此，节点 2 与 3 的相似度应该高于节点 1 与 2 的相似度，因为节点 2 和 3 共享的邻居是直接连接的节点。类似地，LINE 和 SDNE 等方法通过利用一阶相似性(first-order proximity)和二阶相似性(second-order proximity)来改进节点表示的质量，虽然它们在捕捉网络结构方面取得了一定的进展，但仍然局限于局部的网络拓扑信息。例如，即使节点 3 和节点 4 之间没有直接连接或共同邻居,它们的唯一邻居节点 1 和 2 具有很高的相似性,因此节点 3 和 4 之间也应该存在某种相似关系。然而,这种信息在现有方法中通常被忽略。

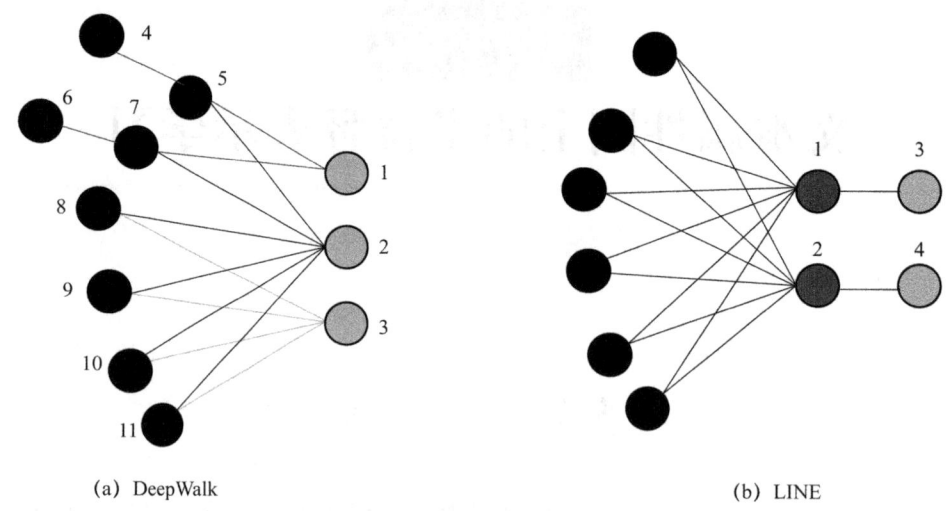

(a) DeepWalk   (b) LINE

图 4-1 两个基础工作(DeepWalk 和 LINE)的示例

其次,大多数现有的图表示学习方法依赖于无监督学习模型,无法充分利用节点中的特定任务相关信息。在某些任务中,节点可能包含与该任务紧密相关的标注信息,例如,在社交网络中的性别分类任务中,部分用户标注了自己的性别信息。这类信息可以从任务的角度定义节点之间的相似性,能够为模型提供更多指导的关键信息。然而,传统的无监督学习方法主要侧重于保留网络拓扑信息,忽略了与任务相关的标注信息,因此在特定任务上的表现可能不如预期。为了克服这些局限性,未来的图表示学习研究可能需要更加关注节点序列中的顺序信息,并设计能够结合无监督和有监督学习优势的混合模型。这将有助于在更广泛的任务场景下提高图表示的泛化能力和适应性。

为了解决现有图表示学习方法的不足之处,本章提出了一个创新性的半监督图表示学习框架。该框架由两个核心学习阶段构成,旨在结合无监督和半监督学习的优势,以更好地捕捉图结构的复杂性和节点之间的关联信息。

在第一个阶段,本章提出了一个名为 StructureNE 的无监督图表示学习模型,用于学习节点的初始表示向量。StructureNE 的主要目标是有效地捕捉图中节点序列的顺序信息,并在此基础上生成节点表示。在此过程中,StructureNE 对 DeepWalk 模型进行了改进,引入了一个增强版的 Skip-Gram 算法。通过这个改进的算法,模型能够根据节点之间的相对位置关系选择适当的映射矩阵,最终生成更具结构性和语义关联性的节点表示向量。与传统的无监督学习方法相比,StructureNE 能够更精准地反映节点在图中所处的结构角色和相邻节点间的相对位置。

在第二个阶段,本章提出了一个半监督图表示学习模型,称为 SemNE。在这一阶段,StructureNE 生成的节点初始表示向量被作为输入向量,SemNE 进一步利用少量的标注信息对这些初始向量进行微调。具体而言,SemNE 模型基于多层感知机(MLP)架构,解决节点分类任务。节点的标注信息被视为分类任务的目标,初始的节点表示向量则作为模型的输入。在分类模型的训练过程中,通过最小化分类误差,节点的表示向量会不断被更新,以更好地拟合现有的标注数据。这样一来,SemNE 不仅能够继承无监督学习的表示学习优势,还能够通过监督信息提升节点表示的准确性和区分度。为了进一步提升半监督学习的效果,本章设计了一种名为训练单元(training unit)的数据结构。训练单元的作用是通过传播机制,将有标注节点上的标注信息扩散至其他无标注节点上,从而有效地提升无标注节点的表示质量,弥补标注数据不足的问题。

本章在 3 个公开数据集上,通过网络重构、节点分类和链接预测 3 个经典数据挖掘任务对提出的模型进行了全面评估。实验结果显示,所提出的半监督模型在多个任务中均取得了显著优于传统无监督图表示学习模型的表现。这不仅验证了 StructureNE 与 SemNE 模型的有效性,也展示了半监督学习在图表示学习领域中的巨大潜力。

4.2 半监督的图表示学习模型

4.2.1 问题定义

本小节首先定义了一些基本的概念,然后给出了所研究问题的数学化定义。输入的图的数学表示为 $G=(V,E)$,其中 G 是输入的图,V 是图中节点的集合,E 是图对应的邻接矩阵,其包含了图中的拓扑结构信息。矩阵 E 的定义如下:

$$E_{ij} = \begin{cases} 1, & \text{node } i \text{ and } j \text{ are conntected} \\ 0, & \text{else} \end{cases}$$

常见的无监督图表示学习模型一般只依赖于 G 中包含的信息。不同于以往工作,本章使用了少量的标注数据,并尝试将标注数据融入节点的表示向量中。标注信息被定义为 $Y \in \mathbb{R}^{|V_t| \times |\mathcal{Y}|}$,其中 $\mathcal{Y}$ 是节点的所有类别,V_t 是拥有标注信息的节点的集合。下面给出研究的问题的数学化定义。

定义 4-1(半监督的图表示学习) 给定网络 $G=(V,E)$ 以及标注信息矩阵 Y,半监督的图表示学习模型期望能够生成下列矩阵:$X \in \mathbb{R}^{|V| \times d}$,其中 $d \ll |V|$ 是预定义的表示向量的维度,矩阵 X 中的每一行 X_i 都是节点 i 的表示向量。学习到的表示向量需要能够保存图的拓扑结构信息和少量的标注信息。

4.2.2 模型框架

图 4-2 展示了本章提出的半监督图表示学习框架的详细架构,该框架由两个关键阶段构成。在第一阶段,如图 4-2 上半部分所示,框架首先利用图的拓扑结构,通过随机游走方法将输入的图转化为一系列节点序列。这一操作能够捕捉图的局部结构信息,并将复杂的图结构化为有序的节点路径,以便于进一步处理。本章创新性地提出了一种新的无监督图表示学习模型——StructuredNE。该模型通过有效地利用生成的节点序列,学习能够融合节点顺序信息的高质量节点表示向量。StructuredNE 旨在捕捉每个节点在其局部结构中

的角色,并通过无监督的方式,避免了对标注数据的依赖,使得生成的节点表示向量可以适应更广泛的场景。

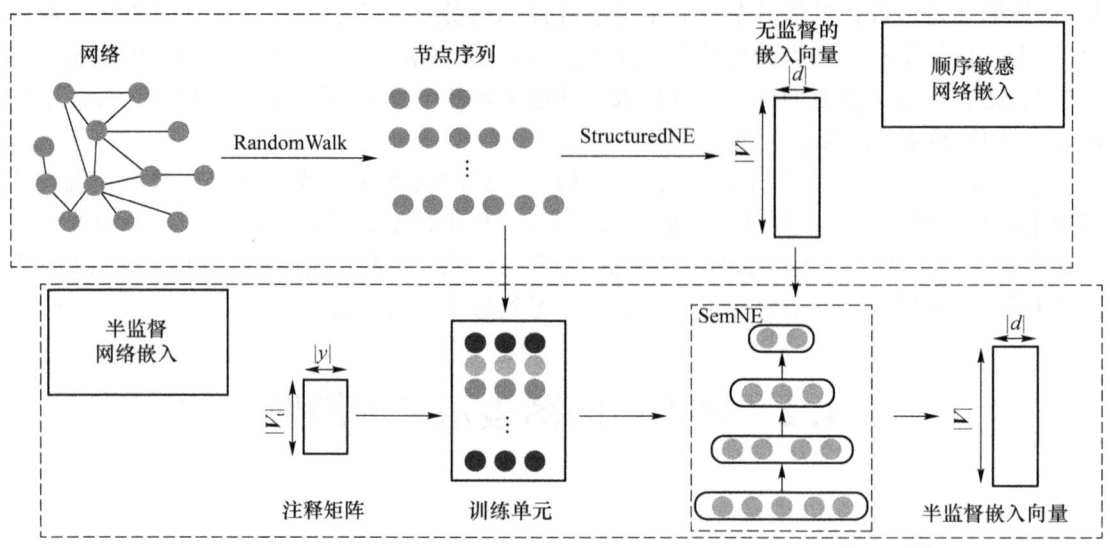

图 4-2 半监督的图表示学习模型框架

在第二阶段,框架转向半监督学习,如图 4-2 下半部分所示。基于第一阶段中生成的节点表示向量,本章提出了一种基于神经网络的图表示学习框架——SemNE,用于在标注数据的指导下进一步微调这些向量。SemNE 的目标是在有标注数据的基础上,将其学习到的知识推广到无标注的节点上,以实现对整个图的有效表示。具体来说,SemNE 将图中的节点组合成若干训练单元,每个单元都由一个有标注的中心节点及其邻居节点组成。在这种训练单元中,中心节点的标注信息被视为整个单元的标注,从而将标注信息从标注节点扩展到其邻域内的无标注节点。

为了有效地利用这些标注信息,本章进一步提出了一种基于神经网络的分类模型,该模型旨在预测每个训练单元的标注。在这一过程中,通过后向传播算法,框架不断最小化分类目标函数,并逐步微调节点的表示向量,使其更好地拟合标注数据。随着训练的进行,SemNE 能够通过标注数据的监督学习,进一步优化节点的表示,从而提升整个模型在图上进行半监督学习的效果。最终,该框架能够生成不仅能反映图的结构特性,还能够有效区分不同标注类别的节点表示。

本章提出的半监督图表示学习框架,不仅能够充分利用标注数据,同时也通过无监督的方式捕捉了图的拓扑特征,具有良好的扩展性和泛化能力。这种两阶段的设计,使得框架既能在无标注数据的情况下获取图的结构信息,又能在有标注数据的情况下进一步提升节点表示的区分能力。

4.2.3 顺序敏感的图表示学习模型

本小节介绍了节点顺序敏感的无监督图表示学习模型 StructuredNE。首先,本章简单地介绍了基础模型 DeepWalk。DeepWalk 首先利用随机游走将输入的图转化为一系列的

节点序列。给定一个生成的节点序列 $T=\{n_1,n_2,\cdots,n_{|T|}\}$,节点 $n\in\{n_{t-w},\cdots,n_{t+w}\}\setminus n_t$ 被看作中心节点 n_t 的邻居节点,其中 w 是预定义的窗口大小。然后,DeepWalk 引入了 Skip-Gram 模型在节点序列上学习节点表示向量。Skip-Gram 模型的目标函数是给定一个中心节点,最大化其真实邻居节点出现的概率。其数学定义如下:给定一个节点序列 $T=\{n_1, n_2,\cdots,n_{|T|}\}$,Skip-Gram 模型的学习目标是最大化下列概率,即

$$L = \frac{1}{T}\sum_{t=1}^{T}\sum_{\substack{-w\leqslant j\leqslant w \\ j\neq 0}} \log p(n_{t+j}|n_t)$$

为了获得条件概率 $p(n_{t+j}|n_t)$,Skip-Gram 模型设计了一个映射矩阵 $\boldsymbol{O}\in\mathbb{R}^{|V|\times d}$ 将节点 n_t 从低维度的表示向量 $\boldsymbol{X}_{n_t}\in\mathbb{R}^{1\times d}$ 映射到一个 $|\boldsymbol{V}|$ 维度的向量 $\boldsymbol{o}_{n_t}$:

$$\boldsymbol{o}_{n_t} = \boldsymbol{X}_{n_t}\cdot\boldsymbol{O}^\mathrm{T}$$

然后,节点 n_{t+j} 作为中心节点 n_t 的邻居出现的条件概率可以通过下面的 softmax 函数进行计算:

$$p(n_{t+j}|n_t) = \frac{\mathrm{e}^{o_{n_t}(n_{t+j})}}{\sum_{n\in V}\mathrm{e}^{o_{n_t}(n)}}$$

在模型的学习过程中,节点的表示向量 $\boldsymbol{X}_{n_t}$ 被视为模型中的可训练参数,随着模型的训练逐步更新。图 4-3(a)展示了 Skip-Gram 的学习框架图。首先,给定输入的中心节点 n_0,映射层将其转化成对应的表示向量,然后利用后续的对数线性分类器预测其邻居节点出现的概率。从 Skip-Gram 的目标函数中,可以清楚地看到节点的顺序对优化目标函数的计算没有任何的影响,即所有的邻居节点对中心节点的影响相同。在上述公式中,条件概率 $P(n_{t+j}|n_t)$ 的计算过程与节点的顺序 j 无关,忽略了节点之间的相对位置,因此可能会影响生成的节点表示向量的质量。

为了解决 DeepWalk 中存在的问题,本章提出了一个新的对节点顺序敏感的无监督图表示学习模型 StructuredNE,它引入了 Structured Skip-Gram 模型,通过利用节点之间的相对位置来提升节点表示向量的质量。图 4-3(b)展示了 Structured Skip-Gram 模型的框架图。不同于原始的 Skip-Gram 模型,Structured Skip-Gram 模型定义了多个映射矩阵:$\{\boldsymbol{O}_{-w},\cdots,\boldsymbol{O}_{-1},\boldsymbol{O}_1,\boldsymbol{O}_w\}$,每个映射矩阵 $\boldsymbol{O}_i\in\mathbb{R}^{|V|\times d}$ 用于预测某个邻居节点在相对位置 i 上出现的概率。当计算条件概率 $p(n_j|n_i)$ 时,本章会选取该位置对应的映射矩阵 $\boldsymbol{O}_{j-i}$ 将中心节点从低维度表示空间映射到输出空间。对应的数学表示如下:给定一个节点序列 $T=\{n_1, n_2,\cdots,n_{|T|}\}$,Structured Skip-Gram 模型的目标函数为

$$L = \frac{1}{T}\sum_{t=1}^{T}\sum_{\substack{-w\leqslant j\leqslant w \\ j\neq 0}} \log p(n_{t+j}|n_t)$$

其中,条件概率 $p(n_{t+j}|n_t)$ 的定义如下:

$$p(n_{t+j}|n_t) = \frac{\mathrm{e}^{o_{j,n_t}(n_{t+j})}}{\sum_{n\in V}\mathrm{e}^{o_{j,n_t}(n)}}$$

其中,$\boldsymbol{o}_{n_t}$ 是一个维度为 $|\boldsymbol{V}|$ 的输出向量,包含了每个邻居节点出现的概率。向量 $\boldsymbol{o}_{n_t}$ 的计算过程如下:

$$\boldsymbol{o}_{j,n_t} = \boldsymbol{X}_{n_t}\cdot\boldsymbol{O}_j^\mathrm{T}$$

从公式中可以看出,Structured Skip-Gram 模型的目标函数受到中心节点与邻居节点相对位置 j 的影响。因此,学习到的节点表示向量将会融合节点的顺序信息。值得注意的

是，本章提出的节点顺序敏感的表示学习模型并不会增加训练时间的开销。StructuredNE 中的计算次数与 DeepWalk 中相同，因为 StructuredNE 仅仅是为不同的相对位置选择了对应的映射矩阵，而并没有额外的计算量。

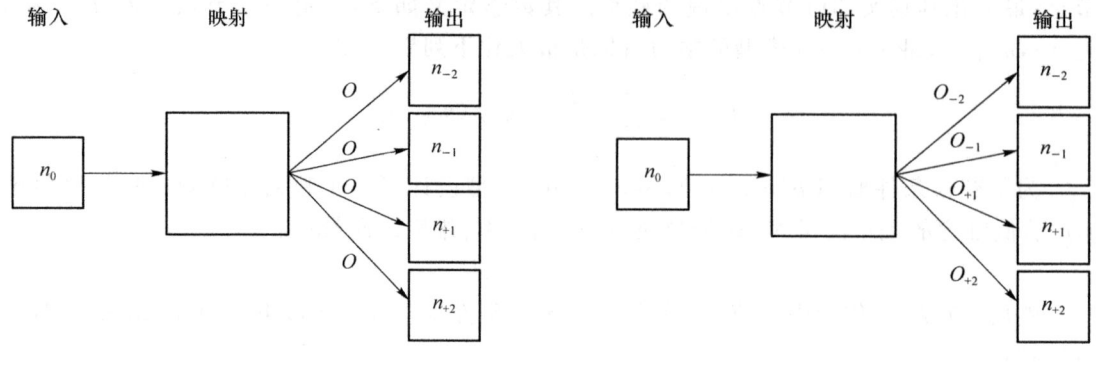

(a) Skip-Gram 模型　　　　　　　　(b) Structured Skip-Gram 模型

图 4-3　顺序无关的 Skip-Gram 模型与顺序敏感的 Structured Skip-Gram 模型的对比

算法 4-1　StructuredNE 模型的学习过程

输入：图 $G(V,E)$、窗口大小 w、每个节点开始进行随机游走的次数 r、每次随机游走的长度 t、节点的表示向量长度 d。

输出：包含节点表示向量的矩阵 $X \in \mathbb{R}^{|V| \times d}$。

1：# 初始化节点序列集合
2：$\mathcal{C} = [\ ]$
3：**for** $i=0; i<r; i++$ **do**
4：　　$O = \text{Shuffle}(V)$
5：　　**for** v_i in O **do**
6：　　　　path $= \text{RandomWalk}(G, v_i, t)$
7：　　　　$\mathcal{C}$.append(path)
8：　　**end for**
9：**end for**
10：$X = \text{StructuredSkipGram}(\mathcal{C}, w, d)$；
11：返回矩阵 X

算法 4-1 展示了 StructuredNE 模型的学习过程。行 3~9 展示了利用随机游走生成节点序列的过程。在一次迭代中，如行 4~8 所示，首先通过对 V 中的节点进行随机排序来打乱其顺序。然后，从某个节点 v_i 出发，利用随机游走的生成器函数 $\text{RandomWalk}(G, v_i, t)$ 生成一个长度为 t 的节点序列。这种迭代将会被重复 r 次以获得足够的节点序列。所有生成的节点序列将会被添加到集合 $\mathcal{C}$ 中。然后如行 10 所示，利用 Structured Skip-Gram 模型来从节点序列中学习顺序敏感的节点表示向量。最终返回生成的节点表示矩阵 X。

4.2.4 半监督的图表示学习模型

本小节介绍了第二阶段提出的半监督的图表示学习模型 SemNE。本章提出了基于神经网络的分类模型 SemNE 对上一步学习到的节点表示进行微调。为了将标注信息从有标注节点扩散到无标注节点,本章提出了一种被称为训练单元的数据结构来作为神经网络的输入。假设节点 n_i 是一个有标注节点,如果 n_i 存在于一个节点序列中,那么 n_i 以及其周围一个 w 窗口范围内的邻居节点的集合被看作一个训练单元,并且训练单元的标签与中心节点 n_i 一致。表 4-1 展示了训练单元抽取过程。表 4-1 展示了一个节点序列和少量的有标注的节点,表 4-2 展示了依照左侧的信息生成的训练单元和对应的标注信息。在同一个训练单元内,本章尝试将标注信息从中心节点扩散到其邻居节点中,然后联合学习它们的半监督表示向量。由于在随机游走过程中,可以获得大量的节点序列。因此从统计概率的角度来看,如果一个无标注节点的邻居节点的标注比较相似,那么它的标签有很大的概率与其邻居节点一致。

表 4-1 某个节点序列以及少量标注数据

节点序列	$\{n_1, n_2, n_3, n_4, n_5, n_6, n_7, n_8, n_9\}$
标注信息	n_3:分类 1
	n_5:分类 2
	n_7:分类 3

表 4-2 抽取的训练单元(窗口为 2)

训练单元	标签
$\{n_1, n_2, n_3, n_4, n_5\}$	分类 1
$\{n_3, n_4, n_5, n_6, n_7\}$	分类 2
$\{n_5, n_6, n_7, n_8, n_9\}$	分类 3

如图 4-4 所示,给定输入的训练单元 u,SemNE 的目标是学习该训练单元在不同类别上的概率分布 $P(y_i|u)$。从上至下,SemNE 包括下面几个部分。

- **输入层**:训练单元首先由输入层进行处理。假设窗口的大小为 2,输入的训练单元为 $\{n_{-2}, n_{-1}, n_0, n_1, n_2\}$,其中节点 n_0 是中心节点,$\{n_{-2}, n_{-1}, n_1, n_2\}$ 是其邻居节点。训练单元的标注与节点 n_0 相同。输入层将训练单元中包含的节点转化成其对应的单热点索引。输入层的输出是一个维度为 w 的向量,里面包含了训练单元中节点对应的索引。
- **映射层**:映射层将输入的维度为 w 的向量转化为一个维度为 $(w \cdot d)$ 的向量。根据输入节点的索引,映射层从待学习的表示矩阵 X 中查找其对应的表示向量,然后对其进行拼接作为映射层的输出。

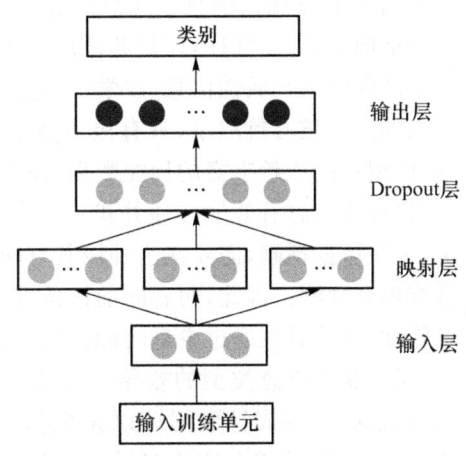

图 4-4 SemNE 模型的学习框架

- **Dropout 层**:为了防止过拟合,本章引入了 Dropout 层作为规则化项。在训练过程中,Dropout 层将输入的向量中的每个元素按照 0.5 的概率置为 0。Dropout 层在训练过程中引入了噪声数据,因此可以处理过拟合现象。

- **输出层**：输出层将输入向量 $I\in\mathbb{R}^{1\times(w\cdot d)}$ 转换到一个 $|\mathcal{Y}|$ 维度的向量 o，即
$$o=\mathrm{softmax}(W\cdot I^\mathrm{T}+b)$$

其中 $W\in\mathbb{R}^{|\mathcal{Y}|\times(w\cdot d)}$ 是权重矩阵，$b\in\mathbb{R}^{|\mathcal{Y}|\times 1}$ 为偏置向量。softmax 函数对向量中的元素进行归一化操作，将其作为不同类别出现的概率：

$$P(\mathcal{Y}_i|u)=\frac{\mathrm{e}^{o_i}}{\sum_{0\leqslant k\leqslant |\mathcal{Y}|-1}\mathrm{e}^{o_k}}$$

综上所述，SemNE 模型的前向学习过程如下：

$$O=W\cdot\mathrm{DropOut}(\mathrm{Concat}_{0\leqslant i\leqslant w-1}(X_{u_i}))+b$$

$$P(\mathcal{Y}_i|u)=\frac{\mathrm{e}^{O_i}}{\sum_{0\leqslant k\leqslant |\mathcal{Y}|-1}\mathrm{e}^{O_k}}$$

其中 u 是输入的训练单元，w 是窗口的大小。矩阵 $X\in\mathbb{R}^{|V|\times d}$ 包含了 StructuredNE 模型生成的初始化的节点表示向量。Concat 函数是在映射层使用的向量拼接操作。函数 DropOut 代指 Dropout 层。参数 W 和 b 是输出层的待学习参数。针对输入的每一个训练单元和标签 (u,l)，本章使用梯度下降（SGD）算法和后向传递算法来最小化分类的误差，目标函数的定义如下：

$$\mathrm{Loss}(u,l)=-\log\left(\frac{\mathrm{e}^{o_l}}{\sum_{0\leqslant k\leqslant |\mathcal{Y}|-1}\mathrm{e}^{o_k}}\right)=-o_l+\log(\sum_{0\leqslant k\leqslant |\mathcal{Y}|-1}\mathrm{e}^{o_k})$$

在模型训练过程中，神经网络中的参数将会被更新来最小化误差函数。节点的表示向量被视为输入层的待学习参数，也会随着模型的训练被逐步更新。因此，当模型训练完成后，更新后的节点表示向量也随之包含了标注信息。

本章研究的半监督的图表示学习与上一章探讨的融合节点属性的图表示学习有着显著区别，具体体现在以下两个方面。

① 前提条件与问题定义的差异。在融合节点属性的图表示学习中，假设所有节点都拥有丰富的节点属性信息。这意味着模型可以利用每个节点的属性数据，无论这些数据是节点的特征向量、文本描述，还是其他形式的高维属性。因此，该问题的目标是如何有效地融合节点的结构信息和属性信息，以学习出更加丰富的节点表示。而在半监督的图表示学习中，模型面临的一个核心挑战是，只有极少数节点具有标注信息，大多数节点是未标注的。这种情况下，模型不能依赖丰富的标注数据，而是要在有限的标注节点的基础上，通过半监督学习的方式，将标注信息有效地传递并扩展到其他未标注的节点。由此可见，半监督学习的前提条件是，标注数据稀缺，需要在这种极其有限的监督信息下，依托图的结构及节点之间的关系来进行推理和预测。因此，两者的前提条件和问题定义存在根本上的不同，前者依赖的是充分的节点属性，而后者则通过少量的标注数据进行推理，这对模型设计提出了不同的挑战。

② 数据信息类型的差异。在节点属性融合的图表示学习中，节点通常拥有多种类型的属性数据，这些属性数据可以是数值型的、类别型的，甚至是文本、图像等多模态数据。因此，如何处理并整合这些多样化的节点属性，是该类问题的核心任务。模型需要设计复杂的机制来处理这些不同类型的数据，使得节点表示能够同时反映结构和属性信息。而在半监督的图表示学习中，模型使用的数据则更加依赖于标注信息。标注数据通常是单一的多分类标签，每个节点都被分配一个类别标签，模型的目标是通过已有的标注节点，预测未标注节点的类别。因此，标注信息的单一性决定了模型不需要处理多种数据类型，而是要专注于通过图的结构和已有的标注信息，去推断未知节点的类别。此外，由于标注数据的稀缺，如

何在有限的标注信息上进行高效的知识传播成为关键问题。两者使用的数据信息存在显著不同，一个侧重于处理复杂的、多样化的节点属性信息，而另一个则聚焦于通过少量的标注数据进行分类任务。

综上所述，半监督图表示学习问题与融合节点属性的图表示学习问题在前提条件、问题定义以及所处理的数据信息类型上均存在明显差异。前者的核心挑战在于如何在极少数标注节点的条件下，利用图的结构特性和少量的标注信息，进行有效的推理和预测；而后者则更多地关注如何处理多类型、多模态的节点属性数据，以生成更具代表性的节点表示。通过分析这两类问题的区别，我们可以更好地理解不同图表示学习问题的本质，进而设计针对性的模型来解决这些问题。

4.3 实 验

本小节在 3 个数据集上利用 3 个经典任务（节点分类、链接预测和网络重构）进行了一系列的实验来验证提出模型的效果。

4.3.1 数据集介绍

本章使用了下列 3 个数据集。
- BlogCatalog 数据集：在 BlogCatalog 网站上，博主可以发表博文并标注其所属的类别。同时，博主可以关注其他用户进而形成了一个社交网络。在本数据集中，节点代表博客用户，节点的标签代表其兴趣分组。
- Flickr 数据集：Flickr 是一个流行的图片分享网站。同时，Flickr 用户也可以根据自己的兴趣加入不同的主题小组。在本数据集中，节点代表 Flickr 用户，节点的标签代表用户参加的不同主题小组。
- YouTube 数据集：YouTube 是一个流行的视频分享网站，在 YouTube 上，用户可以上传视频并关注其他有共同兴趣的用户，进而形成了社交网络。在本数据集中，节点代表 YouTube 用户，节点的标签代表不同的兴趣组。

数据集的详细统计信息如表 4-3 所示。

表 4-3 数据集统计信息

数据集	BlogCatalog	Flickr	YouTube
节点数目	10 312	80 513	1 138 499
边的数目	333 983	5 899 882	2 990 443
类别数	39	10	47

4.3.2 对比方法

本章首先设计了下列多种无监督学习模型作为对比方法。

- TruncatedSVD：TruncatedSVD 是一种基于截断奇异值矩阵分解的线性数据降维的方法。
- LINE：LINE 考虑了节点之间的一阶相似度和二阶相似度。本章将一阶和二阶生成的表示向量连接作为最终的输出。
- DeepWalk：DeepWalk 在随机游走的基础上，引入了 Skip-Gram 模型进行节点表示向量的学习。
- StructuredNE：StructuredNE 是本章在第一阶段提出的节点顺序敏感的无监督模型。

为了评估不同的半监督学习方法的效果，本章进一步设计了下列的方法。
- DeepWalk+SemNE：DeepWalk 生成的无监督表示向量被视为节点的初始向量，然后利用第二阶段提出的 SemNE 模型依照标注信息进行半监督的微调。
- StructuredNE+SemNE：首先利用 StructuredNE 为每个节点生成初始化的向量，然后利用第二阶段提出的 SemNE 模型依照标注信息进行半监督的微调。

依照现有工作的设定，节点的表示向量维度设置为 128。LINE 模型的参数设置如下：负采样个数 negative=5；在 DeepWalk 中，窗口大小 $w=5$，每个节点开始的随机游走次数 $r=80$，每条节点序列的长度 $t=40$；在 SemNE 中，训练单元的长度为 5，使用的标注数据的比例 $p=0.05$。其他参数的设置依照各方法的最初文章。

4.3.3 网络重构

本章首先利用网络重构任务来评估不同图表示学习模型的效果。一个好的图表示学习模型应该能够从节点的表示向量中重构出原始的网络拓扑结构。假设节点的表示向量已经学习完成，针对图中的每一个节点，可以计算出它和其他节点之间的余弦相似度，然后利用相似度得分对其他节点进行排序。与该节点在原始网络中相邻的点被看作正样本，然后随机选取一部分不相邻的点作为负样本。本章选取 pre@k 作为评估指标，它计算了在最相似的 k 个节点中正样本出现的个数，数学定义如下：

$$\text{pre@k} = \frac{|\{j | i, j \in V, \text{index}(j) k, E_{ij}=1\}|}{k}$$

其中 index(j) 是节点 j 的排序位置，$E_{ij}=1$ 代表节点 i 和 j 直接相连。

本章将 pre@k 中的参数 k 从 10 上升到 90，实验结果如图 4-5 所示。从实验结果中可以看出，本章提出的模型效果要优于其他对比方法。在无监督学习方法（LINE、DeepWalk 和 StructuredNE）中，本章提出的 StructuredNE 模型达到最好的效果，在 BlogCatalog 数据集上比在 DeepWalk 数据集上提高了 20%，在 Flickr 数据集上提高了 10%。效果的提升证明了 StructuredNE 模型能够有效地利用节点的顺序信息提高表示学习的质量。LINE 在本任务中表现最差，可能是因为它同时考虑了一阶相似度和二阶相似度，然而二阶相似度与节点之间的直接相连关系无关，所以可能会在相似度计算中引入噪声数据，影响了模型的表现。另外，通过 SemNE 模型引入了少量的标注信息之后，网络重构的效果得到了进一步的提高。

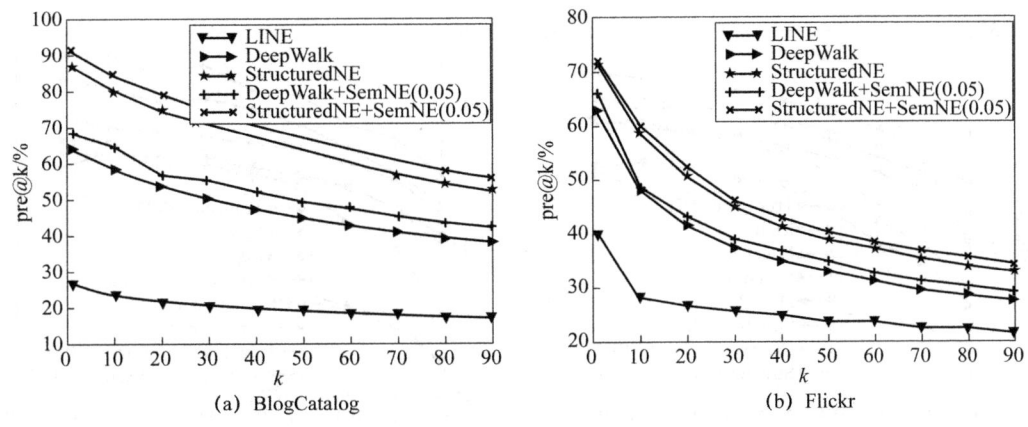

(a) BlogCatalog　　　(b) Flickr

图 4-5　不同方法在两个数据集上网络重构的效果（pre@k）

4.3.4　节点分类

为了进一步验证提出模型的有效性，本小节利用节点分类任务来评估不同的图表示学习模型。本章设计了下列多种分类方法。

- 基于图表示学习的节点分类：此类方法首先用图表示学习模型为节点学习一个表示向量，然后将其视作分类模型的输入特征。本章利用基于逻辑斯谛回归的多标签分类模型来预测节点所属的类别。
- SpectralClustering：SpectralClustering 方法首先利用相似度矩阵生成了低维度的向量，然后利用 k-means 做聚类得到了节点所在的簇。
- EdgeCluster：SpectralClustering 的泛化版本，可以应用于大规模的图。

对于基于图表示学习的节点分类方法，其使用的分类器利用一个流行的机器学习框架 scikit-learn[①] 来实现。本章首先随机选取少量的 T_r 比例的标注数据作为训练样本，剩余的节点被视为测试集。本章重复整个过程 10 次，然后记录平均结果。本章将 Macro-F1 和 Macro-F1 作为评价指标。图 4-6 展示了不同方法在 3 个数据集上进行节点分类的实验结果。在 BlogCatalog 数据集上，本章将训练数据所占的比例从 10% 依次提高到 90%。根据图 4-6，可以发现在所有的无监督学习模型中，StructuredNE 融合了节点顺序信息，因此其结果要优于其他方法。另外，在使用 SemNE 模型融合了少量标注信息之后，节点分类模型的效果提升了将近 5%，证明了所提出模型的有效性。在 Flickr 数据集上，本章提出的能够融合节点数据信息的半监督表示学习模型 StructuredNE + SemNE 取得了最好的效果，相比于最好的对比方法提高了 5%。YouTube 数据集规模较大，拥有千万级的节点数目。一些基于矩阵分解的方法（例如 TruncatedSVD 和 SpectralClustering）无法处理如此庞大的数据规模。本章将训练数据所占的比例从 1% 依次提升到 9%。从实验结果来看，本章提出的 StructuredNE 模型要显著地优于其基础模型 DeepWalk，并且随着标注信息的引入，本章提出的 SemNE 模型能够进一步提高分类的效果。

[①] http://scikit-learn.org/stable/。

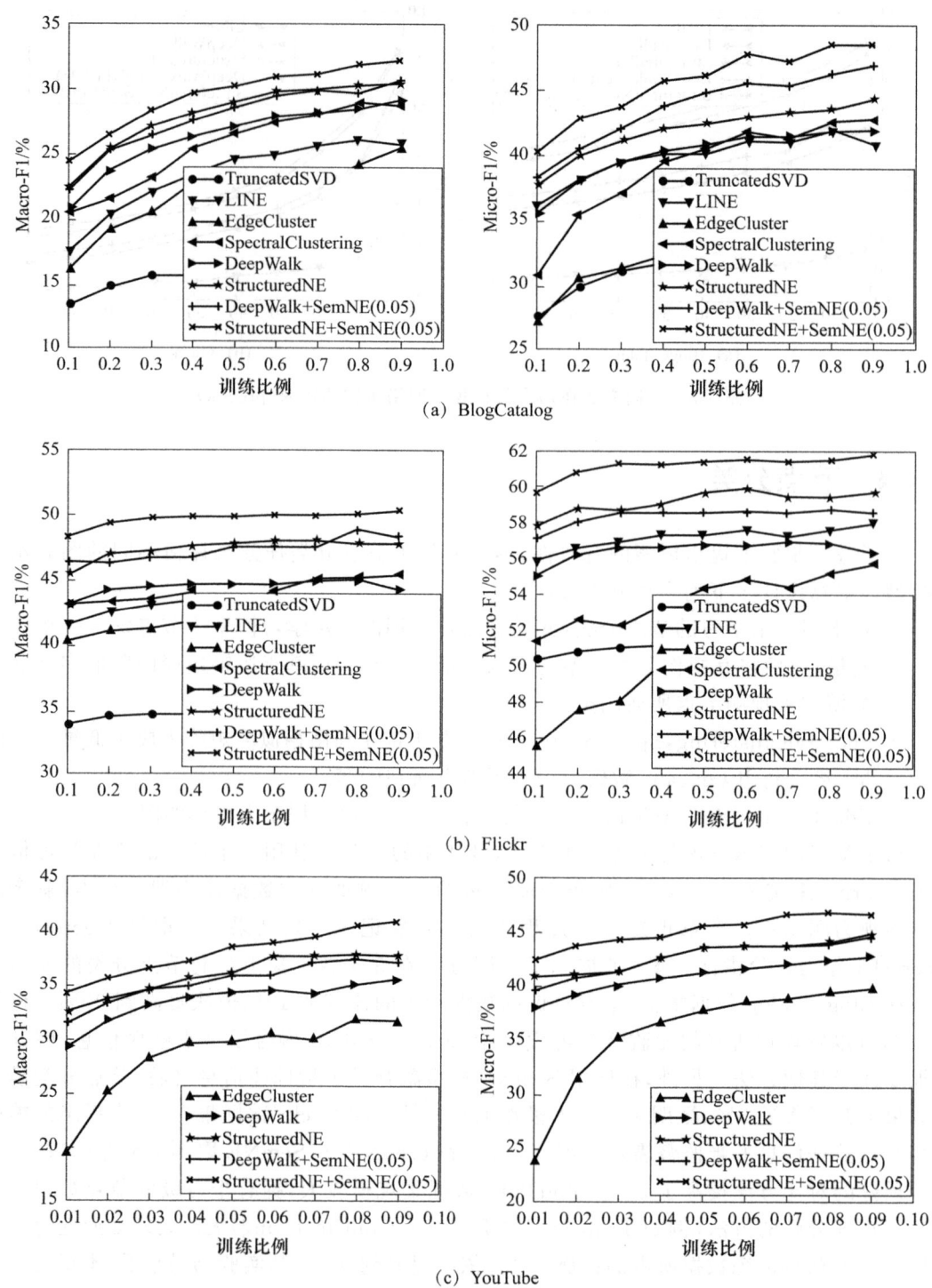

图 4-6 节点分类的实验结果（Micro-F1 和 Macro-F1）

4.3.5 链接预测

链接预测(link prediction)是基于图的数据挖掘的一个经典问题。链接预测在很多领域内都非常有实用价值,例如,在社交网络中,它可以帮助进行好友推荐。不同于上述的网络重构任务,链接预测更看重预测将来可能出现的链接,而网络重构更加看重是否能够重建现有的知识。因此本章采用链接预测作为一个评估任务。首先,本章随机地从输入的图中移除一部分边,然后,利用不同的图表示学习方法,并利用剩余的网络拓扑结构生成节点的表示向量。移除的边中包含的节点对被看作正样本。另外,本章随机地从图中抽取相同数目的不相连的节点对作为负样本。针对每个节点对,本章利用节点的表示向量计算其包含的两个节点之间的余弦相似度。Area Under Curve(AUC)被选为评价指标来衡量标注信息和节点相似度之间的一致性。除去上述基于表示向量的方法,本章还引入了一个比较流行的共同邻居模型作为比较方法。表 4-4 展示了不同方法在此任务下的效果。从实验结果中可以看出,本章提出的半监督学习框架 StructuredNE+SemNE 在 BlogCatalog 数据集上提升了 8%,在 Flickr 数据集上提升了 6%,证明了本章提出的模型在链接预测任务中依然有很好的效果。

表 4-4 链接预测的实验结果(AUC score)

模型	BlogCatalog	Flickr
LINE	0.693	0.526
DeepWalk	0.742	0.628
Common Neighbors	0.654	0.502
StructuredNE	0.796	0.661
StructuredNE + SemNE(0.05)	**0.821**	**0.683**

4.3.6 参数敏感性分析

由于 SemNE 模型的性能受到训练标注数据比例的显著影响,因此本章在此讨论参数 p 对性能的影响(p 代表模型训练过程使用的标注数据的比例)。在给定不同 p 数值的情况下,本章在两个数据集(Flickr 和 BlogCatalog)上利用节点分类任务评估不同半监督图表示学习模型的效果。如图 4-7 所示,在所有的数据集上,随着训练比例 p 的增大,Micro-F1 和 Macro-F1 的值也随之增长,证明了标注数据的引入能够生成任务敏感的节点表示向量。此外,DeepWalk+SemNE 的表现始终要差于 StructuredNE+SemNE 模型,也证明了半监督学习模型 SemNE 的效果受到了初始节点表示向量的影响。

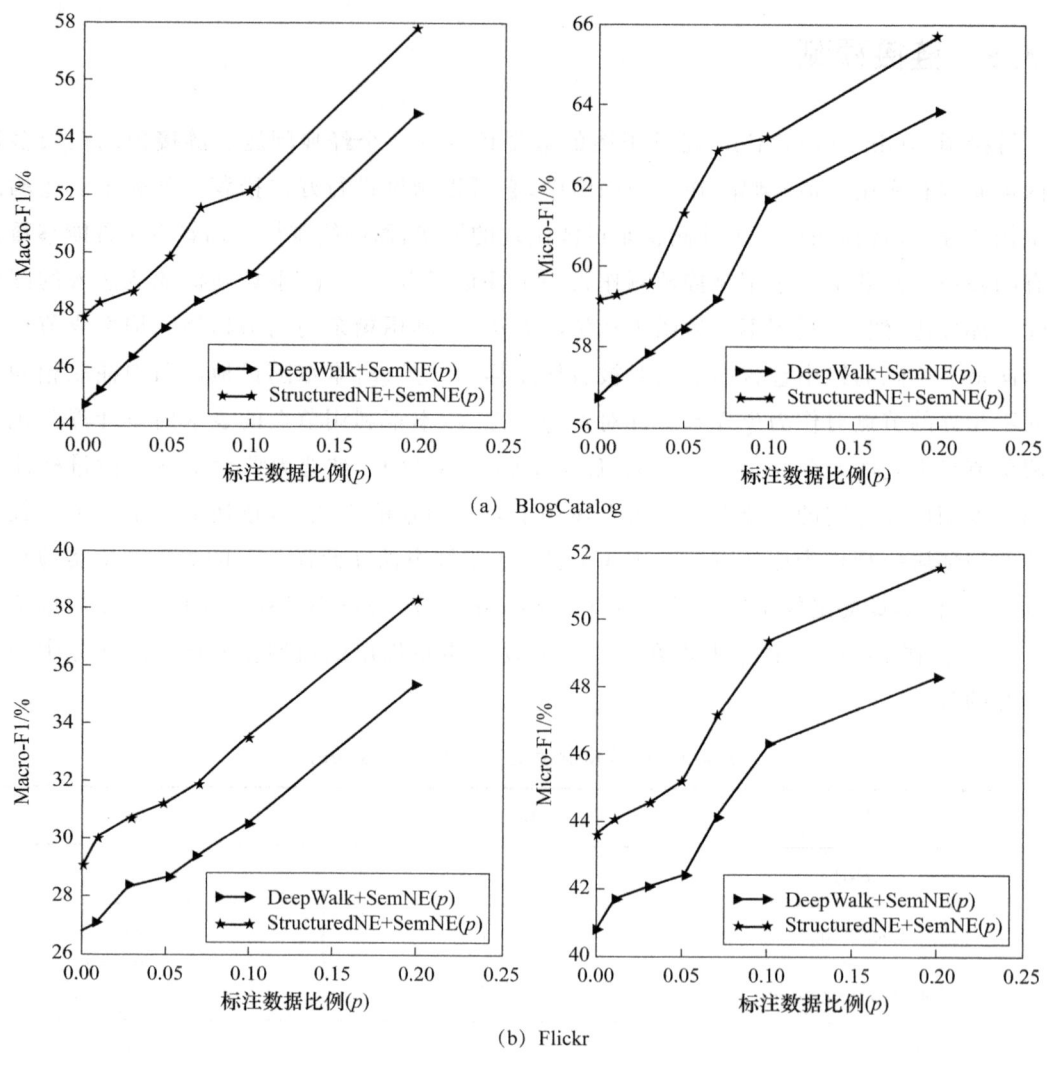

(a) BlogCatalog

(b) Flickr

图 4-7 参数敏感性分析

4.4 本章小结

本章深入地研究了在半监督学习框架下的图表示学习技术，提出了一种新颖的两阶段学习模型，旨在有效融合节点间的顺序信息与有限的标注数据，从而显著地提升图结构数据的表示质量及其在下游任务中的性能表现。这一模型突破了传统图表示学习在标注数据稀缺情况下的局限性，通过创新性的设计，成功地将图结构和标注信息相结合，使得模型在面临大规模图数据时表现得更加优越。

在第一阶段，本章提出了一个名为 StructuredNE 的无监督学习模型。StructuredNE 的核心思想在于利用图的拓扑结构，通过随机游走等机制生成节点序列，并从中提取出节点间的顺序（或序列）信息。与传统的无监督图表示方法不同，StructuredNE 着重捕捉节点在图中的相对位置和访问顺序,揭示了节点之间隐含的结构模式。具体而言,该模型通过优化设计的目标函数,使得生成的节点表示向量能够准确地反映节点间的相对距离及其潜在的关联性。StructuredNE 通过这种方式,极大地增强了对图结构特性的捕捉能力,确保了所学到的节点表示能够更好地反映图中复杂的关系模式。这种方法不仅可以应用于各种无标注的图数据场景,还为后续有监督或半监督学习任务提供了更加丰富且信息密集的输入。

在第二阶段,本章构建了一个基于神经网络的半监督学习模型——SemNE。SemNE 在 StructuredNE 生成的初始节点表示的基础上,通过少量的标注数据进一步学习任务特定的节点表示。与传统方法不同,SemNE 不仅集成了先进的神经网络架构来捕获节点之间的非线性特征,还设计了一种独特的训练单元数据结构。这种数据结构通过将一个有标注的中心节点与其邻域中的未标注节点组合为训练单元,使得有限的标注信息能够有效地传播到整个图的无标注节点上。这种标注扩展机制有效地促进了标注信息的全局传播与利用,使得模型在标注数据稀缺的情况下,依然能够通过少量的标注数据进行高效的学习,最终提升了整体的表示质量。SemNE 的这种设计在实际应用中具有很大的实用性,特别是在需要大规模图数据处理且标注成本高昂的场景下,其优势尤为明显。

为了全面验证所提模型的有效性,本章在 3 个具有代表性的真实世界数据集上进行了广泛的实验,涵盖了节点分类、链接预测及网络重构等 3 个经典的图挖掘任务。在节点分类任务中,模型利用已有的标注节点信息,预测图中未标注节点的类别;在链接预测任务中,模型通过学习到的节点表示向量,预测节点之间是否存在潜在的连接;而在网络重构任务中,模型尝试通过已知的局部网络结构重建整个网络。实验结果显示,StructuredNE 与 SemNE 的组合模型在这些任务上均表现出了显著的性能优势。与现有的最先进方法相比,本章提出的两阶段半监督图表示学习模型在各项任务上均取得了更高的准确率、召回率以及其他评估指标,充分证明了模型的有效性与优越性。

值得注意的是,实验还表明,StructuredNE 与 SemNE 的结合不仅提升了节点表示的质量,还显著地增强了模型在处理复杂图数据时的泛化能力与鲁棒性。特别是在标注数据稀缺的情况下,该模型依然能够通过图结构与顺序信息的充分融合,提供高质量的节点表示,从而提升了下游任务的整体性能。这一研究成果为图表示学习领域提供了新的解决方案,尤其是在大规模图数据挖掘中,通过有限标注数据进行高效学习的问题上,提出了独到的见解。总体而言,本章提出的两阶段学习模型极大地丰富了现有的图表示学习技术手段,特别是在无监督和半监督学习任务上的应用价值突出。StructuredNE 与 SemNE 的创新性设计为后续研究提供了丰富的启发,特别是在如何进一步利用图结构、节点顺序以及标注数据之间的关系上。本章的研究不仅为现有的图数据挖掘任务提供了性能更优的解决方案,同时也为未来的研究方向开辟了新的思路,特别是在如何更加有效地融合图结构信息与有限标注数据方面,有望推动该领域的进一步发展。

第 5 章
低内存占用的文本属性图表示学习

5.1 引 言

随着 Web 2.0 的快速发展,图数据在人们日常生活中的重要性日益显著。许多基于图的数据服务已经成为社会结构中的关键元素,例如社交网络平台(如 Twitter、Facebook、LinkedIn 和新浪微博)、文献引用网络(如 DBLP 和 Arxiv),以及知识图谱(如 Freebase 和 Wikipedia)。这些图结构的广泛应用不仅支持了人际互动和信息共享,还推动了跨领域的知识传播。近年来,学术界和工业界的研究人员都在积极探索如何从图数据中挖掘有价值的知识,为信息服务、推荐系统和数据分析提供新的思路和解决方案。在图数据挖掘领域,图表示学习作为一项基础任务,受到广泛关注。图表示学习的核心问题在于如何为图中的每个节点生成低维表示向量,使其能捕捉图的结构信息和节点的特征。这些高质量的节点表示对后续的各种下游任务,如节点分类、社交推荐和链接预测,具有重要的推动作用。通过学习节点的表示向量,我们可以将复杂的图数据转化为易于处理的向量形式,为后续的数据处理和分析奠定基础。

现有的大多数图表示学习模型通常会将输入的图结构压缩为一个表示矩阵,其中每一行代表一个节点的低维表示向量。这样的表示方式虽然能够有效地表达节点间的关系,但也面临着一些显著的挑战,尤其是在处理大规模图时。由于表示向量的数量与图的规模呈线性关系,所以当图中节点数目巨大时,生成的节点表示矩阵会占用大量内存。例如,当图中有 $|V|$ 个节点且每个节点的表示向量维度为 d 时,生成的表示矩阵将包含 $|V| \times d$ 个浮点数。对于一个中等规模的图(如 10 万个节点),如果每个节点的表示维度都为 500,生成的表示矩阵将包含 5 亿个浮点数,占用超过 1 GB 的内存。这种高内存需求限制了这些模型在内存敏感场景中的应用,尤其是在移动设备或嵌入式系统等资源有限的环境中。例如,某些基于移动端的教育软件可能需要加载知识图谱以提供高效的数据检索服务,但现有技术条件下的内存限制使得传统的节点表示方法难以直接应用。

为了解决上述问题,本章研究了一种新方法,旨在学习低内存占用的节点表示向量。在保证表示质量不显著下降的前提下,如何减少内存消耗是核心挑战之一。最直接的方法是减少节点表示向量的维度,但这通常会导致表示能力下降。随着维度的降低,表示空间的容量也随之减少,进而影响模型的性能,特别是在捕捉复杂结构和高维特征时效果不佳。

另一种常见的做法是采用二进制编码方式(如 DNE)来表示节点。通过将表示向量限定为仅包含 0 和 1 的二进制编码,可以大幅度降低内存的占用,因为二进制数所需的存储空间远小于浮点数。然而,虽然二进制编码能够有效地减少内存消耗,但其在表示复杂特征方面的能力较为有限。例如,在无监督的图特征学习任务中,二进制编码的模型(如 DNE)在节点分类任务中的表现通常仅能达到传统模型(如 DeepWalk)的一半。这主要是因为二进制编码的表示空间过于稀疏,难以精细地表示复杂的数据特征。在二维空间中,二进制编码仅能利用 4 个离散的点((0,1),(1,0),(0,0),(1,1)),而浮点数特征向量则可以在整个空间中自由选择点进行表示,从而更好地捕捉数据的连续性和多样性。因此,如何在降低内存消耗的同时,保持表示向量的高表达能力,仍然是图表示学习领域亟须解决的重要问题。

传统的节点表示策略可以理解为一个单热点索引向量和一个表示矩阵相乘,如图 5-1(a)所示。这种单热点索引向量的缺点在于每个节点都需要有一个独一无二的标志和一个独立于其他节点的表示向量。这种表示策略有可能会引起冗余。例如,如果两个节点相连并且共享很多邻居节点,那么它们的表示向量应该比较相似。为这两个节点分配两个独立的表示向量将会导致冗余和资源浪费。如果输入的图中包含 $|V|$ 个节点,那么传统的基于单热点索引的方法需要 $|V|$ 个独立的浮点数向量。近年来,一些工作提出了 KD 编码模型来降低表示向量的内存消耗。如图 5-1(b)所示,KD 编码策略中包含 D 个块,每个块中都包含了 K 个基础共享向量。针对每个节点,KD 编码首先从每个块中选择一个基础向量,然后将选择的 D 个基础向量合并成最终的节点表示。通过在不同节点之间共享基础向量,KD 编码可以构成 K^D 个不同的特征向量。一个很小的 K 和 D 就可以构造出大量的表示向量。因此,KD 编码策略可以在保证性能没有较大影响的情况下,显著地减少表示向量的内存消耗。但是,块结构的引入也会影响 KD 编码的压缩能力,因为块结构会降低基础向量的共享使用率。最终节点表示向量的每个组成部分只能在某个特定的块中的 K 个基础向量中选择,与在其他块中的 $K \times (D-1)$ 个基础向量无关,将会引起显著的资源浪费。

为了解决 KD 编码的上述问题,本章提出了一个基于多热点的图表示学习模型来进一步提高压缩率。该方法称为多热点索引表示策略,如图 5-1(c)所示。每个节点都拥有对应的一个维度为 s 的多热点索引向量。在多热点索引表示中,共享基础向量的个数为 s。多热点索引向量中非零元素的个数为 t。节点的表示向量是由从 s 个基础共享向量中,根据对应的多热点索引,选择 t 个基础向量组成的。通过移除 KD 编码策略中的块,本章提出的多热点索引模型可以保证节点表示向量的每个组成部分都是从所有的基础向量中选择的,而不是像 KD 编码一样只能从部分基础向量中选择,这样就可以有效地提高基础向量的共享使用率。另外,在 KD 编码中,每个基础向量只能够被使用一次,但是本章提出的策略允许重复选择,即每个基础向量都可以被重复地选取,这样可以进一步提高基础向量的使用率。当 KD 编码和本章提出的多热点索引策略使用同样数目的基础向量时($s=K\times D$ 和 $t=D$),KD 编码的表示空间大小为 $(\lfloor s/t \rfloor)^t$,而多热点索引策略的表示空间大小为 s^t,远远大于 KD 编码的表示空间,表明了本章提出的策略能够更有效地利用基础向量。

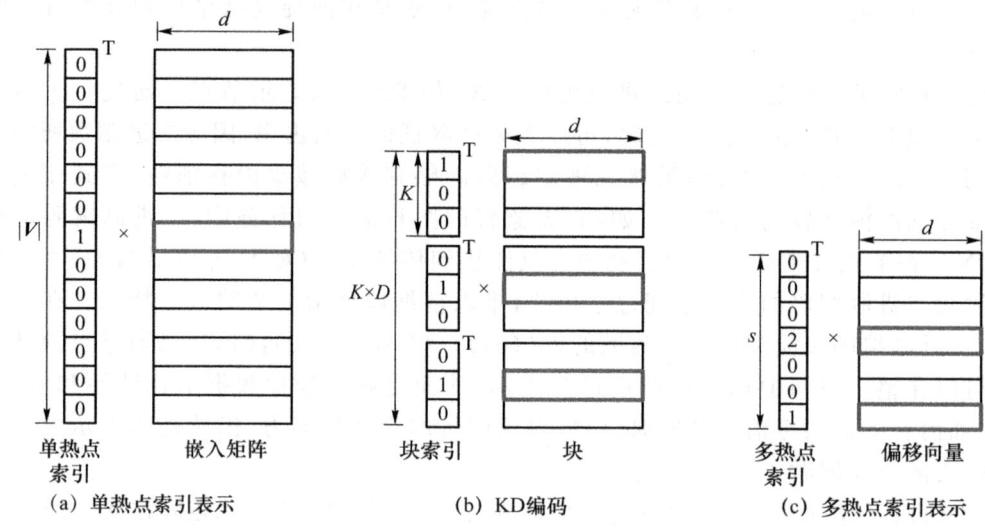

(a) 单热点索引表示　　(b) KD编码　　(c) 多热点索引表示

图 5-1　3 种节点表示策略的对比

为了实现上述提出的多热点索引表示策略,需要解决下列两个挑战。首先,节点对应的多热点索引是待学习的离散参数,而现存的图表示学习方法很难学习这种离散型的可训练参数。基于矩阵分解的图表示学习模型很难将多热点索引抽象成离散的约束条件来指导矩阵分解的方向。而对于基于神经网络的图表示学习模型来说,流行的反向传递优化算法不能够将计算误差通过离散参数进行传递,导致模型不能得到充分的训练。其次,本章需要解决下面两个场景中的多热点索引表示学习的问题。第一,目前已经存在多种多样的图表示学习模型。如果能够将别的模型学习得到的节点表示向量直接转化成本章所提的多热点表示形式,能够节省模型重新学习的时间。第二,如何从输入的图上直接学习多热点索引表示向量,也是一个亟须解决的问题。因此,一个合适的多热点索引模型应该既可以端对端地学习节点表示向量,也可以将已经学习到的传统节点表示转化成对应的压缩表示形式。

本章提出了一个基于多热点表示策略的图表示学习模型 MCNE。MCNE 模型是一个基于深度自编码器的模型,其中包括 3 个主要部分:编码器、压缩器和解码器。编码器将输入的向量转变成隐空间中的隐向量,然后将其输入压缩器;压缩器从隐向量中生成离散的多热点索引,其中压缩器引入了 gumbel-softmax 方法来保证梯度可以从离散的神经元中反向传递。最后,解码器根据生成的多热点索引,选择对应的基础向量来生成最终的节点表示向量。本章提出了两个 MCNE 模型的变种,其中一个是 $MCNE_p$ 模型,其将已经得到的传统单热点节点表示向量转变成多热点节点表示向量。考虑 $MCNE_p$ 的输入是规则化的浮点数向量,所以其编码器被设计成一个多层感知机(MLP)来保证模型的效率。然后,本章还提出了一个端对端的图表示学习模型 $MCNE_t$,图的拓扑结构被视为 $MCNE_t$ 的输入。由于节点的拓扑结构更加复杂,为了有效地捕捉高度非线性的拓扑结构信息,本章引入了图卷积神经网络作为 $MCNE_t$ 的编码器。两个模型的压缩器和解码器都是相同的。本章在 4 个数据集、2 个评估任务上做了详细的实验。实验结果表明 $MCNE_p$ 可以节省大约 90% 的内存消耗,同时没有明显的性能下降。另外,在消耗较少量内存的条件下,$MCNE_t$ 模型的表现优于其他的图表示学习方法。

5.2 低内存占用的图表示学习

5.2.1 问题定义

输入的图被定义为 $G=\{V,T\}$,其中 V 是图中节点的集合,$T\in\mathbb{R}_{\{0,1\}}^{|V|\times|V|}$ 是图对应的邻接矩阵。本章所研究的问题定义如下。

定义 5-1(基于多热点索引的图表示学习) 给出输入的图 G 和节点的表示向量维度 d,本章拟学习一个多热点索引矩阵 $H\in\mathbb{N}^{|V|\times s}$ 和一个基础矩阵 $B\in\mathbb{R}^{s\times d}$,其中 s 是基础向量的个数。矩阵 B 中的每一行都是一个共享的基础向量。矩阵 H 中的每一行 $H_i\in\mathbb{N}^{1\times s}$ 代表节点 i 的多热点索引向量。其中 H_i 中的元素要满足下列限制:$\sum_{j=1}^{s}H_{ij}=t$。这样可以保证每个节点的表示向量都是由 t 个基础向量组成的。最终的节点表示矩阵 $E\in\mathbb{R}^{|V|\times d}$ 是由矩阵 H 和 B 相乘得到的。

针对矩阵 H 的限制保证了节点的表示向量是由 t 个依照对应的多热点索引向量选择的基础共享向量组合而成的,并允许重复选取。本章得到的节点表示矩阵 E 需要满足在学习得到的隐空间中,拥有相似拓扑结构的节点对应的表示向量之间的距离应该较近。

5.2.2 基于预训练特征的多热点图表示学习

本章首先提出了基于预训练特征的多热点图表示学习模型 $MCNE_p$。假设在某些实际应用中,图中节点的表示向量已经由传统的图表示学习模型生成。考虑重新学习整个网络的表示向量十分消耗时间和计算资源,因此本章拟尝试将预训练得到的传统单热点索引向量转化为本章提出的多热点表示向量。另外,现实中存在多种类型的图,例如二分图、有符号的图和有属性的图等。通过将预训练好的节点表示向量转化成多热点索引的形式,$MCNE_p$ 模型不需要知道输入网络的特性就可以完成节点表示压缩的任务,这进一步证明了 $MCNE_p$ 模型的普适性。

给出已经学好的基于单热点索引的表示矩阵 $E_p\in\mathbb{R}^{|V|\times d}$,本章拟学习多热点索引矩阵 H 和共享基础矩阵 B,使得矩阵 H 和 B 的乘积尽量地与 E 相同。这项任务可以看作对原始节点表示向量的重构,而自编码器模型的优势就在于对输入特征的重构。因此,本章提出了一个基于深度自编码器的模型 $MCNE_p$ 来将预训练的表示向量转变成多热点的压缩向量。

如图 5-2 所示,本章提出的 $MCNE_p$ 模型有 3 个主要的组成部分:编码器、压缩器和解码器。假设输入的预训练好的向量为 $x\in\mathbb{R}^{1\times d}$,

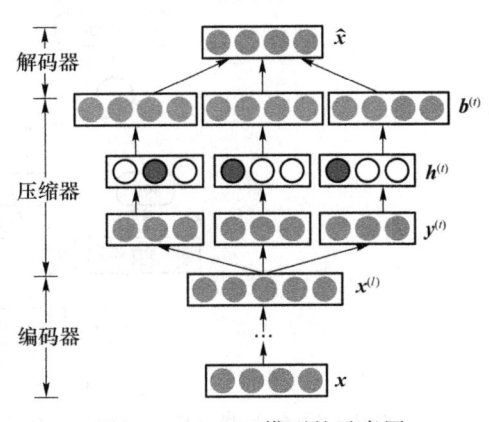

图 5-2 $MCNE_p$ 模型的示意图

MCNE$_p$模型将进行下列5个步骤。

1. 编码器

编码器将输入的向量 x 转变为一个隐向量 $x^{(l)} \in \mathbb{R}^{1 \times d_l}$,其中 l 是编码器的层数,d_l 是在第 l 层神经元的个数。给定输入的向量 x,编码器将进行下列计算步骤:

$$x^{(1)} = \phi(W^{(1)} \cdot x + b^{(1)})$$
$$x^{(k)} = \phi(W^{(k)} \cdot x^{(k-1)} + b^{(k)}), k=2,\cdots,l$$

其中 $W^{(k)}$ 是第 k 层的权重矩阵,$b^{(k)}$ 是第 k 层的偏置向量,$x^{(k)}$ 是第 k 层输出的隐向量。ϕ 是每一层的激活函数,用来将非线性变换融入特征学习的过程中。本章选用 tanh 作为激活函数,因为 tanh 函数拥有更加鲁棒的梯度计算值,并且能够有效地避免梯度计算中的偏移。

2. 压缩器

压缩器的任务是学习输入的节点对应的多热点索引向量 h,并根据学习得到的索引向量选择对应的基础共享向量。h 中非零元素之和为 t,代表从 s 个备选基础向量中依照索引选择出 t 个基础向量。不同于直接采样出一个多热点索引向量,本章拟采样出 t 个单热点索引向量 $\{h^{(1)}, h^{(2)}, \cdots, h^{(t)}\}$,然后把它们合并到一起。由于本章允许重复使用同一个基础向量,所以上述两种方法是等价的。如图 5-3 的底部所示,压缩器的输入是编码器的输出向量 $x^{(l)}$。压缩器首先将输入向量 $x^{(l)}$ 转变成 t 个向量 $y^{(i)} \in \mathbb{R}^{1 \times s}, 1 \leqslant i \leqslant t$。这项操作包括两个步骤:首先将 $x^{(l)}$ 线性变换成一个维度为 $s \times t$ 的向量,然后将该向量转变为一个维度为 $\mathbb{R}^{s \times t}$ 的矩阵。生成矩阵的第 i 行即向量 $y^{(i)}$:

$$[y^{(1)}, y^{(2)}, \cdots, y^{(t)}]^T = \phi(\gamma(W^{(c)} \cdot x^{(l)} + b^{(c)}))$$

其中 γ 为维度转化函数(reshape)。此处使用了 softplus 函数作为激活函数 ϕ,来保证生成的向量 $y^{(i)}$ 中的元素都是正浮点数。

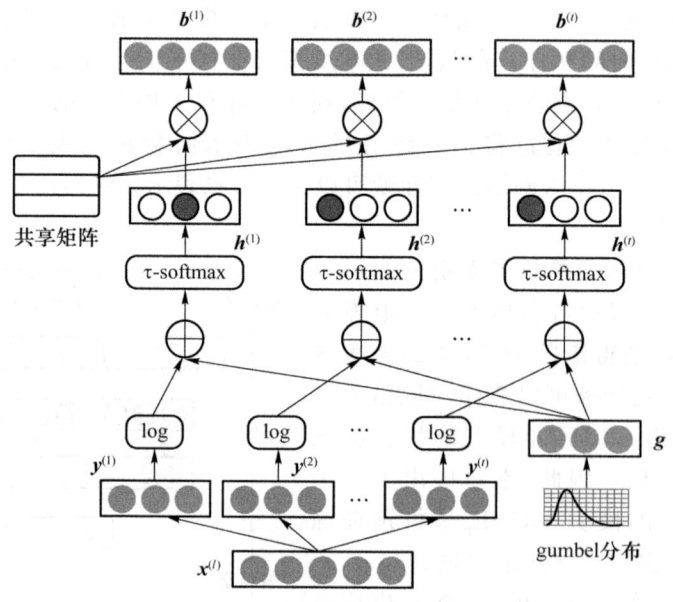

图 5-3 压缩器的框架图

在本章中,每个向量 $y^{(i)} \in \mathbb{R}^{1 \times s}$ 被看作一个独立的分类分布,其拥有 s 个类别。类别 k

被选择的概率与向量 $\boldsymbol{y}^{(i)}$ 中对应位置的元素成正比：$y_k^{(i)}$：$\Pr(h_k^{(i)}=1) \propto y_k^{(i)}$。抽样出的类别 k 代表选择了第 k 个基础向量作为最终节点表示向量的组成部分。通过这样的方式，每个节点都有了自己独特的 t 个分类概率分布。值得注意的是，本模型所使用的激活函数（tanh 和 softplus）都是单调递增函数，该项特性保证了相似节点对应的向量 $\boldsymbol{y}^{(i)}$ 也是相似的。所以，相似的节点将会拥有相近的分类概率分布，进而可得到相似的多热点索引向量。

下一步，本章需要从每个分类概率分布 $\boldsymbol{y}^{(i)}$ 中抽样得到一个离散参数来组成最终的多热点索引向量。例如，如果在概率分布 $\boldsymbol{y}^{(0)}$ 中抽样得到种类 1，在概率分布 $\boldsymbol{y}^{(1)}$ 中抽样得到种类 4，那么最终的多热点索引向量为 $(1,4)$，其代表输入的节点将由第一个和第四个基础向量组成最终的表示向量。为了解决反向传递优化算法无法将误差传给离散的待训练变量这一问题，本章引入了 gumbel-softmax 技术。它是一个流行的重参数化技术，利用从标准 gumbel 分布中抽样得到的随机噪声来生成离散的参数变量。gumbel-softmax 技术首先从一个正态 gumbel 分布中采样得到一个噪声向量 $\boldsymbol{g} \in \mathbb{R}^{1 \times s}$，然后将其与 $\boldsymbol{y}^{(k)}$ 相加得到向量 $\boldsymbol{z}$：

$$\boldsymbol{z} = \log \boldsymbol{y}^{(k)} + \boldsymbol{g}$$

可以证明，$_i(z_i)$ 等同于从分类概率分布 $\boldsymbol{y}^{(k)}$ 中采样出一个离散变量。首先，需要计算元素 z_m 是向量 $\boldsymbol{z}$ 中最大值的边缘概率：

$$\Pr(\max_{i \neq m} z_i < z_m) = \Pi_{i \neq m} \Pr((\log y_i^{(k)} + g_i) < (\log y_m^{(k)} + g_m))$$
$$= \Pi_{i \neq m} \Pr(g_i < (\log y_m^{(k)} + g^t - \log y_i^{(k)}))$$
$$= \Pi_{i \neq m} e^{-e^{-(z_m - \log y_i^{(k)})}}$$

基于上述 z_m 的边缘概率，需要将其整合来得到最终的整体概率：

$$\Pr(m = {}_i(z_i)) = \int e^{-(z_m - \log y_m^{(k)}) - e^{-(z_m - \log y_m^{(k)})}} \Pi_{i \neq m} e^{-e^{-(z_m - \log y_i^{(k)})}} dz_m$$
$$= \frac{y_m^{(k)}}{\sum_{i=1}^{s} y_i^{(k)}}$$

从上述计算结果可以看出，向量 $\boldsymbol{z}$ 中最大元素的位置分布与正则化之后的分类概率分布 $\boldsymbol{y}^{(k)}$ 是等价的。但是，取最大值所在位置的操作不能进行微分计算，所以，本章引入了 τ-softmax 函数来解决上述问题。τ-softmax 函数可以看作对操作的近似估计：

$$h_i^{(k)} = \frac{\exp((\log y_i^{(k)} + g^i)/\tau)}{\sum_{j=1}^{s} \exp((\log y_j^{(k)} + g^j)/\tau)}, \quad i = 1, \cdots, s$$

其中参数 τ 是温度参数（temperature parameter），其控制 τ-softmax 与操作的相似程度。当 $\tau \to 0$ 时，τ-softmax 等价于操作，$\boldsymbol{h}^{(k)}$ 可以视为是从分类概率分布 $\boldsymbol{y}^{(k)}$ 中抽样得到的。在模型训练过程中，本章首先通过让 $\tau > 0$ 来保证梯度可以从离散的神经元节点中传递到后续节点，然后随着模型训练的进行逐步减小温度参数 τ，使其越来越靠近操作，最终得到多热点的索引向量。

如图 5-3 的右下角所示，噪声向量 $\boldsymbol{g}$ 是从标准 gumbel 分布中通过采样得到的。标准 gumbel 分布可以通过在均匀分布上进行逆变换采样操作得到：$\boldsymbol{g} \sim -\log(-\log(\text{Uniform}(0,1)))$。然后，根据下面的计算过程，可以得到 t 个近似单热点向量 $\boldsymbol{h}^{(i)} \in \mathbb{R}^{1 \times s}$：

$$\boldsymbol{h}^{(i)} = \tau\text{-softmax}(\log \boldsymbol{y}^{(i)}) + \boldsymbol{g}, \quad i = 1, \cdots, t$$

所有的 $\boldsymbol{h}^{(i)}$ 向量中最大元素的位置可以合并作为最终的多热点索引。基于学习到的多热点索引，本章可以从 s 个备选基础向量中选择 t 个作为节点表示向量的组成部分：

$$b^{(i)} = h^{(i)} \times B$$

共享矩阵 B 包含了 s 个维度为 d 的基础向量,其元素是随机初始化的可训练参数。基础向量将会在模型训练过程中逐步更新。

3. 解码器

基于从压缩器中生成的 t 个基础向量 $b^{(i)}$,解码器将其合并为最终的重构向量 $\hat{x}$。本章选择了加法操作来合并选择的基础向量:

$$\hat{x} = \sum_{i=1}^{t} b^{(i)}$$

$MCNE_p$ 模型在减小内存消耗的同时,也增加了模型训练的时间消耗。首先,在压缩传统的基于单热点索引的表示向量的任务中,$MCNE_p$ 可以看作传统图表示学习的下游任务,因此增加了模型的训练时间;其次,基于单热点索引的表示策略在应用于其他任务中时可以被直接加载到内存中进行使用,而基于多热点索引的表示策略需要将基础向量重组为最终的表示向量,因此增加了模型的时间消耗。当学习到的基于多热点索引的节点表示向量被应用于下游任务(例如节点分类)时,选择的基础向量需要利用解码器进行合并才能得到最终的节点表示向量。为了减少时间的消耗量,本章选择了简单但是快速的加法操作来保证模型的性能。

4. 目标函数

$MCNE_p$ 的优化目标是让通过重构得到的向量 $\hat{x}$ 与通过预训练得到的向量 x 尽可能地相似。因此,本章设计了如下的重构误差函数作为优化目标:

$$\mathcal{L} = \frac{1}{|V|} \sum_{i=1}^{|V|} \| x_i - \hat{x}_i \|^2$$

5. 模型导出

当模型训练完成后,需要导出其中的基础向量和每个节点对应的多热点索引向量。压缩器中的矩阵 B 可以保存作为最终的基础向量。对于每一个节点,可以从压缩器中得到其对应的单热点向量 $h^{(1)}, h^{(2)}, \cdots, h^{(t)}$。对于每个向量 $h^{(i)}$,本章选择其最大元素对应的位置:$_k h_k^{(i)}$。当处理完所有的向量之后,可以得到 t 个在 $[1, s]$ 范围内的整数作为输入节点的多热点索引。基于得到的多热点索引和共享向量,可以轻易地生成最终的低内存占用的节点表示向量。

5.2.3 端到端的多热点图表示学习

本小节介绍了 $MCNE_t$ 模型来从输入的图中直接学习到多热点的节点表示向量。假设输入的图为 G,其邻接矩阵为 $T \in \mathbb{R}^{|V| \times |V|}$,$MCNE_t$ 利用图拓扑结构来学习低内存消耗的节点表示向量。图的拓扑结构要比 $MCNE_p$ 模型使用的预训练的特征更加复杂,所以 $MCNE_t$ 模型应该拥有更强大的特征学习能力,才能够捕捉高度非线性的网络拓扑结构。近年来,图卷积网络神经网络非常流行,它可以通过卷积层来很好地集成局部节点特征和整体的网络拓扑结构。图卷积网络采用邻居聚合策略,即一个节点的表示向量是由它的邻居节点的表示向量进行递归的聚合和转换得到的。原始的图卷积网络是为了半监督的节点分类

任务设计的,本章将它扩展到无监督的图表示学习任务中。MCNE$_t$模型从图卷积网络学习到的特征中抽取多热点索引向量,然后利用节点之间的拓扑链接信息来指导最终的多热点表示向量的学习。与 MCNE$_p$ 类似,从上至下,MCNE$_t$ 包括下列4个步骤:图卷积网络、压缩器、解码器、目标函数。

1. 图卷积网络

图卷积网络在拓扑结构上进行多层卷积操作。给定输入的邻接矩阵 T,图卷积网络在第 k 层进行下列操作:

$$G^{(k+1)} = \phi(\widetilde{D}^{-\frac{1}{2}} \widetilde{T} \widetilde{D}^{-\frac{1}{2}} G^{(k)} W^{(k)})$$

其中矩阵 $\widetilde{T} = T + I_{|V|}$ 是添加了自连接的邻接矩阵,其中 $I_{|V|}$ 是一个单位矩阵。在矩阵 $\widetilde{D}$ 中,$\widetilde{D}_{ii} = \sum_j \widetilde{T}_{ij}$ 并且 $\widetilde{D}$ 中的其他元素为0。$W^{(k)}$ 是该层对应的权重矩阵。$G^{(k)} \in \mathbb{R}^{|V| \times d_k}$ 是第 k 层的输入特征矩阵,d_k 是预先定义好的向量维度。一般来说,节点的属性特征被看作初始的输入矩阵 $G^{(0)}$。由于本章只关注基于拓扑结构的图表示学习任务,所以矩阵 $G^{(0)}$ 被看作随机初始化的可训练参数矩阵。在模型的训练过程中,可以根据误差函数来调整矩阵 $G^{(0)}$ 中的元素。MCNE$_t$ 模型也能够处理拥有节点属性的图,只需要将矩阵 $G^{(0)}$ 设置为对应的节点属性矩阵。本章选择了 tanh 函数作为激活函数 ϕ。图卷积网络的顶层输出 g_i 被看作节点 n_i 的隐向量。

2. 压缩器

从图卷积网络的顶层,可以得到一个包含隐特征向量的矩阵 $G = G^{(l)} \in \mathbb{R}^{|V| \times d_l}$。矩阵 G 中的每一行 g_i 是节点 n_i 对应的隐向量。MCNE$_t$ 模型中的压缩器与 MCNE$_p$ 模型中的压缩器类似,两者的区别仅仅在于输入的不同。MCNE$_p$ 模型中的压缩器将编码器的输出作为输入,然而 MCNE$_t$ 模型将从图卷积网络学习到的隐向量作为输入。从压缩器中,可以得到输入节点对应的多热点索引向量。

3. 解码器

与 MCNE$_p$ 模型中的解码器类似,MCNE$_t$ 中的解码器也是根据多热点索引来选择对应的基础向量并进行组合得到最终的重构向量。假设输入的节点为 n_i,解码器生成隐向量 g_i 对应的重构版本为 $\hat{g}_i$。解码器的输出可以看作最终的节点表示向量。

4. 目标函数

MCNE$_t$ 模型的目标函数包括两个部分:重构误差函数 $\mathcal{L}_r$ 用来保证重构向量 $\hat{g}_i$ 能够尽可能地与隐向量 g_i 相似;基于拓扑结构的误差函数 $\mathcal{L}_t$ 用来保证学习到的节点表示向量能够保存拓扑链接信息。重构误差函数 $\mathcal{L}_r$ 学习到的重构向量 $\hat{g}_i$ 应该与图卷积网络生成的隐向量 g_i 尽可能地相似。所以,该误差函数的定义如下:

$$\mathcal{L}_r = \frac{1}{|V|} \sum_{i=1}^{|V|} \| g_i - \hat{g}_i \|^2$$

另外,学习到的节点表示向量也应该能够保存拓扑链接的信息。因此,本章设计了另外一个误差函数 $\mathcal{L}_t$ 来捕捉拓扑链接信息,该误差函数同样有助于训练图卷积网络中的可训练参数。假设输入的节点为 n_i,本章随机选择 n_i 的邻居节点作为正样本,选择与 n_i 不连接的节点作为负样本。然后本章提出了一个基于负采样的误差函数 $\mathcal{L}_t$ 来最大化两个节点对 $\langle n_i, \text{pos}_i \rangle$ 和 $\langle n_i, \text{neg}_i \rangle$ 之间的区别。相邻节点对应的表示向量的相似度应该尽可能地大于不相邻节点对应的表示向量之间的相似度。因此，误差函数 $\mathcal{L}_t$ 的定义如下：

$$\mathcal{L}_t = \frac{1}{|V|} \sum_{i=1}^{|V|} -\ln(\hat{g}_i^T \hat{g}_{\text{pos}_i} - \hat{g}_i^T \hat{g}_{\text{neg}_i})$$

通过最小化误差函数 $\mathcal{L}_t$，可以最大化相邻节点对与非相邻节点对之间的区别，进一步捕捉拓扑结构上的链接信息。MCNE$_t$ 模型的最终目标函数是上述两个误差函数的加权组合：

$$\mathcal{L} = \mathcal{L}_t + \beta \cdot \mathcal{L}_r$$

其中 β 是控制重构误差权重的超参数。当模型训练完成后，可以从压缩器中得到每个节点对应的多热点索引以及基础共享向量，然后就可以在下游应用中轻易地生成节点表示向量。

5.3 实　　验

本节在 4 个真实的数据集上，利用两个经典的数据挖掘任务（多标签节点分类和链接预测）验证了提出模型的有效性。首先，本节介绍了数据集的统计信息和所使用的对比方法；其次，本节对相关的实验结果进行了分析和讨论；最后，本节讨论了一些训练细节和关键参数的敏感性。

5.3.1　数据集介绍

本章使用了下面 4 个数据集来评估不同图表示学习方法的性能。表 5-1 展示了 4 个数据集的统计信息。

表 5-1　4 个数据集的统计信息（Avg$_t$ 代表每个节点连接的边的平均数）

数据集	节点数目	边的数目	Avg$_t$	类别
BlogCatalog	10 312	333 983	32.39	39
DBLP	16 753	104 371	6.23	8
Flickr	23 664	1 734 334	73.29	10
YouTube	1 138 499	2 990 443	2.63	47

- BlogCatalog[1]：在 BlogCatalog 平台上，用户可以发表博客和关注其他拥有相似兴趣的用户。该网络中的节点代表用户，边代表用户之间的关注关系。用户可以参加不同的兴趣小组，这种信息被看作用户的分类数据。
- DBLP[2]：DBLP 是一个学术引用网络。网络中的节点是文献，边代表文献之间的引用关系。该数据集包含了来自 8 个研究区域的 16 753 篇文章，文章所属的研究区域被看作节点的标签。

---

[1] http://socialcomputing.asu.edu/pages/datasets。
[2] https://aminer.org/citation。

- Flickr：Flickr 是一个图片分享平台，用户可以上传图片并将其分享给他们的朋友。用户之间的关注关系构成了网络的拓扑结构。用户也可以参加不同的兴趣组，这种信息被看作用户的分类数据。
- YouTube：YouTube 是一个流行的视频分享网站。用户可以上传视频并且关注其感兴趣的其他用户，进而形成了一个社交网络。在该网络中，节点是网站用户，节点的标签代表用户参加的不同小组。

5.3.2 对比方法

为了充分地评估提出模型的效果，本章选择如下两种对比方法。首先，MCNE 模型将与下面两种对比方法进行对比来评估模型的压缩能力。

- DNE 是一个端到端的图表示学习模型。现有方法一般利用浮点数向量来表示节点，而 DNE 利用二进制编码向量来表示节点。DNE 在矩阵分解的过程中引入了二进制编码的约束条件，来生成基于二进制编码的表示向量。
- KD 是第一个从预训练的特征中生成低内存占用节点的表示向量，是目前最强的对比方法。

另外，本章还设计了第二类对比方法来评估 $MCNE_t$ 模型生成的表示向量的质量。

- DeepWalk 首先通过随机游走将图的拓扑结构转化成一组节点序列，然后引入 Skip-Gram 模型来生成节点表示向量。
- LINE 提出了两个优化目标来捕捉网络中的一阶相似度信息和二阶相似度信息。本章将由两个优化函数生成的表示向量进行拼接得到最终的节点特征向量。
- Node2Vec 是 DeepWalk 的扩展版本。Node2Vec 在随机游走的过程中引入了不同的连接特征来指导随机游走的方向。
- SDNE 是一个基于自编码器的模型，能够有效地捕捉拓扑结构中的高度非线性信息。SDNE 可以同时保存局部和整体的拓扑相似度。

1. 参数设置

节点表示向量的维度被设置为 256。在 DNE 模型中，由于本章的目的在于评估无监督特征学习的效果，因此有标注的节点数目 λ 被设置为 0。DeepWalk、LINE 和 Node2Vec 的参数设置依照相对应的原始文章。SDNE 中的超参数 α 被固定为 0.5。SDNE 的模型层数和每一层的神经元数目与 $MCNE_p$ 模型相同。

为了保证对比的公平性，MCNE 和 KD 模型使用的基础向量个数应该是相同的，即满足 $s=K\times D$ 和 $t=D$。表 5-2 展示了 MCNE 模型的关键参数（s 和 t）和 KD 模型的关键参数（K 和 D）的设置。在 $MCNE_p$ 模型中，编码器和解码器中神经网络的层数设置为 2，每层节点的神经元个数为 $s/2$。学习率设置为 0.001。压缩器中的参数 τ 初始化为 1，然后每隔 100 个训练周期减小 0.1。τ 的最小值设置为 0.3。重构误差的权重 β 设置为 0.3。每批参与训练的样本数设置为 128，训练的周期个数设置为 500。在 $MCNE_p$ 模型中，在每个训练周期结束的时候，本章利用一个小的验证集来记录对应的误差，然后保存拥有最小误差的模型作为最终的模型。在 $MCNE_t$ 模型中，拥有最小训练误差的参数将被保存下来作为最终的模型。MCNE,模型中图卷积网络的层数设置为2，隐含层的神经元个数设置为1 000。

表 5-2　KD(K,D)和 MCNE(s,t)的关键参数设置

数据集	K	D	s	t
BlogCatalog	16	8	128	8
DBLP	16	8	128	8
Flickr	16	16	256	16
YouTube	256	32	8 192	32

2. 评估方法

本章选取了节点分类和链接预测作为下游数据挖掘任务来评估不同表示学习模型的性能。在节点分类任务中，学习到的表示向量被看作节点的特征，然后将其输入基于逻辑斯谛回归的分类器中来拟合训练数据中的标注信息。本章随机地选择 T_r 比例的节点作为训练集，剩下的节点被看作测试集。依照之前的工作，在 BlogCatalog、DBLP 和 Flickr 数据集上，T_r 设置为 10%，在 YouTube 数据集上，$T_r=1\%$。F1-Score（Micro-F1 和 Macro-F1）被选择为评估分类效果的指标。

在链接预测的任务中，本章首先从输入的图中随机地去掉 30% 的边，然后将不同的图表示学习模型应用在剩余的网络上来学习节点的表示向量。被去掉的边里面包含的节点对被看作正样本。同时，本章随机地选择一些没有直接相连的节点对作为负样本。一个节点对包含的节点之间的相似度为其对应的表示向量之间的余弦相似度。AUC 指标被选择作为评估方法来衡量标注信息和节点之间相似度的一致性。每个图表示学习方法在每个数据集上都将运行 5 遍，然后记录其平均值作为最终结果。上述使用的逻辑斯谛分类器、F1-score 和 AUC score 都是利用流行的机器学习框架 scikit-learn tool[①] 实现的。

5.3.3　基于预训练特征的多热点图表示学习

本小节将介绍 MCNE$_p$ 模型在压缩预先学习好的节点表示向量这一场景下的实验结果。其他的对比方法都是端对端的表示学习模型，不适用于该问题。因此本小节仅将 MCNE$_p$ 模型和 KD 编码方法进行对比。本章使用一个流行的基于单热点索引的图表示学习模型 Node2Vec 来学习预训练特征。一个好的压缩模型得到的表示向量应该尽可能地与原始的节点表示向量相似，即一个好的压缩模型的效果应该和 Node2Vec 的效果相似。

1. 实验结果分析

表 5-3 展示了 KD 编码模型和 MCNE$_p$ 模型的实验结果。同时，表 5-3 也展示了 Node2Vec 的实验结果，将其作为基准，以及不同模型学习得到的节点表示向量中包含的参数数目、内存消耗和压缩比。

---

① https://scikit-learn.org/stable/。

表 5-3　KD 编码和 MCNE$_p$ 模型的实验结果

评估指标	数据集	Node2Vec	KD	MCNE$_p$
节点分类 （Micro-F1）	BlogCatalog	0.371	0.353	**0.369**
	DBLP	0.302	0.273	**0.309**
	Flickr	0.358	0.331	**0.354**
	YouTube	0.385	0.352	**0.382**
节点分类 （Macro-F1）	BlogCatalog	0.224	0.192	**0.219**
	DBLP	0.126	0.101	**0.124**
	Flickr	0.162	0.144	**0.161**
	YouTube	0.306	0.267	**0.301**
链接预测 （AUC）	BlogCatalog	0.781	0.752	**0.784**
	DBLP	0.591	0.562	**0.587**
	Flickr	0.683	0.667	**0.680**
	YouTube	0.475	0.447	**0.469**
参数数目 （百万）	BlogCatalog	2.65	0.12	0.12 (22.08)
	DBLP	4.30	0.17	0.17 (25.29)
	Flickr	6.08	0.44	0.44 (13.82)
	YouTube	292.59	38.53	38.53 (7.59)
占用内存/ MB	BlogCatalog	40.40	1.44	1.44 (28.06)
	DBLP	65.63	2.03	2.03 (32.33)
	Flickr	92.71	5.33	5.33 (17.39)
	YouTube	4 460.29	448.93	448.93 (9.94)

如图 5-1(a)所示，Node2Vec 学习到的节点表示向量包括两个部分。第一部分是一个维度为 $|V|\times d$ 的矩阵，其中 $|V|$ 是节点的数目，d 是节点表示向量的维度。该矩阵中的元素均为浮点数。第二部分是单热点的索引向量，每个节点对应一个整数索引，因此其包含 $|V|$ 个整数。综上所述，Node2Vec 学习到的表示向量包含 $|V|\times d+|V|\times 1$ 个参数。在 Linux 系统 python 2.7 环境下，一个浮点数对象占据 16 字节，一个整数对象占据 12 字节。因此，Node2Vec 模型需要 $|V|\times d\times 16+|V|\times 12$ 字节来存储学习的表示向量。从上述式子可以看出，Node2Vec 模型内存的开销随着节点数目的增长而线性增长，因此将会给内存敏感的应用带来严峻的挑战。在 YouTube 数据集中，Node2Vec 模型学习到的表示向量包含接近 30 亿的参数并且将会消耗接近 4 GB 的内存。

如图 5-1(b)和图 5-1(c)所示，MCNE$_p$ 学习得到的表示向量包含的参数数目为 $s\times d+|V|\times t$，KD 编码模型对应的参数数目为 $K\times D\times d+|V|\times D$。加号左边的部分为共享基础向量包含的参数数目，其元素为浮点数。加号右边的部分为学习到的多热点离散索引包含的参数数目，其元素为整数。因此 MCNE$_p$ 的内存消耗为 $s\times d\times 16+|V|\times t\times 12$ 字节，而 KD 编码的内存消耗为 $K\times D\times d\times 16+|V|\times D\times 12$ 字节。为了保障对比的公平性，KD 编码模型和 MCNE$_p$ 模型的参数数目被设为相同，即 $s=K\times D$ 和 $t=D$。从表 5-3 中的实验结果可以得到以下结论。

① 与Node2Vec相比，MCNE$_p$达到了近似的表现，但是参数数目仅占Node2Vec的10%，同时也降低了90%的内存消耗。通过在不同的节点之间共享基础向量，MCNE$_p$模型可以有效地减少浮点数向量的个数，因此MCNE$_p$模型使用了相对少量的内存。在DBLP数据集上，MCNE$_p$在参数数目上达到了最高的压缩比(25.2)，同时在内存消耗上达到了最高的压缩比(32.33)。在DBLP数据集上，MCNE$_p$的分类效果Micro-F1得分甚至还要优于Node2Vec。在BlogCatalog数据集上，MCNE$_p$的链接预测效果AUC得分要优于Node2Vec。这可能是因为MCNE$_p$模型中的重构过程也可以起到正则化项的效果，可以有效地减少过拟合的影响，因此能够轻微地提升模型的效果。

② 与KD编码模型相比，MCNE$_p$在所有的数据集所有的任务上都达到了更好的效果。在使用同样内存大小的前提下，MCNE$_p$平均比KD编码模型提高了3%的Micro-F1值、2.2%的Macro-F1值和2.5%的AUC得分。通过移除KD编码里的块结构，基础向量的共享率得到了进一步的提高，有助于提升MCNE$_p$模型的表示能力，进而可以生成更高质量的表示向量。

本章还从另外一个方面验证了MCNE$_p$模型的有效性。假设给定相同的内存压缩率，本章对比了KD编码模型和MCNE$_p$模型的节点分类和链接预测的效果。在MCNE$_p$模型中，本章选择了s和t的不同组合来获得不同的压缩率，然后记录对应的模型在BlogCatalog和DBLP数据集上得到的Micro-F1和AUC得分。图5-4展示了相关的实验结果。从实验结果中可以看出，在相同压缩率的条件下，MCNE$_p$的表现要持续地优于KD编码模型。另外，在两个模型的Micro-F1得分或者AUC得分一致的情况下，MCNE$_p$模型的压缩率要远远大于KD编码，证明了MCNE$_p$模型既可以有效地减少内存的消耗，同时也可以提高节点表示向量的质量。从图5-4中还可以看出，随着压缩率的增大，所有方法的表现都在下降。一个压缩率高的模型消耗较少的内存，但是会导致节点特征向量的表示能力不足。所以，如何在压缩率和节点表示向量质量之间达到平衡，是一个需要仔细考虑的问题。

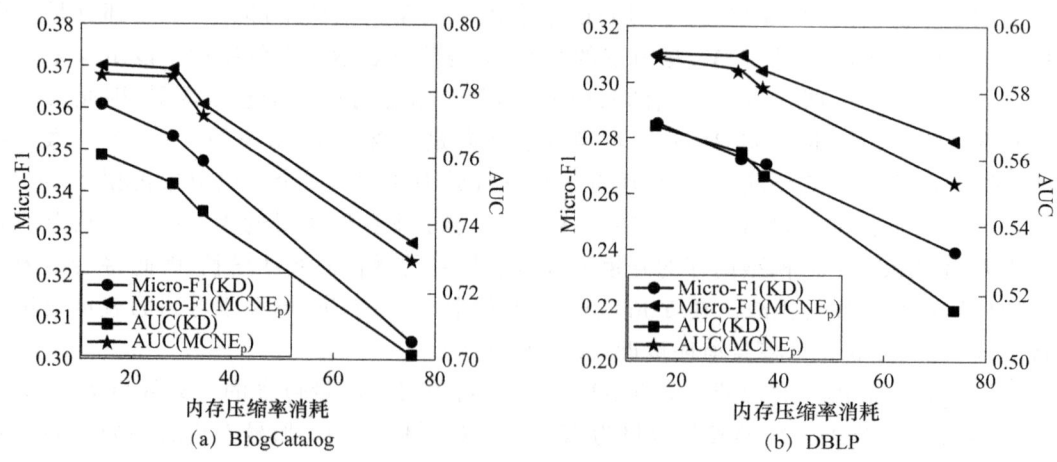

图5-4 在相同内存压缩率的条件下，KD编码模型和MCNE$_p$模型的效果对比

2. 模型训练过程分析

下面展示并分析KD编码模型和MCNE$_p$模型的训练轨迹。本章选择了BlogCatalog数据集来展示两个模型的误差变化曲线。在模型训练的过程中，每过25个训练周期，将会

存储一个临时模型,这样最终可以获得 20 个临时模型,然后分别记录这 20 个临时模型对应的训练误差和分类效果(Micro-F1)。训练误差代表了学习到的基于多热点索引的节点表示向量与原始的基于单热点索引的输入向量的区别。如图 5-5 所示,随着训练周期次数的增加,训练误差在逐步下降。一个拥有较小误差的模型分类效果会更好。从图 5-5 中还可以看出,与 KD 编码模型对比,$MCNE_p$ 模型的误差一直相对较小,进而能获得更好的 Micro-F1 得分,这证明了 $MCNE_p$ 模型拥有更强大的特征学习能力。

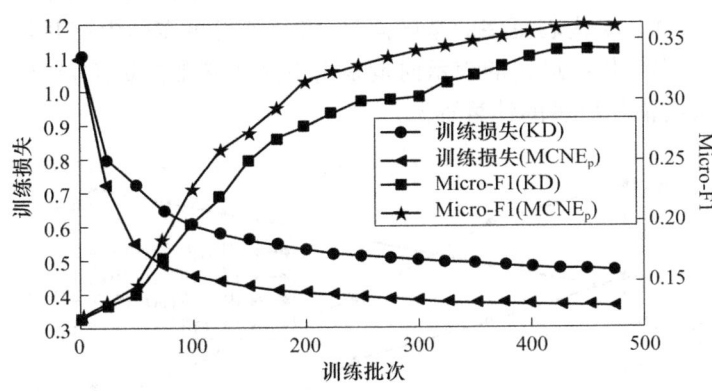

图 5-5　KD 编码模型和 $MCNE_p$ 模型的训练误差变化曲线

3. 基础向量的使用效率分析

本章还分析了在 BlogCatalog 数据集上 $MCNE_p$ 模型中基础向量的使用效率。理想情况下,每个基础变量的使用率应该是平均的,这样就可以保证每个基础变量都可以传递一部分的隐藏信息。但是,由于多热点索引的定义和学习过程是不可解释的,所以可能会出现某些基础向量从来没有被使用过或者仅仅被使用过很少次的现象,这样将会导致资源的浪费。根据学习得到的多热点索引,本章统计了每个基础向量出现的次数,然后在图 5-6 上展示了对应的数据。每个颜色块都代表了对应的基础向量,颜色的明亮程度与该基础向量出现的次数成正比。从图 5-6 上可以看出,除了少量的块有非常明亮的颜色外,大部分块的颜色都是类似的,证明了 $MCNE_p$ 模型中基础向量的使用是均衡的。因此,$MCNE_p$ 能够充分地使用基础向量来提高模型的表示能力。

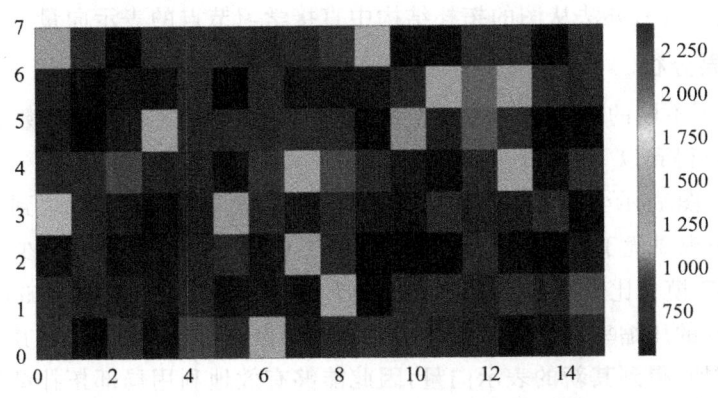

图 5-6　$MCNE_p$ 模型中基础向量的使用效率分析

4. 参数敏感性分析

下面研究 MCNE$_p$ 模型中的关键参数 s 和 t 对模型性能的影响，其中 s 是基础向量的数目，t 代表需要选择多少个基础向量来组成节点的表示向量。t 被设置为 8 和 16，s 从 32 增长到 160。本章记录了不同参数设置对应的训练误差和内存消耗。图 5-7 展示了 BlogCatalog 数据集上的参数敏感性分析结果。从图中可以看出，随着参数 s 或者 t 的增长，训练误差在逐步降低，代表学习到的基于多热点索引的节点表示向量与原始的输入向量越发相似。但是，较大的 s 代表更多的基础向量，将会消耗更多的内存并且会降低模型的训练速度，而较大的参数 t 代表最终的表示向量是由更多的基础向量组合得到的，在构造最终的表示向量的时候会消耗更多的计算资源。

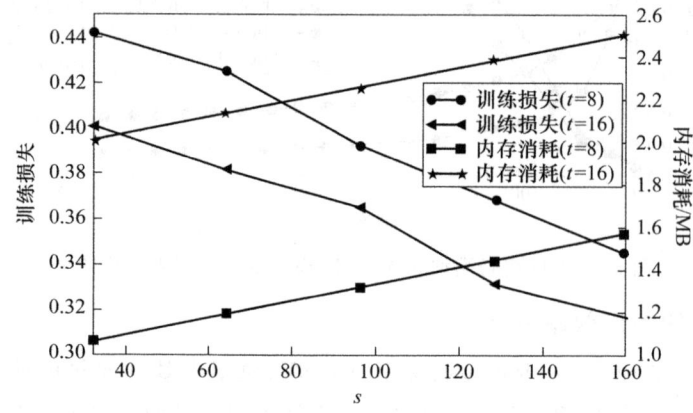

图 5-7　MCNE$_p$ 模型的参数敏感性分析

5.3.4　端到端的多热点图表示学习

本小节评估了端对端的多热点图表示学习模型 MCNE$_t$ 的效果。所选择的对比方法包括传统的图表示学习模型 DeepWalk、LINE、Node2Vec 和 SDNE。同时，本章也考虑了一个最新的低内存占用的图表示学习模型 DNE。这里 MCNE$_t$ 无法与 KD 编码模型进行对比，因为 KD 编码模型没有办法从图的拓扑结构中直接学习节点的表示向量。

1. 实验结果分析

表 5-4 展示了不同的图表示学习模型的效果，以及其对应的参数个数和内存消耗。从实验结果中，可以得到以下结论。

① 与传统的图表示学习模型相比，MCNE$_t$ 在 3 个数据集上都达到了最好的效果。MCNE$_t$ 模型的表现要优于传统的方法，并且使用了更小的内存和拥有更少的参数。在 3 个数据集上，MCNE$_t$ 模型比最好的对比方法 SDNE 平均提高了 2.5% 的 Micro-F1 分类得分，并且能够达到 20 的压缩率。给定一个节点作为中心节点，图卷积网络将其邻居节点的表示向量进行加权相加，得到其新的表示向量，因此能够有效地利用局部拓扑结构信息来提升节点表示向量的质量。因此，通过引入拥有强大特征学习能力的图卷积网络，MCNE$_t$ 模型在所有数据集上的表现要优于所有对比方法。总体来说，MCNE$_t$ 模型可以直接从图的拓扑结

构上学习多热点节点表示向量,能够在节省了超过 90% 内存的前提下达到令人满意的分类效果。

表 5-4 端到端的图表示学习模型的效果对比

评估指标	数据集	DeepWalk	LINE	Node2Vec	SDNE	DNE	MCNE$_t$
节点分类 (Micro-F1)	BlogCatalog	0.351	0.347	0.371	0.387	0.207	0.397
	DBLP	0.294	0.295	0.302	0.316	0.146	0.342
	Flickr	0.324	0.335	0.358	0.369	0.161	0.381
节点分类 (Macro-F1)	BlogCatalog	0.203	0.187	0.224	0.241	0.114	0.264
	DBLP	0.112	0.115	0.126	0.143	0.094	0.161
	Flickr	0.140	0.151	0.162	0.175	0.102	0.182
链接预测 (AUC)	BlogCatalog	0.732	0.721	0.781	0.773	0.475	0.797
	DBLP	0.566	0.575	0.591	0.617	0.368	0.633
	Flickr	0.628	0.645	0.683	0.692	0.385	0.706
参数个数 (百万)	BlogCatalog	2.65	2.65	2.65	2.65	2.65(1.0)	0.12(22.1)
	DBLP	4.3	4.3	4.3	4.3	4.30(1.0)	0.17(25.3)
	Flickr	6.08	6.08	6.08	6.08	6.08(1.0)	0.44(13.8)
内存大小/MB	BlogCatalog	40.40	40.40	40.40	40.40	0.95(42.5)	1.44(28.1)
	DBLP	65.63	65.63	65.63	65.63	1.54(42.6)	2.03(32.3)
	Flickr	92.71	92.71	92.71	92.71	4.34(21.4)	5.33(17.4)

② DNE 方法通过学习基于二进制编码的表示向量来减少相关的内存消耗,其对应的表示向量中包含的元素个数与传统方法相同。因此 DNE 学习到的节点表示向量的参数个数为 $|V| \times d + |V|$。传统方法中的元素一般是浮点数,需要 16 字节(128 比特)来表示。然而,二进制元素可以利用一个比特来表示,因此 DNE 占用了最少的内存。但是,DNE 在下游应用(节点分类和链接预测)中表现最差,证明了其在无监督特征学习的情况下不能生成高质量的表示向量。这种结果是可解释的,因为二进制编码的信息存储量较少,不能像浮点数一样存储整个空间的信息。不同于 DNE 使用二进制编码来减少内存消耗,MCNE$_t$ 通过减少浮点数向量的个数来降低内存消耗。MCNE$_t$ 学习到的向量元素仍然是浮点数,所以 MCNE$_t$ 可以拥有最少的参数个数,并且表示能力仍然远大于 DNE。

2. 参数敏感性分析

下面分析多个关键参数对 MCNE$_t$ 模型性能的影响,包括图卷积网络的层数 l、表示向量的维度 d 和重构误差权重 β。参数 s 和 t 对 MCNE$_t$ 模型性能的影响和 MCNE$_p$ 模型类似,在上一小节已经讨论过了,在此不再加以赘述。本小节将分类 Micro-F1 得分作为评估指标。

图 5-8 展示了 MCNE$_t$ 模型的参数敏感度分析结果。可以看出,随着表示向量维度 d 的增长,Micro-F1 得分先增长然后保持稳定。这说明了当 d 较小的时候,一个比较大的向量维度可以获得更强大的特征表示能力。但是当 d 太大的时候,模型的性能就会遭遇瓶颈。对参数 β 来说,可以看出随着 β 的增长,分类效果同样先提高然后保持稳定。这种现象说明

了融合适当的重构误差可以更好地保存图卷积网络学习到的局部拓扑结构信息,这有助于提高模型的效果。最后,针对图卷积网络的层数 l,MCNE$_t$ 模型的效果先升后降。给出一个中心节点,拥有 l 个卷积层的图卷积网络能够融合其 l 跳范围内的邻居节点信息来生成其表示向量。一个合适的 l 能够有助于学习更好的表示向量,但是一个太大的 l 有可能从远距离节点中引入噪声,进而对模型效果产生影响。

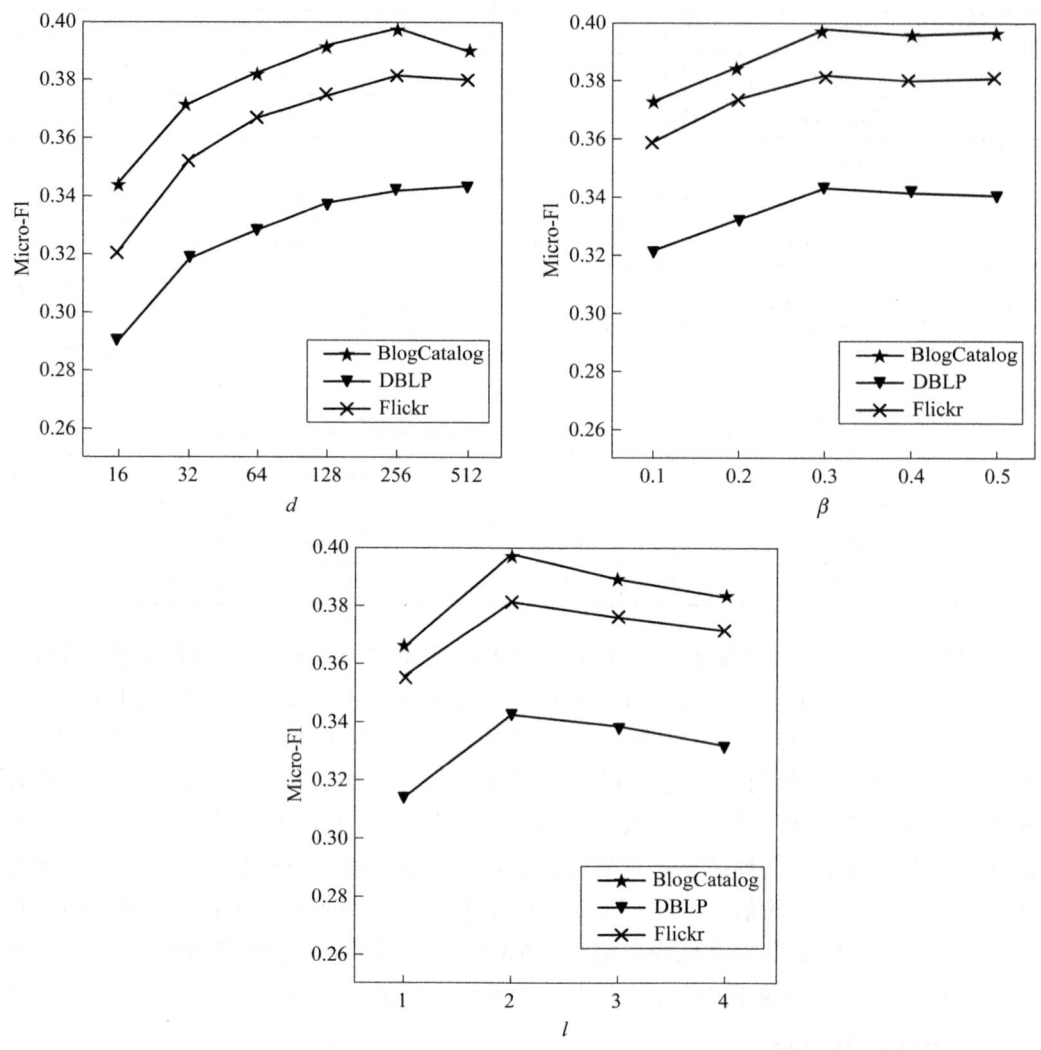

图 5-8　MCNE$_t$ 模型的参数敏感性分析

5.4　本章小结

本章旨在深入探讨一种全新的图表示学习模型,该模型引入了多热点索引策略,目的是在大幅减少节点表示向量的内存占用的同时,提升大规模图数据的处理效率与可扩展性。随着图数据规模的不断增长,如何高效存储和计算节点表示已成为图神经网络研究中的关键挑战之一。本章所提出的创新模型,将每个节点的表示向量重构为一系列共享基础向量的组合,旨在提供一种低内存、高效表示的解决方案。具体来说,模型的核心思想在于引入"热点"基础向量,这些向量在不同节点之间共享使用,每个节点的表示向量则可以视为这些基础向量的线性或非线性组合。这样一来,模型不仅能够大幅减少存储每个节点所需的独立浮点数数量,同时通过共享机制,充分优化了模型对内存资源的利用。在这种设计下,节点表示的压缩效率得到了极大提升,从而能够在处理大规模图数据时维持较低的内存占用。

本章进一步提出了一种名为 $MCNE_p$ 的深度自编码器框架,用于对已学习的节点表示进行压缩。$MCNE_p$ 的核心创新在于引入了 gumbel-softmax 技术,这一技术通过一种连续可微的近似方式,使得在基础向量的离散选择问题中也能够进行有效的梯度反向传播。传统神经网络在处理离散变量时,通常难以实现端到端的优化,而 gumbel-softmax 通过平滑化离散选择的过程,使得模型能够在面对非连续决策时仍然保持良好的可训练性。这一技术的引入成功地解决了传统压缩方法在训练中的瓶颈问题。

此外,为了进一步增强模型的表示能力,本章还提出了一种融合了图卷积网络(GCN)的 MCNE 扩展模型,称为 $MCNE_t$。与 $MCNE_p$ 相比,$MCNE_t$ 不仅继承了在压缩上的优势,同时还结合了 GCN 在学习图结构特征方面的强大能力。通过引入 GCN,$MCNE_t$ 能够从图的拓扑结构中提取更多的局部和全局特征,从而为每个节点生成更加丰富和精确的表示向量。基于多热点索引策略的节点表示,使得模型在捕捉图结构特征的同时,仍能维持较高的压缩效率。

为了评估模型的实际性能,本章在 4 个具有不同特性的真实世界数据集上进行了全面的实验。实验结果显示,MCNE 模型及其扩展版本 $MCNE_t$ 在显著降低内存开销的同时,仍能在多个图相关任务中保持优越的表现,特别是在节点分类、链接预测等任务中,表现出了较强的竞争力。相较于传统图表示学习方法,MCNE 系列模型不仅在内存占用上有着显著的优势,其表现的节点表示质量也不逊色。

总的来说,本章的研究为图表示学习领域提供了新的方向,通过提出多热点索引策略和深度压缩机制,展现了 MCNE 模型在处理大规模图数据时的巨大潜力。这一成果为解决图数据的存储与计算瓶颈提供了强有力的支持,并为未来相关研究提供了新的思路与方法。

第 6 章
GNN-LM 紧耦合的文本属性图表示学习

6.1 引 言

文本属性图作为一种融合文本和图结构信息的数据形式，广泛应用于多个实际场景中，如社交网络、推荐系统、文档分类等。在文本属性图中，每个节点通常包含丰富的文本信息，这些信息可能是文章内容、用户评论或产品描述等，而边则反映了节点之间的关联性。文本属性图表示学习旨在通过结合节点的文本特征和邻居的结构信息，为每个节点生成低维的向量表示，从而能够更好地用于下游任务，如节点分类、链接预测和图聚类。

近年来，随着预训练语言模型和图神经网络的突破性进展，文本属性图表示学习技术也得到了显著提升。预训练语言模型如 BERT、RoBERTa 等，能够通过在海量无标注语料上进行预训练，捕捉文本的底层语义信息。这些模型具备强大的自然语言理解能力，能够从复杂的句法结构、上下文信息中提取深层语义表示。与此同时，图神经网络，如 GraphSage、GAT 等，通过递归地聚合节点邻居的信息，能够有效地捕捉图结构中的局部与全局模式，进而生成准确的节点表示。

在处理文本属性图时，单独使用预训练语言模型或图神经网络往往无法充分利用两者的优势。预训练语言模型虽然能够处理文本的语义信息，但缺乏对图结构的建模能力；而图神经网络虽然擅长捕捉节点之间的依赖关系，但在处理节点的文本信息时，通常依赖于传统的浅层文本表示方法。因此，如何将这两种技术有机地结合起来，形成一种能够兼顾文本语义与图结构的统一模型，成了当前研究的热点。

在已有的研究中，GraphSage 和 PinSage 率先提出了一种结合文本编码器和图神经网络的范式。在这种范式下，节点的文本特征首先通过独立的文本编码器进行建模，典型的做法是将预训练语言模型如 BERT 或 RoBERTa 作为文本编码器，将节点的文本信息编码成固定长度的向量。接下来，这些文本向量再作为节点特征输入图神经网络，通过图结构中的邻居信息进行进一步的聚合，生成最终的节点表示。这种方法有效地结合了文本特征与图结构信息，使得模型能够从两个角度来优化节点表示的学习。

这种范式的成功引发了大量后续工作的探索，许多研究者尝试在不同的应用场景中引入类似的框架,将强大的预训练语言模型与图神经网络结合起来,处理不同形式的文本属性图。例如,在社交媒体分析中,用户的帖子可以看作文本节点,用户之间的社交关系则构成了图的边,通过结合 PLM 和 GNN,可以更好地捕捉用户的语言习惯和社交关系,从而实现精准的用户画像。在推荐系统中,商品的描述信息作为文本节点,用户的购买行为作为边,使用这种框架可以在大规模推荐任务中生成更加个性化的推荐结果。

然而,尽管这种将 PLM 与 GNN 结合的范式在多个任务中取得了显著效果,但其也存在一些挑战和局限性。首先,预训练语言模型通常具有较高的计算成本,特别是在处理大规模文本属性图时,这种成本会进一步放大。其次,如何有效地融合文本特征与图结构信息仍然是一个开放问题。现有方法通常通过简单的特征拼接或线性组合进行融合,但这种方式在处理复杂的语义与结构交互时,可能无法充分捕捉其中的深层次关联。此外,在一些动态场景中,例如实时推荐或信息流处理,文本属性图的数据分布和拓扑结构可能会频繁变化,如何在这样的动态环境中保持模型的高效性和鲁棒性也是当前研究的难点之一。

总而言之,文本属性图作为一种融合文本与图结构的复杂数据形式,极具挑战性和研究价值。通过结合预训练语言模型和图神经网络,研究者能够在文本属性图表示学习任务中获得显著的性能提升。未来的工作可以进一步在融合方法、计算效率以及动态图场景下的模型鲁棒性方面进行深入探索,从而推动文本属性图表示学习技术的进一步发展和应用。

语言模型(基于 Transformers 模块)在 GNN 模块之前发挥作用时,上述组合方式被称为"级联 Transformers-GNN"架构〔图 6-1(a)〕。在这种架构中,文本编码和图聚合分为两个连续的步骤:首先,语言模型对文本进行编码;其次,图神经网络聚合节点之间的关系。然而,这种级联式工作流存在一个重要缺陷,即在文本表示生成阶段,节点之间的信息没有直接交换。由于图中的相连节点往往语义相关,它们的相互信息可以通过合适的模型加以利用和增强。例如,给定一个节点"关于 Transformer 的笔记"和它的邻居节点"关于机器翻译的教程",从整个图的上下文中获取信息能够揭示"Transformer"在此应被解释为机器学习模型,而不是电子设备。这种语义增强是现有级联架构无法直接实现的。

为解决上述问题,本书提出了一种全新的架构,称为"GNN 嵌套 Transformers"模型,简称 GraphFormers〔图 6-1(b)〕。GraphFormers 通过将 GNN 模块嵌入 Transformer 层(TRM)之间,形成了 GNN 和语言模型的深度融合。在这个框架中,文本编码与图聚合不是独立进行的,而是以迭代的方式共同作用。在每一轮迭代中,图中相连节点之间的信息在 GNN 层中得以交换,每个节点的表示将逐步得到其邻居信息的增强。随后,增强后的节点特征由 Transformer 模块进行处理,生成下一次迭代的节点表示。这种交替的迭代方式使得 GraphFormers 可以更充分地利用图中节点间的语义联系,显著地提升了对文本属性图(TAG)的表示能力。值得注意的是,GraphFormers 尽管在架构上更复杂,但由于 GNN 层使用的是高效的多头注意力机制,其计算开销与级联 Transformers-GNN 模型基本相当。

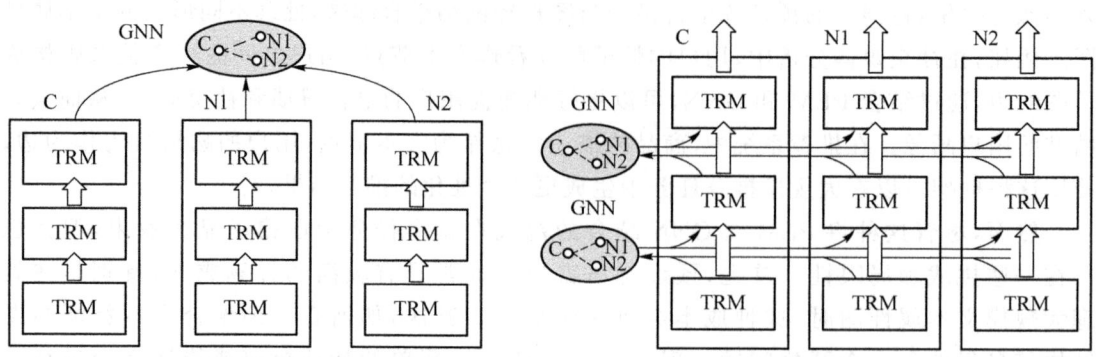

(a) 级联Transformers-GNN:文本表示由语言模型独立生成,并由后置GNN进行聚合

(b) GNN嵌套Transformers:使用层级GNN和Transformer(TRM)迭代进行文本编码和图聚合

图 6-1　模型架构比较(中心节点 C 与两个相邻节点 N1、N2 相连)

除了提出这一架构外,本书还进一步优化了 GraphFormers 的性能和实用性。首先,GraphFormers 可能面临"捷径学习"的问题,即在很多任务中,中心节点自身的文本信息已经足够完成任务,因此模型可能倾向于忽略邻居节点的信息。这种现象导致 GNN 模块在训练中未能充分发挥作用。为解决这一问题,我们借鉴了课程学习(curriculum learning)的思想,设计了一种分阶段训练策略。在第一阶段训练中,输入数据中的文本被随机污染,使得仅依赖中心节点完成任务变得困难,迫使模型必须利用邻居节点的信息。第二阶段则使用未污染的原始数据进行训练,使模型逐步收敛到目标数据分布。

另一个挑战是,由于 GraphFormers 中相互连接的节点在表示过程中具有依赖性,一旦引入一个新节点,所有邻居节点的表示都需要重新计算。为缓解这种计算开销,我们引入了单向图注意力机制。在这种机制下,中心节点仅聚合邻居节点的信息,而邻居节点保持独立编码。这样可以缓存并重用邻居节点的表示,避免了重复计算,大幅地提升了模型的计算效率。

我们在 3 个大规模文本属性图数据集(DBLP、Wiki、Product)上对 GraphFormers 进行了充分评估,并以连接预测(link prediction)的准确性作为衡量标准。实验结果表明,GraphFormers 在运行效率相当的情况下,显著优于现有最先进的级联 Transformers-GNN 方法,为文本属性图表示学习提供了更强的能力。

6.2　相关工作

文本属性图表示是自然语言处理、信息检索和图学习等多个领域的重要研究课题。其核心目标是在融合文本语义信息和图结构信息的基础上,生成高质量的图表示,以增强模型在各类任务中的表现,如分类、检索、推荐等。为了学习这些图表示,现代方法通常依赖于将预训练语言模型和图神经网络结合起来。这种结合能够同时捕获节点的文本属性和图的结构特征,为后续的多任务学习提供强大的支持。

预训练语言模型作为自然语言处理领域的重要技术,经历了显著的演变。从早期的浅层词向量学习方法,如 Skip-Gram 和 GloVe,到近年来的深层预训练模型,PLM 的应用范围得到了极大扩展。经典模型如 ELMo、GPT、BERT、XLNet、T5 和 GPT-3 等,均在大规模语料上进行了预训练,并展示了在多种 NLP 任务中的卓越表现。预训练语言模型的核心价值在于生成高质量的文本表示。通过在大量无监督数据上进行自监督学习,PLM 能够捕捉文本的底层语义信息,并将其映射为低维向量表示。这种表示在信息检索、分类、生成等任务中得到了广泛应用,显著地提升了模型的表现力。

与此同时,图神经网络为图数据建模提供了强有力的工具。图神经网络通过聚合节点及其邻居的信息,能够有效地捕捉图结构中的局部和全局信息,并将其转化为图的高维表示。在此过程中,诸如 GCN(Graph Convolutional Network)、GAT(Graph Attention Network)和 GraphSAGE 等模型通过不同的聚合机制,极大地提高了图的表示能力。值得注意的是,图神经网络不仅可以处理图结构,还能够结合节点的属性信息,尤其是文本属性。这样图中的每个节点不仅通过其拓扑结构与其他节点关联,还携带着丰富的文本描述信息,从而构成了"文本属性图"的研究背景。

在文本属性图的学习中,早期的方法多采用级联架构。该架构首先对每个节点的文本属性进行独立编码,然后利用 GNN 对节点间的结构进行信息聚合。这一过程可以简单地描述为:节点文本特征由 PLM 生成低维表示,然后这些表示作为节点特征输入 GNN 模型,GNN 通过邻居聚合机制生成最终的图表示。这一思路最早由 GraphSAGE 引入,并在后续的工作中得到了广泛采用。然而,级联架构存在的一个主要问题是,文本表示和图表示是两个独立的步骤,彼此之间没有深度互动。这种方法虽然简单有效,但难以充分挖掘文本与图结构之间的内在联系。为了解决这一问题,我们提出了基于 GNN 嵌套 Transformer 的融合式方法,将文本编码和图表示聚合进行深度整合。在这种方法中,文本属性的编码与图结构的聚合不是分离的,而是通过 GNN 与 Transformer 的嵌套在多个迭代步骤中共同完成。具体而言,我们在每一层 GNN 中,通过 Transformer 将节点的文本属性与其邻居节点的图结构信息进行动态融合,这种双向的信息流通机制能够更好地捕捉文本和图结构的复杂关系,进而生成更高质量的图表示。这种融合式的表示学习范式突破了传统级联架构的限制,实现了文本语义和图结构的同步学习。通过在多个实际任务上的实验验证,我们的方法在文本检索、分类和推荐等任务上都表现出了显著的优势。这一创新为文本属性图表示学习提供了新的思路,并为后续研究提供了新的方向。

6.3 GraphFormers

这项工作聚焦于处理文本属性图数据,其中每个节点 x 都是一个文本。节点 x 与其邻居节点 N_x 一起记为 G_x。GraphFormers 根据节点 x 自身的文本特征和其邻居节点 N_x 的信息来学习节点 x 的表示。希望生成的表示能够捕获节点之间的关系,即可以根据表示向量的相似性准确地预测两个节点 x_q 和 x_k 是否连接。

6.3.1 GNN-nested Transformers

GraphFormers 的编码过程如下。输入节点的文本(中心节点及其邻居节点)被分词为词序列。该序列的前端会添加特殊标记[CLS],用于表示节点表示。基于词表示和位置表示的加和,输入序列将被映射为初始表示序列$\{\boldsymbol{H}_g^0\}_G$。表示序列由多层 GNN 嵌套 Transformer 编码(如图 6-2 所示),其中图聚合和文本编码是迭代进行的。

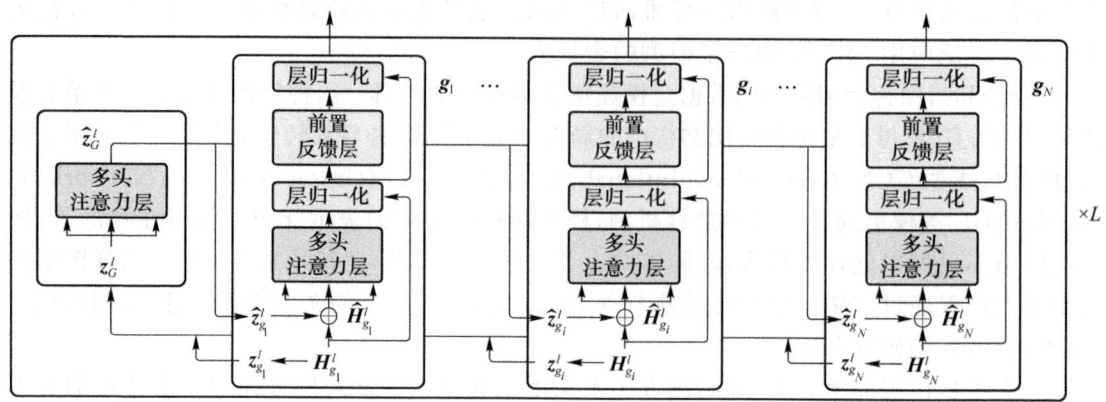

图 6-2　GNN 嵌套 Transformer(使用第 l 层进行说明)

在图 6-2 中,首先执行图聚合:节点级表示$\{\boldsymbol{z}_g^l\}_G$从所有节点中收集并由 GNN 模块(最左边的矩形)进行处理。GNN 处理过的节点级表示$\{\hat{\boldsymbol{z}}_g^l\}_G$被分派到它们的原始节点,这些节点形成了图增强的词级表示。Transformer 进一步编码图增强的词级表示。

1. GNN 中的图聚合

基于层级图信息聚合,每个节点都通过其邻居信息进行增强。对于第 l 层中的每个节点,我们将第一个词级表示(对应于[CLS])作为节点表示:$\boldsymbol{z}_g^l \leftarrow \boldsymbol{H}_g^l[0]$。节点表示从所有节点收集并传递到层级 GNN 以进行图信息聚合。类似于 GAT,我们利用多头注意力(MHA)编码节点表示 $\boldsymbol{Z}_G^l(\{\boldsymbol{z}_g^l\}_G)$。对于每个注意力头,缩放后的点积注意力计算如下:

$$\hat{\boldsymbol{Z}}_G^l = \mathrm{MHA}(\boldsymbol{Z}_G^l)$$

$$\mathrm{MHA}(\boldsymbol{Z}_G^l) = \mathrm{Concat}(\mathbf{head}_1, \cdots, \mathbf{head}_h)$$

$$\mathbf{head}_j = \mathrm{softmax}\left(\frac{\boldsymbol{Q}\boldsymbol{K}^\mathrm{T}}{\sqrt{d}} + \boldsymbol{B}\right)\boldsymbol{V}$$

$$\boldsymbol{Q} = \boldsymbol{Z}_G^l \boldsymbol{W}_j^Q; \boldsymbol{K} = \boldsymbol{Z}_G^l \boldsymbol{W}_j^K; \boldsymbol{V} = \boldsymbol{Z}_G^l \boldsymbol{W}_j^V$$

在上面的方程中,$\boldsymbol{W}_j^Q,\boldsymbol{W}_j^K,\boldsymbol{W}_j^V$是 MHA 的投影矩阵,对应第 j 个注意力头。我们在点积结果中添加一个可学习的位置偏差 $\boldsymbol{B}$;位置区分了节点之间的关系,即"中心到中心"(x 到 x)、"中心到邻居"(x 到 N_x)和"邻居到邻居"(N_x 到 N_x)。

接着,每个节点表示 $\hat{\boldsymbol{z}}_g^l(\hat{\boldsymbol{z}}_g^l \in \hat{\boldsymbol{Z}}_G^l)$ 将被分派到其原始节点,并拼接在词级表示序列开头($\oplus$),从而得到图增强后的词级表示:

$$\hat{\boldsymbol{H}}_g^l \leftarrow \mathrm{Concat}(\hat{\boldsymbol{z}}_g^l, \boldsymbol{H}_g^l)$$

在这种情况下,GNN 处理的节点级表示 $\hat{\boldsymbol{Z}}_G^l$ 可以被解释为"消息器",通过它可以将邻居信息引入每个节点。

2. Transformer 中的文本编码

图增强后的词级表示 $\hat{\boldsymbol{H}}_g^l$ 由 Transformer 模块处理,计算过程为

$$\hat{\boldsymbol{H}}_g^l = \mathrm{LN}(\boldsymbol{H}_g^l + \mathrm{MHA}^{\mathrm{asy}}(\hat{\boldsymbol{H}}_g^l))$$

$$\boldsymbol{H}_g^{l+1} = \mathrm{LN}(\hat{\boldsymbol{H}}_g^l + \mathrm{MLP}(\hat{\boldsymbol{H}}_g^l))$$

在上面的方程中，MLP 是多层投影模块，LN 是层范数模块。我们使用非对称多头注意力（$\mathrm{MHA}^{\mathrm{asy}}$），其中 $\boldsymbol{Q}, \boldsymbol{K}, \boldsymbol{V}$ 的计算方式为

$$\boldsymbol{Q} = \boldsymbol{H}_g^l \boldsymbol{W}_j^Q; \boldsymbol{K} = \hat{\boldsymbol{H}}_g^l \boldsymbol{W}_j^K; \boldsymbol{V} = \hat{\boldsymbol{H}}_g^l \boldsymbol{W}_j^V$$

因此，输出序列 $\boldsymbol{H}_g^{l+1}$ 与输入序列 $\boldsymbol{H}_g^l$ 的长度相同。编码结果将被用作下一层的输入词级表示。最后一层的词级表示 $\boldsymbol{z}_x^L$（即 $\boldsymbol{H}_g^L[0]$）将被用作最终的节点表示。

3. 工作流

我们将 GraphFormers 的编码工作流总结为算法 6-1。初始词级表示 $\{\boldsymbol{H}_g^0\}_G$ 由第一个 Transformer 层 TRM^0 独立编码。对于第 L 层 GraphFormers，前 $L-1$ 步骤（从 1 到 $L-1$）已由图信息聚合和文本编码迭代执行完成。在每个步骤中，节点级表示 $\boldsymbol{Z}_G^l$ 由层级 GNN 模块收集和处理。得到的节点表示 $\hat{\boldsymbol{Z}}_G^l$ 被分派到其原始节点，从而生成图增强后的词级表示 $\hat{\boldsymbol{H}}_g^l$。Transformer 模块进一步处理图增强后的词级表示。最后，最后一层 $\boldsymbol{z}_x^l$ 中的节点级表示（中心节点 x）将作为我们的表示学习结果。

算法 6-1 GraphFormers 工作流

输入：输入图 G（由中心节点 x 和它的邻居节点组成）

输出：中心节点的表示向量 $\boldsymbol{h}_x$

1: **begin**
2:   **for** each text $g \in G$ **do**
3:     $\boldsymbol{H}_g^1 \leftarrow \mathrm{TRM}^0(\boldsymbol{H}_g^0)$；// 得到初始词级表示
4:   **end for**
5:   **for** $l = 1, \cdots, L-1$ **do**
6:     $\boldsymbol{Z}_G^l \leftarrow \{\boldsymbol{z}_g^l | g \in G\}$；// 为 GNN 模块收集节点表示
7:     $\hat{\boldsymbol{Z}}_G^l \leftarrow \mathrm{GNN}(\boldsymbol{Z}_G^l)$；// GNN 中的图信息聚合
8:     **for** each text $g \in G$ **do**
9:       $\hat{\boldsymbol{H}}_g^l \leftarrow \mathrm{Concat}(\hat{\boldsymbol{z}}_g^l, \boldsymbol{H}_g^l)$；// 得到图增强后的词级表示
10:      $\boldsymbol{H}_g^{l+1} \leftarrow \mathrm{TRM}^l(\hat{\boldsymbol{H}}_g^l)$；// Transformer 模块中的文本编码
11:     **end**
12:   **end**
13:   Return $\boldsymbol{h}_x \leftarrow \boldsymbol{z}_x^L$
14: **end**

4. 编码复杂度

给定包含 M 个节点的输入，每个节点都有 P 个词；每一层编码操作的时间复杂度是

$O(M^2+MP^2)$;图信息聚合需要 $O(M^2)$,因为需要在 M 个节点表示上计算多头注意力;文本编码需要 $O(MP^2)$,因为每个节点都需要在 P 个词上计算多头注意力。与 Transformer 相比,GNN 的计算成本要低得多,主要有两个原因:①一般来说,$M^2 \ll MP^2$;②在图聚合中不需要 MLP 这样的操作。因此,层级图信息聚合的额外计算成本相对较低,GraphFormers 的计算效率接近级联 Transformers-GNN。这种性质在我们的实验中也得到了验证。

6.3.2 模型简化:单向图聚合

关于 GraphFormers 的一个问题是,输入节点在编码过程中相互依赖。因此,如果要为中心节点生成表示,需要对其邻域内的所有相关节点从头重新进行处理,而不管它们之前是否被处理过。这种情况在实际应用中是很低效的,因为它可能产生大量不必要的计算开销(即重复节点每次作为邻居节点时都会被重复编码)。本书利用一种简单但有效的简化方法——单向图聚合来解决这个问题。只有中心节点 x 需要引用邻居节点的信息;而其余的节点 N_x 仍然由它们自己的文本特征独立编码:

$$H_g^{l+1} = \begin{cases} \text{TRM}^l(\hat{\boldsymbol{H}}_x^l), g=x \\ \text{TRM}^l(\boldsymbol{H}_g^l), \forall g \in N_x \end{cases}$$

由于相邻节点的编码独立于中心节点,因此中间编码结果 $\{z_g^{1 \cdots L}\}_{N_x}$ 可以缓存在存储中,并在需要时在后续计算中重用。这样可以避免节点被重复编码,从而节省大量不必要的计算成本。我们通过实验验证,引入上述简化后,GraphFormers 仍然保持了类似的性能。

6.3.3 模型训练:两阶段渐进式学习

1. 训练目标

我们将连接预测作为我们的训练任务。给定一对节点 q 和 k,模型根据它们表示的相似度来预测它们是否连接。具体来说,对于一对 q 和 k 的正例,我们希望如下的分类损失最小:

$$\mathcal{L} = -\log \frac{\exp(\langle \boldsymbol{h}_q, \boldsymbol{h}_k \rangle)}{\exp(\langle \boldsymbol{h}_q, \boldsymbol{h}_k \rangle) + \sum_{r \in R} \exp(\langle \boldsymbol{h}_q, \boldsymbol{h}_r \rangle)}$$

上式中,$\boldsymbol{h}_q$ 和 $\boldsymbol{h}_k$ 为节点表示,$\langle \cdot \rangle$ 为内积计算,R 为负样本。在我们的实现中,我们利用"批次内负例"来降低编码成本:一个训练批次中的某个实例的正样本将被用作同一批次内其余训练实例的负样本。

2. 两阶段训练

在 GraphFormers 中,来自中心节点和邻居节点的信息没有被平等对待,这可能会影响模型的训练效果。其中,中心节点的信息可以直接利用,而邻居节点的信息的引入需要经过 3 个步骤:①编码为节点表示;②与中心节点进行图信息聚合;③引入中心节点的图增强词级表示中。当中心节点"信息量足够大"时,即两个节点在自身文本特征上足够相似,消息传递就可以走捷径,无须考虑相邻节点就可以预测其连接。考虑这种情况的存在,GraphFormers 最终可能会得到训练充足的 Transformer,但 GNN 模块可能得不到充分训练。

为了缓解上述问题，我们引入了一个热启动训练任务：基于扰动后的输入节点进行连接预测。具体来说，对于每个输入节点 g，其包含文本 g_m 的单词子集将被随机遮掩。因此，分类损失为

$$\mathcal{L}' = -\log \frac{\exp(\langle \boldsymbol{h}_{\tilde{q}}, \boldsymbol{h}_{\tilde{k}}\rangle)}{\exp(\langle \boldsymbol{h}_{\tilde{q}}, \boldsymbol{h}_{\tilde{k}}\rangle) + \sum_{r \in R}\exp(\langle \boldsymbol{h}_{\tilde{q}}, \boldsymbol{h}_{\tilde{r}}\rangle)}$$

其中 $\boldsymbol{h}_{\tilde{q}}, \boldsymbol{h}_{\tilde{k}}, \boldsymbol{h}_{\tilde{r}}$ 是由扰动后节点生成的表示。将单词进行随机遮掩减少了每个节点的信息量，因此，模型需要利用所有的输入节点来做出正确的预测。

总的来说，我们将模型的训练组织为两个阶段的渐进式学习过程。在第一阶段，基于扰动后的节点数据训练模型以最小化 $\mathcal{L}'$，直到其收敛，这加强了模型在文本属性图上聚合信息的能力。在第二阶段，继续在原始数据的基础上训练模型以最小化 $\mathcal{L}$，直到收敛，使模型与目标数据分布拟合。

6.4 实　　验

6.4.1　实验数据和设置

我们使用以下 3 个从真实世界收集的文本属性图数据集进行实验验证，表 6-1 展示了 3 个数据集的统计信息。

表 6-1　实验数据集的数据量

数据量	Product	DBLP	Wiki
节点数量	5 643 688	4 894 081	4 818 679
平均邻居节点数量	4.71	9.31	8.86
训练用例数量	22 146 934	3 009 506	7 145 834
验证用例数量	30 000	60 000	66 167
测试用例数量	306 742	100 000	100 000

DBLP[①]：包含 DBLP 截止到 2020-04-09 的论文引用图。如果一篇论文被另一篇引用，两篇论文将被连接。论文的标题被用作文本特征。

Wikidata5M[②]（Wiki）：包含来自 Wikipedia 的实体图。每个实体介绍中的第一句话被视为其文本特征。

Product Graph（Product）：一个从面向全球用户的搜索引擎收集的产品图数据集。在这个数据集中，用户的网络浏览行为将被链接到目标产品的网页（例如耐克鞋的亚马逊网页）。用户在短时间内（如 30 分钟）连续浏览的网页被称为"会话"。一个会话中的产品在图中相互连接（这是电子商务场景中构建图的一种常见方式）。每个产品都有其相应的文本描述，其中包含了诸如产品名称、品牌和销售商等信息。

---

① https://originalstatic.aminer.cn/misc/dblp.v12.7z.
② https://deepgraphlearning.github.io/project/wikidata5m.

所有数据集的文本特征都是英文的。我们使用不区分大小写的 WordPiece 对输入文本进行分词。在我们的实验中,每个文本都与 5 个均匀采样的邻居节点相连接(没有替换);对于邻居节点数量小于 5 的文本,将使用所有邻居节点。我们在表 6-1 中总结了所有数据集的数据量。我们将连接预测精准度作为评价指标,即根据两个节点的节点本身及其相邻节点的文本特征来预测这两个节点是否连接。在每个测试实例中,我们为每个节点提供 300 个需要判断是否连接的候选节点:1 个正例加上 299 个随机抽样的负例。我们利用 3 个常用指标来衡量预测的准确性:Precision@1(P@1)、NDCG 和 MRR。在没有特殊说明的情况下,我们将使用两阶段渐进式学习训练的单向简化 GraphFormers 作为默认模型。

6.4.2 基线方法

我们重点比较了 GNN 嵌套 Transformer 和级联 Transformers-GNN 两种架构。为了确保两种架构之间的差异能够从评估结果中真实地反映出来,GraphFormers 和级联 Transformers-GNN 基线配备了相同的文本编码器和图聚合模块。具体来说,我们将类似 bert 的预训练语言模型作为我们的文本编码器,其中选择 UniLMv2 作为所有方法的网络骨干,最后一层的[CLS]词表示用于表示文本表示。

我们列举了 GAT、GIN、GraphSage 中使用的下列代表性文本属性图信息聚合方法。GAT 聚合:其中节点表示是由所有文本表示的加权求和生成的。每个文本表示的相对重要性由与中心节点的注意力分数决定。pooling 池化再拼接聚合:其中中心节点的文本表示与相邻节点的池化结果连接,并进行线性转换以获得最终表示。根据池化函数的形式,我们有以下选项:Max 和 Mean,即邻居节点分别通过最大池化和平均池化进行聚合;Att,即根据与中心节点的注意力分数对邻居节点进行求和。相比之下,GAT 聚合可能更强调邻域信息;而 pooling 池化再拼接聚合则更倾向于中心节点本身。

我们考虑了另外两个使用简化文本编码器(如 CNN)和网络表示的基线:TNVE 和 IFTN。我们还考虑了仅使用 PLM 的基线,它仅利用了中心节点的文本特征。

6.4.3 整体实验评估

总体评估结果见表 6-2。可以观察到,GraphFormers 具有明显的优势,始终优于所有的基线方法,特别是基于级联 Transformers-GNN 的基线。具体来说,在各个实验数据集上,与最具竞争力的基线方法(下划线)相比,它实现了 2.9%、4.8% 和 6.5% 的改进。这表明基于 GraphFormers 生成的节点表示可以更准确地捕获节点之间的关系,验证了本书方法的有效性。

表 6-2 整体评估

模型	Product			DBLP			Wiki		
	P@1	NDCG	MRR	P@1	NDCG	MRR	P@1	NDCG	MRR
PLM	0.656 3	0.791	0.734	0.567 3	0.748	0.678	0.346 6	0.580	0.471
TNVE	0.461 8	0.620	0.536	0.297 8	0.530	0.416	0.178 6	0.427	0.293
IFTN	0.523 3	0.674	0.598	0.369 1	0.580	0.477	0.183 8	0.428	0.295
PLM+GAT	0.754 0	0.864	0.823	0.663 3	0.820	0.767	0.300 6	0.543	0.427

续表

模型	Product			DBLP			Wiki		
	P@1	NDCG	MRR	P@1	NDCG	MRR	P@1	NDCG	MRR
PLM+Max	<u>0.7570</u>	<u>0.868</u>	<u>0.828</u>	<u>0.6934</u>	<u>0.839</u>	<u>0.790</u>	<u>0.3712</u>	<u>0.607</u>	<u>0.502</u>
PLM+Mean	0.7550	0.867	0.827	0.6896	0.836	0.787	0.3664	0.604	0.498
PLM+Att	0.7513	0.8652	0.8246	0.6910	0.8366	0.7875	0.3709	0.6067	0.5018
GraphFormers	**0.7786**	**0.8793**	**0.8430**	**0.7267**	**0.8565**	**0.8133**	**0.3952**	**0.6230**	**0.5220**

注：GraphFormers 的结果用粗体标记，最好的基线方法的结果用下划线标记。

我们还观察到了以下可能影响学习质量的潜在因素。

首先，邻居信息的有效利用至关重要。通过联合考虑中心节点和相邻节点，包括 GraphFormers 和级联 Transformers-GNN 基线在内的 PLM+GNN 方法在大多数情况下都明显优于仅使用 PLM 的基线方法。我们进一步分析了邻居数量的影响（使用 DBLP 进行说明），如表 6-3 所示，每个中心节点都随机采样了一小部分邻居节点。可以观察到，即使引入的邻居节点较少，GraphFormers 和 PLM+Max（最具竞争力的基线）的预测精度仍高于仅使用 PLM 的方法（P@1 为 0.5673，NDCG 为 0.7484，MRR 为 0.6777，如表 6-3 所示）。随着邻居节点数量的增加，这一优势逐渐扩大，边际收益逐渐变小。这是因为当包含更多邻居节点时，相对信息量的提升也会变得更小。在所有的测试案例中，GraphFormers 都一致保持了相对于 PLM+Max 的优势，这再次证实了我们提出方法的有效性。

表 6-3 邻居节点数量的影响

#N	GraphFormers			PLM+Max		
	P@1	NDCG	MRR	P@1	NDCG	MRR
1	0.6485	0.8087	0.7522	0.6249	0.7946	0.7342
2	0.6841	0.8308	0.7804	0.6538	0.8137	0.7583
3	0.698	0.8396	0.7916	0.6728	0.8256	0.7734
4	0.7126	0.8485	0.8029	0.6823	0.8319	0.7814
5	0.7267	0.8565	0.8133	0.6934	0.8386	0.7900

其次，文本编码器的质量也是文本属性图表示学习的关键。所有基于预训练语言模型的方法（GraphFormers、级联 Transformers-GNN 基线方法、仅使用 PLM 的基线方法）都明显优于使用简单文本编码器（TNVE、IFTN）的基线方法。

再次，表示学习的质量对图聚合器的形式也很敏感。在 Product 数据集中，级联 Transformers-GNN 基线方法的性能非常接近。在 DBLP 数据集中，PLM+（Max、Mean、Att）的表现优于 PLM+GAT。在 Wiki 数据集中，不仅 PLM+（Max、Mean、Att）的表现优于 PLM+GAT，仅使用 PLM 的基线方法的表现也优于 PLM+GAT。这些现象可以归因于图的类型：同构或异构。具体来说，Product 数据集的文本属性图和 DBLP 数据集的文本属性图都可以看作同构图，因为节点之间基于相同的关系进行连接，即 Prodcut 数据集中的共同浏览关系和 DBLP 数据集中的引用关系。在这两种同构图中，连接的节点可能具有非常相似的语义（共同浏览的产品通常具有相似的用户意图，引用关系通常意味着相似的研究主题);因此,引入邻居节点的信息可能会为中心节点之间的连接预测提供互补信息。然而,Wiki 数据集中的文本属性图是一个异构的图,其中实体之间的连接可能具有不同的含义。因此,引入邻居节点信息可能对连接预测任务没有贡献,特别是当引入的邻居节点与预测目标之间的关系完全不同时。在这种情况下,考虑 GAT 更倾向于关注邻居信息,其效果可能会受到影响。

最后,我们可以总结出不同方法在文本属性图表示学习中的效果:简化的文本编码器＜PLMs＜级联 Transformers-GNN＜GNN 嵌套 Transformer。这一发现与我们的预期一致,即对单个文本特征的精确建模和对邻居信息的有效融合都有助于学习高质量的文本属性图表示。GraphFormers 具有 PLM 的强表达能力,也能利用层级嵌套 GNN 来促进图信息聚合,从而获得了更好的效果。

6.4.4 消融实验

消融实验(如表 6-4 所示)用于探究以下问题:①两阶段渐进式学习的影响;②单向简化对 GraphFormers 的影响。

表 6-4 消融研究

模型	Product			DBLP			Wiki		
	P@1	NDCG	MRR	P@1	NDCG	MRR	P@1	NDCG	MRR
GraphFormers	0.778 6	0.879 3	0.843	0.726 7	0.856 5	0.813 3	0.395 2	0.623	0.522
PLM+Max	0.757 0	0.867 8	0.828 0	0.693 4	0.838 6	0.790 0	0.371 2	0.607 1	0.502 2
-Progressive	0.768 8	0.875 1	0.837 3	0.709 6	0.846 8	0.800 7	0.383 4	0.615 5	0.512 7
-Simplified	**0.779 5** ↑	**0.879 8** ↑	**0.843 6** ↑	0.722 5	0.854 2	0.810 2	0.392 3	0.620 9	0.519 5
-Shared GNN	0.778 8	0.879 5	0.843 3	0.725 6	0.855 8	0.812 3	0.394 5 ↓	0.622 1 ↓	0.521 1 ↓
-Position	0.778 8	0.879 5	0.843 4	0.727 6 ↑	0.857 0 ↑	0.813 9 ↑	0.394 2	0.622 2	0.521 1

注:效果最好的消融方法用粗体标记;"↑"/"↓"表示与默认设置相比,效果提升/下降;"-Progressive"表示去掉两阶段渐进式学习;"-Simplified"表示去掉单向简化;"-Shared GNN"表示使 GNN 参数不跨层共享;"-Position"表示去掉 GNN 中可学习的位置偏差。

首先,两阶段渐进式学习显著地提高了 GraphFormers 的学习质量。如果没有这样的训练策略("-Progressive":直接在原始数据上进行训练),模型的效果在 3 个数据集上分别下降 0.98%、1.71%和 1.18%。

其次,简化和非简化("-Simplified")GraphFormers 之间的效果是相差不多的。实际上,对于中心节点和邻居节点来说,图信息聚合的必要性并不相同:由于中心节点是用于表示学习的节点,因此确保中心节点可以从其邻居节点中提取互补信息更为重要。单向简化的 GraphFormers 保持了这种特性,因此,这对最终的表现影响不大。这一发现表明,我们可以安全地利用简化模型来节省重复编码邻居节点的成本。

我们还做了另外两项消融研究。"-Shared GNN"表示禁用 GNN 的跨层参数共享,其中每一层都维护自己的模型参数(默认情况下,GraphFormers 中的各层 GNN 模块共享同一组参数)。"-Position"表示在 GNN 中去掉可学习的位置偏差。我们发现,这些变化对模型效果的影响很小。

6.4.5 效率分析

我们比较了 GNN 嵌套 Transformers(GraphFormers)和级联 Transformers-GNN(使用 PLM+Max 进行比较)之间的时间效率。我们在 Nvidia P100 GPU 上进行了测试。每个批次包含 32 个实例,每个实例包含一个中心节点和 ♯N 个相邻节点,每个节点的文本长度为 16。我们展示了每个批次的平均时间和显存(GPU RAM)成本,如表 6-5 所示。

表 6-5 随着邻居大小从 3 增加到 200,PLM+Max 和 GraphFormers 的每个批次的时间和内存成本

评估指标	♯N	3	5	10	20	50	100	200
Time/ms	PLM+Max	60.29	93.41	161.40	295.92	684.16	1 357.93	2 706.35
	Graph-Formers	63.95	97.19	170.16	306.12	714.32	1 411.09	2 801.67
Mem/GB	PLM+Max	1.33	1.39	1.55	1.82	2.67	4.09	6.92
	Graph-Formers	1.33	1.39	1.55	1.83	2.70	4.28	7.33

注:GraphFormers 实现了与 PLM+Max 相似的效率和可扩展性。

首先,两种方法的时间和显存开销都随着邻居节点数量的增加而线性增长(测试中存在时间和显存的固有开销。时间固有开销可能来自 CPU 处理;而显存固有开销主要是由于模型参数。我们可以通过扣除♯N=3 时的时间和显存开销来近似地消除这种固有开销)。这一发现与我们在 4.1 节中的理论分析是一致的。

其次,GraphFormers 的总体时间和显存成本非常接近 PLM+Max。当邻居节点数量较少时,两种方法的差异几乎可以忽略。当包含更多的邻居节点时,差异会变得更大,因为 GraphFormers 中的层级图聚合变得越来越耗时。然而,这种差异仍然相对较小:当♯N 增加到 200 时,运行成本的差异只占总运行成本的 3.5%左右(♯N=200 对于大多数现实场景来说已经足够了)。

基于上述观察,我们可以得出结论,GraphFormers 更准确,同时与传统的级联 Transformers-GNN 一样高效和可扩展。

6.4.6 在 Bing 搜索中的线上 A/B 实验

GraphFormers 已经在 Bing 搜索上被作为主要搜索广告算法之一部署。与之前的系统(一系列语义表示算法的组合,包括大规模 PLM 和级联 Transformers-GNN)相比,它实现了极具竞争力的效果。具体来说,广告服务的首要目标是在增加用户点击量的同时实现收入最大化。因此,我们将以下 3 个指标作为主要效果指标:RPM[①](每千次展示收入)、CY

---

① https://support.google.com/adsense/answer/190515? hl=en。

(点击率)和 CPC[①](每次点击费用)。在我们大规模的线上 A/B 测试中,GraphFormers 显著地提高了 RPM、CY、CPC 的整体效果,分别提高了 1.87%、0.96% 和 0.91%。图 6-3 展示了 11 天的效果变化。可以观察到,在大多数情况下,由于 GraphFormers 的使用,这 3 个指标都得到了显著改善(每天的效果是基于数百万次浏览进行测量的,因此具有很强的统计意义)。

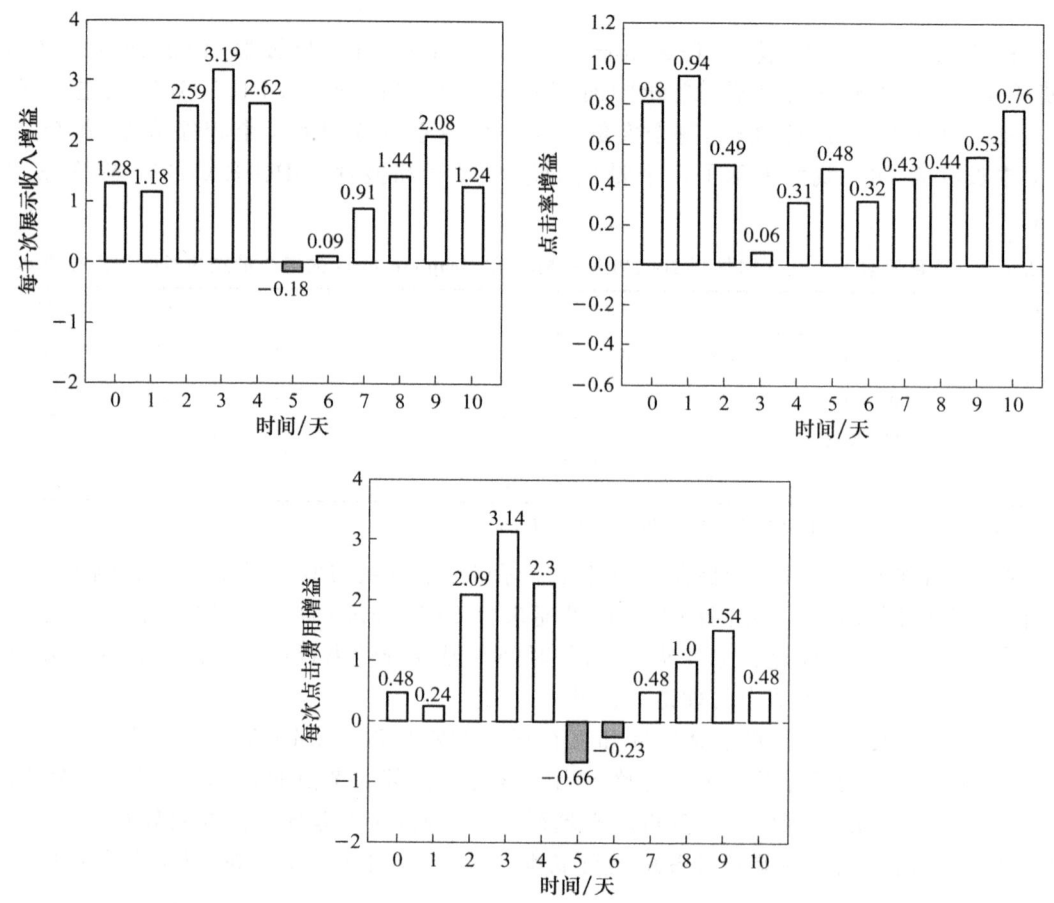

图 6-3 线上 A/B 测试:在 Bing 搜索中,与上一个版本的系统相比,RPM、CY 和 CPC 的相对改进(白色:正向。灰色:负向)

6.5 本章小结

文本属性图上的表示学习任务是当前图机器学习领域的前沿问题之一,旨在通过节点的文本特征与图结构信息的综合处理,为各节点生成紧凑且富含信息的低维表示向量。这类表示可以用于多种下游任务,如节点分类、链路预测、推荐系统等。现有研究大多采用一种级联模型的范式,首先利用预训练或定制的语言模型(PLM)将节点的文本内容转换为高

---

① https://support.google.com/google-ads/answer/116495?hl=en。

维语义表示,然后将这些表示作为图神经网络的输入,通过对图结构中邻居节点信息的聚合,进一步丰富每个节点的表示。这种级联方法的优点在于它能充分利用语言模型捕捉文本的语义信息,同时通过图结构中的邻里传播机制补充节点间的上下文关联。

然而,这种独立处理文本和图结构信息的方式也存在固有的局限性。首先,它难以在一个统一的框架内充分捕捉文本与图结构信息之间的复杂交互关系。文本节点的语义特征和其在图结构中的位置往往是高度关联的,但现有的级联架构却无法在同一时间步内融合这两类信息,导致模型对节点的语义表示存在一定的割裂。此外,由于文本和图结构信息的处理是分阶段进行的,这也限制了模型在训练过程中的高效优化,无法自适应地调整文本与图结构信息的权重比例。

针对这一问题,本章提出了一种创新的模型架构,称为 GraphFormers,其核心思想是在 Transformer 层级的语言模型中嵌入图神经网络的计算机制,以实现文本与图结构信息的深度融合。具体来说,GraphFormers 模型通过交错式的处理机制,将 GNN 的聚合操作嵌入预训练语言模型的每个 Transformer 层之间。这样做的好处是,模型在每一层 Transformer 中都可以同时处理来自文本节点的内部语义信息和其邻居节点的图结构信息。这种设计不仅有效地解决了传统级联模型对两类信息处理的割裂问题,还能够在文本特征与图结构特征之间建立更紧密的依赖关系。

此外,我们还引入了一个两阶段的渐进式训练策略,以进一步提升模型的性能。在第一阶段,GraphFormers 首先在经过预处理的增强数据上进行预训练。这个预处理过程通过数据增强与过滤,生成更为丰富和多样化的图结构信息,使模型能快速学习到数据中的全局模式与分布。在此基础上,第二阶段则将模型转移至原始数据集进行微调,以精细化图结构信息与文本内容的融合,使生成的节点表示更加精确且富有语义。此外,我们通过引入单向图信息聚合策略,进一步简化了模型的计算复杂度。该策略仅在文本节点的自注意力计算中引入邻居节点的信息聚合,而不进行全局的图信息传递,这一设计极大地减少了计算开销,提升了模型的实际应用效率。

为验证 GraphFormers 的有效性,我们在 3 个大规模文本属性图数据集上进行了详尽的实验,涵盖不同领域和应用场景。实验结果显示,相较于传统的级联式 Transformers-GNN 方法,GraphFormers 不仅在各项性能指标上有显著提升,如节点分类的准确率、链路预测的精度等,还在模型的运行效率与可扩展性上展现出了优越性。这表明,GraphFormers 能够在实际应用中处理大规模的文本属性图数据,具备较高的计算效率和实用价值。

通过这些实验结果与分析,GraphFormers 不仅展现了其在性能上的优越性,还为文本属性图表示学习领域提供了新的研究视角。传统方法中的文本特征与图结构特征独立处理的思路在复杂信息融合上存在明显的瓶颈,而 GraphFormers 通过其独特的架构设计打破了这一壁垒,实现了从局部文本细节到全局图结构信息的全面捕捉与融合。我们的研究不仅为未来的文本属性图研究提供了技术路径,也为更高效的表示学习模型开辟了新的可能性。

第 7 章
基于变分推断的大规模文本属性图上的表示学习

7.1 引　　言

图数据在现实世界中广泛存在，成了多个应用场景中的基础数据结构。尤其是在许多实际问题中，图的节点往往与文本信息相关联，这类图被称为文本属性图（Text-Attributed Graph，TAG）。例如：在社交网络中，每个用户可能都有个人简介、发布的内容等文本信息；在科学文献引用网络中，每篇论文都附带着其标题、摘要及正文等文本数据。因此，文本属性图的研究为图数据学习、信息检索和自然语言处理等领域提供了广阔的研究前景。

本章主要讨论如何在文本属性图中学习有效的节点表示，这是许多下游任务（如节点分类、链接预测等）的核心问题。文本属性图同时包含丰富的文本语义和复杂的图结构，二者都能显著提升节点表示的质量。一方面，文本信息能够准确地表征每个节点的属性，通过预训练语言模型（如 BERT）对文本进行编码，可以获得丰富的语义表示；另一方面，图结构则反映了节点之间的相互关系，相邻节点在图中往往具有相似的属性或行为特征，图神经网络在建模这种结构化数据上表现出色。通过结合语言模型和图神经网络，可以充分利用局部的文本信息与全局的图结构关系，从而提升节点表示的学习效果。

然而，简单地将预训练语言模型和图神经网络串联起来进行端到端训练并非最佳选择，尤其是在大规模图上，这种方法在计算资源上面临着巨大的挑战。由于文本属性图通常具有密集的连接关系，若每个节点都对其邻居节点的文本信息进行编码，内存复杂度将呈指数级增长，特别是在真实世界的大规模图中，这种方法几乎不可扩展。针对这一问题，研究者们提出了许多改进方案。其中一些方法通过降低语言模型的学习能力，如冻结预训练语言模型的参数来避免训练过程中的大规模计算，但这也会限制模型的表达能力；另一些方法则通过对图结构进行采样来减少需要处理的节点对，然而这又削弱了图神经网络捕捉全局信息的能力。因此，如何在不牺牲模型性能的前提下，设计一种既能处理大规模图结构，又能有效结合语言模型与图神经网络的方法，成为当前文本属性图研究的关键问题。

本章提出了一种基于期望最大化的图与语言联合学习方法，简称 GLEM。与传统方法不同，GLEM 不要求同时训练语言模型和图神经网络，而是采用变分期望最大化框架来交替优化这两个模块。具体来说，首先 GLEM 通过语言模型对节点的文本信息进行编码，建立以节点文本为条件的节点标签分布模型；其次图神经网络基于邻居节点的标签信息与文本信息，构建全局条件标签分布。在每一个训练周期中，GLEM 通过交替的方式进行两个模块的更新：当语言模型被固定时，图神经网络利用其提供的伪标签进行优化；反之亦然。这种交替优化的方式不仅降低了内存消耗，也有效地避免了直接串联带来的可扩展性问题。

在节点分类任务中，GLEM 展示出了强大的性能优势。通过将局部的文本信息与全局的图结构信息相结合，GLEM 能够在不损失表达能力的前提下，处理大规模的文本属性图。我们在多个基准数据集上（如 ogbn-arxiv、ogbn-product、ogbn-papers100M）进行了实验验证，结果显示 GLEM 在这些数据集上的表现优于现有的图神经网络模型。此外，GLEM 的子模块 GLEM-LM 能够单独利用语言模型取得接近甚至超过现有方法的性能，而 GLEM-GNN 在图神经网络任务中取得了最优结果。通过大量实验与分析，本章验证了 GLEM 作为一种高效、可扩展的文本属性图学习方法，不仅在性能上取得了显著提升，还为未来大规模文本属性图的研究提供了新的方向和思路。

7.2 相关工作

文本属性图表示学习近年来在图机器学习领域中受到越来越多的关注，尤其是在节点分类任务中的应用。这种任务的核心问题可以形式化为一个文本表示学习问题，主要目标是通过利用节点附带的文本特征进行分类预测。节点分类在许多实际应用中至关重要，例如社交网络分析、推荐系统以及知识图谱中的实体分类。

在早期的研究中，处理文本特征的常用方法是基于传统的神经网络结构，比如卷积神经网络（CNN）和递归神经网络（RNN）。这些模型能够捕捉序列数据中的局部和全局信息，在从文本中提取有效特征方面表现良好。然而，它们的表达能力相对有限，尤其是在处理长文本或需要深层语义理解的任务中，往往难以捕捉到丰富的上下文信息。随着 Transformer 架构的引入，特别是基于 Transformer 的预训练语言模型（如 BERT 和 GPT）的崛起，文本表示学习进入了一个新的时代。Transformer 模型擅长处理长距离依赖关系，并能通过多头注意力机制高效捕捉句子级别的上下文语义。这使得它们在文本属性图节点分类任务中成了重要的工具，尤其是当任务需要对复杂文本特征进行建模时。

然而，文本属性图节点分类的挑战不仅限于文本特征的表示学习，还涉及图结构信息的有效利用。图神经网络在这方面具有显著优势，因为它能够同时考虑节点的属性和图的拓扑结构。通过信息的传递和聚合，GNN 能够捕捉节点之间的关系，并生成具有丰富上下文信息的节点表示。GNN 在节点分类、链接预测以及图生成等任务中表现出色。

尽管语言模型和 GNN 在各自的领域表现突出，但其独立应用会导致信息利用的不足。语言模型主要关注文本特征，而 GNN 更侧重于图的拓扑结构，两者难以充分捕捉图中节点之间的复杂关系和丰富的语义信息。为此，研究者们开始探索将语言模型与 GNN 结合的方案，以充分发挥两者的优势。

早期的融合方法大多采用了预编码的策略，即使用一个预训练的语言模型（如 BERT）对节点的文本特征进行预处理，然后将生成的文本表示作为节点的初始特征输入 GNN 中进行图学习。这种方法在某种程度上提升了模型的性能，但由于语言模型和 GNN 的训练过程是分离的，语言模型生成的文本表示并未在 GNN 的训练过程中得到进一步优化。这种方式在面对复杂多样的任务时显得力不从心，特别是当图结构和文本特征之间的交互影响很大时，单一的预编码策略难以获得最佳结果。

为了解决上述问题，近年来的研究逐渐转向联合训练框架。通过联合训练语言模型和 GNN，研究人员希望能在同一训练过程中同时优化这两类模型，从而获得更具代表性的节点表示。联合训练能够促使语言模型生成的文本表示根据图结构信息进行动态调整，同时 GNN 在传递节点间信息时可以获得更加丰富的文本语义支持。这种方法的潜力在理论上非常大，然而在实践中它面临着严重的可扩展性问题。联合训练要求对每个节点的文本进行多次编码，尤其是在处理大规模图数据时，这会导致极高的计算成本。此外，联合训练通常将信息的传递限制在一跳邻域内，从而牺牲了跨越多个节点的远距离信息的捕捉。

为了解决这些问题，GLEM 提出了一种伪似然变分框架，允许语言模型和图神经网络分开训练，但通过特定的机制促进二者之间的信息交互。GLEM 的设计充分考虑了模型的可扩展性，既保持了训练过程的高效性，又促进了文本特征和图结构信息的深度融合。具体来说，GLEM 通过局部信息传递机制以及语言模型的领域自适应预训练，使得生成的节点表示不仅能够适应图结构，还能够更好地捕捉图中的长距离依赖关系。

在纯文本分类任务中，一些方法尝试使用图神经网络来建模文本间的隐含关系。这些方法通常基于从文本中构造的合成图，或者通过共现模式构建图结构，进而应用 GNN 进行分类。然而，在文本属性图节点分类任务中，图结构通常是已知的且可以直接观察到，因此这些方法并不完全适用。

总的来看，尽管 GLEM 在处理文本属性图节点分类方面取得了显著的进展，但这一领域仍有许多值得深入研究的方向。例如，如何在大规模图上进一步优化联合训练的效率，如何在模型中更好地融合多跳邻域的远距离信息，都是未来研究中重要的课题。

7.3 背　　景

本章将重点讨论文本属性图的节点表示学习，并以节点分类为例进行说明。在深入探讨 GLEM 的细节之前，本章先介绍几个基本概念，包括文本属性的定义以及语言模型和图神经网络如何用于文本属性图节点分类。

7.3.1　文本属性图

形式化地，文本属性图 $G_S = (V, A, s_V)$ 由节点集合 V 和邻接矩阵 $A \in \mathbb{R}^{|V| \times |V|}$ 组成，其中每个节点 $n \in V$ 与一个文本属性序列 s_n 相关联。本书研究文本属性图节点分类问题，给定有标签节点子集 $L \subset V$ 及其标签 y_L，任务是预测无标签子集 $U = V \setminus L$ 的节点标签 y_U。

节点标签可以通过文本信息或图结构信息来预测，代表性的方法分别是语言模型和图神经网络。接下来，本章将介绍这两种方法的核心思想。

7.3.2 基于语言模型的节点分类方法

语言模型基于文本属性 s_n 对节点 n 进行分类,本质上是文本分类问题,其流程形式化表示如下:

$$p_\theta(y_n|s_n) = \text{Cat}(y_n|\text{softmax}(\text{MLP}_{\theta_2}(h_n)))$$
$$h_n = \text{SeqEnc}_{\theta_1}(s_n)$$

其中 SeqEnc_{θ_1} 是文本编码器(例如基于 Transformer 的模型),负责将文本属性 s_n 映射至向量空间 h_n。此后,采用多层感知机 MLP_{θ_2} 和 softmax 函数可以基于节点表示向量 h_n 来预测节点标签分布 y_n。

基于深度学习架构和大规模语料库预训练得到的语言模型在许多文本分类任务中取得了令人瞩目的性能。然而,由于模型规模庞大,其运行成本往往很高。此外,对于每个节点,语言模型只使用其自身文本属性进行分类,忽略了节点间的交互关系,会导致次优结果,尤其是那些自身文本属性稀缺的节点。

7.3.3 基于图神经网络的节点分类方法

图神经网络基于节点间结构关系完成节点分类,具体采用形式化表示如下的信息传递机制:

$$p_\phi(y_n|s_V, A) = \text{Cat}(y_n|\text{softmax}(h_n^{(L)}))$$
$$h_n^{(l)} = \sigma(\text{AGG}_\phi(\text{MSG}_\phi(h_{\text{NB}(n)}^{(l-1)}), A))$$

其中 ϕ 表示图神经网络参数,σ 表示激活函数,$\text{MSG}_\phi(\cdot)$ 和 $\text{AGG}_\phi(\cdot)$ 分别表示信息函数和聚合函数,$\text{NB}(n)$ 表示节点 n 的邻域。对于给定节点的初始文本编码 $h_n^{(0)}$,例如预训练语言模型编码,图神经网络基于信息函数和聚合函数对它们进行迭代更新,从而使学习到的节点表示和预测结果能够很好地捕捉节点之间的结构交互。

借助于消息传递机制,图神经网络能够有效地利用结构信息进行节点分类。尽管在许多图任务上都有很好的表现,但它并不能很好地利用文本信息,因此在邻居较少的节点上,图神经网络的性能往往会受到影响。

7.4 模型框架

本节介绍我们提出的图神经网络和语言模型相结合的方法 GLEM,用于文本属性图中的节点表示学习。现有方法要么存在可扩展性问题,要么在节点分类等下游应用中效果不佳。因此,我们正在寻找一种既有良好的可扩展性,又有良好的学习能力的方法。

为了实现上述目标,我们以节点分类任务为例,提出了 GLEM 方法。GLEM 利用变分期望最大化框架,其中语言模型使用每个节点的文本信息来预测其标签,构建以局部文本属性为条件的标签分布模型;而图神经网络则利用邻域节点的文本信息和标签信息进行标签预测,构建全局条件标签分布。这两个模块通过期望估计步和期望最大化步交替进行优化,模型框架如图 7-1 所示。在期望估计步中,我们固定图神经网络,让语言模型模仿图神经网络推断的伪标签,从而将图神经网络学习到的全局知识提炼到语言模型中。在期望最大化步中,我们固定语言模型,并将语言模型学习到的节点表示作为特征,同样将语言模型推断出的伪标签作为目标,从而优化图神经网络。这样,图神经网络就能有效地捕捉节点的全局相关性,从而实现精确的标签预测。在这种框架下,语言模型和图神经网络可以分开训练,从而可获得更好的可扩展性;同时,在不牺牲模型性能的情况下,可促进语言模型和图神经网络相互增强。

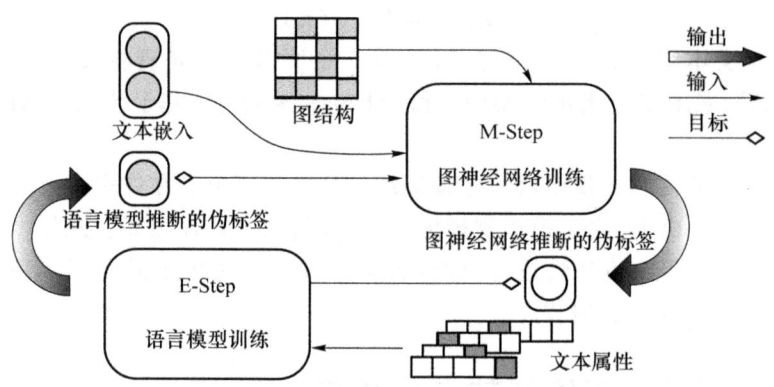

图 7-1 GLEM 在变分期望最大化框架中分别训练图神经网络和语言模型:在期望估计步,训练语言模型预测最终标签和图神经网络伪标签;在期望最大化步,训练图神经网络预测最终标签和语言模型伪标签

7.4.1 伪似然函数变分框架

GLEM 基于伪似然函数变分框架,为模型设计提供了一个指导性的、灵活的形式化方法。该框架尝试针对已知标签的节点来最大化其似然函数 $p(\mathbf{y}_L | \mathbf{s}_V, A)$。由于存在无标签节点,直接优化上述似然函数是不可能的,因此该框架转而优化其证据下界,形式化定义如下:

$$\log p(\mathbf{y}_L | \mathbf{s}_V, A) \geqslant \mathbb{E}_{q(\mathbf{y}_U | \mathbf{s}_U)}[\log p(\mathbf{y}_L, \mathbf{y}_U | \mathbf{s}_V, A) - \log q(\mathbf{y}_U | \mathbf{s}_U)]$$

其中 $q(\mathbf{y}_U | \mathbf{s}_U)$ 是变分分布,且上述不等式对于任意的变分分布 q 成立。优化证据下界函数可以通过迭代优化 q 分布(即期望估计步)和 p 分布(即期望最大化步)来实现。期望估计步的目标是通过更新 q 分布来最小化 $q(\mathbf{y}_U | \mathbf{s}_U)$ 与 $p(\mathbf{y}_U | \mathbf{s}_V, A, \mathbf{y}_L)$ 间的 KL 散度,从而收紧上式中的证据下界。期望最大化步通过更新 p 分布来最大化伪似然函数,其形式化定义如下:

$$\mathbb{E}_{q(\mathbf{y}_U | \mathbf{s}_U)}[\log p(\mathbf{y}_L, \mathbf{y}_U | \mathbf{s}_V, A)] \approx \mathbb{E}_{q(\mathbf{y}_U | \mathbf{s}_U)}\left[\sum_{n \in V} \log p(\mathbf{y}_n | \mathbf{s}_V, A, \mathbf{y}_{V \setminus n})\right]$$

伪似然变分框架提供了使用两种分布来最大化数据似然的形式化方法。这两种分布通过单独的期望估计步和期望最大化步进行训练。因此我们不再需要进行端到端训练,获得了更好的可扩展性,更加符合实际应用场景。接下来,我们介绍如何将 p 分布和 q 分布实例化至图神经网络和语言模型中,并将该框架应用于文本属性图节点分类。

7.4.2 参数化技术

q 分布基于文本属性 $\mathbf{s}_U$ 来定义节点标签分布。GLEM 采用平均场推断技巧,假设不同

节点的标签彼此间独立,且仅依赖于节点自身的文本信息,形式化表示如下:
$$q_\theta(\mathbf{y}_U|\mathbf{s}_U) = \prod_{n\in U} q_\theta(\mathbf{y}_n|\mathbf{s}_n)$$
$q_\theta(\mathbf{y}_n|\mathbf{s}_n)$可以采用参数为$\theta$的Transformer架构语言模型$q_\theta$进行建模。基于Transformer架构的语言模型采用注意力机制来有效捕捉文本间的细粒度交互关系。

此外,p分布定义了条件标签分布$p_\phi(\mathbf{y}_n|\mathbf{s}_V,A,\mathbf{y}_{V\setminus n})$,它基于节点特征$\mathbf{s}_V$、图结构$A$和其他节点标签$\mathbf{y}_{V\setminus n}$来刻画节点$n$的标签分布。由于图神经网络可以通过消息传递机制自然地建模上述标签分布,因此我们将$p_\phi(\mathbf{y}_n|\mathbf{s}_V,A,\mathbf{y}_{V\setminus n})$建模为参数为$\phi$的图神经网络$p_\phi$,以有效建模节点间的结构交互关系。理论而言,图神经网络p_ϕ接收节点文本属性$\mathbf{s}_V$作为输入,输出节点标签分布。然而,节点文本是离散变量,图神经网络无法直接使用。因此,在实际应用中,我们首先用语言模型q_θ对文本属性进行编码,然后将得到的向量化表示作为节点属性的代用变量输入图神经网络p_ϕ。

接下来,我们进一步介绍如何优化语言模型q_θ和图神经网络p_ϕ并让二者相互协作、相互增强。

7.4.3 期望估计步:语言模型优化

在期望估计步中,我们在更新语言模型时固定图神经网络,来最大化证据下界。如此一来,节点间的全局语义相关性就能被提炼到语言模型中。

形式化地,针对语言模型最大化证据下界等价于最小化后验分布与变分分布间的KL散度:
$$\mathrm{KL}(q_\theta(\mathbf{y}_U|\mathbf{s}_U)\|p_\phi(\mathbf{y}_U|\mathbf{s}_V,A,\mathbf{y}_L))$$
然而,上述KL散度中的熵项$q_\theta(\mathbf{y}_U|\mathbf{s}_U)$难以处理,导致无法直接优化KL散度。因此在GLEM中转而采用Wake-Sleep算法来最小化逆KL散度,形式化表示如下:
$$-\mathrm{KL}(p_\phi(\mathbf{y}_U|\mathbf{s}_V,A,\mathbf{y}_L)\|q_\theta(\mathbf{y}_U|\mathbf{s}_U)) = \mathbb{E}_{p_\phi(\mathbf{y}_U|\mathbf{s}_V,A,\mathbf{y}_L)}[\log q_\theta(\mathbf{y}_U|\mathbf{s}_U)] + \mathrm{const}$$
$$= \sum_{n\in U}\mathbb{E}_{p_\phi(\mathbf{y}_n|\mathbf{s}_V,A,\mathbf{y}_L)}[\log q_\theta(\mathbf{y}_n|\mathbf{s}_n)] + \mathrm{const}$$
不难发现,上述优化目标中不存在难以处理的熵项$q_\theta(\mathbf{y}_U|\mathbf{s}_U)$。至此,唯一的困难是如何计算分布$p_\phi(\mathbf{y}_n|\mathbf{s}_V,A,\mathbf{y}_L)$。回顾GLEM中对图神经网络模型功能的定义,它基于节点n的邻居节点标签$\mathbf{y}_{V\setminus n}$来预测节点标签分布$p_\phi(\mathbf{y}_n|\mathbf{s}_V,A,\mathbf{y}_{V\setminus n})$。然而,分布$p_\phi(\mathbf{y}_n|\mathbf{s}_V,A,\mathbf{y}_L)$仅考虑观测到的节点标签$\mathbf{y}_L$,剩余节点标签是未定义的,因此无法直接使用图神经网络模型来计算分布$p_\phi(\mathbf{y}_n|\mathbf{s}_V,A,\mathbf{y}_L)$。GLEM中采用语言模型提供的伪标签来标注无标签节点,从而得到如下的近似:
$$p_\phi(\mathbf{y}_n|\mathbf{s}_V,A,\mathbf{y}_L)\approx p_\phi(\mathbf{y}_n|\mathbf{s}_V,A,\mathbf{y}_L,\hat{\mathbf{y}}_{U\setminus n}),\hat{\mathbf{y}}_{U\setminus n}=\{\hat{\mathbf{y}}_{n'}\}_{n'\in U\setminus n},\hat{\mathbf{y}}_{n'}\sim q_\theta(\mathbf{y}_{n'}|\mathbf{s}_{n'})$$
除此之外,有标签节点可以用于训练语言模型。结合上述优化目标函数,我们得到训练语言模型的完整目标函数:
$$O(\theta) = \alpha\sum_{n\in U}\mathbb{E}_{p_\phi(\mathbf{y}_n|\mathbf{s}_V,A,\mathbf{y}_L,\hat{\mathbf{y}}_{U\setminus n})}[\log q_\theta(\mathbf{y}_n|\mathbf{s}_n)] + (1-\alpha)\sum_{n\in L}\log q_\theta(\mathbf{y}_n|\mathbf{s}_n)$$
其中α是超参数。直观地说,第一项可以看作知识提炼过程,它通过强制语言模型使用邻域文本信息预测标签分布来提升语言模型的学习能力。第二项是有监督目标函数,使用给定的节点标签进行训练。

7.4.4 期望最大化步：图神经网络优化

在图神经网络训练阶段，GLEM 固定语言模型 q_θ，优化图神经网络 p_ϕ，以最大化伪似然函数。

GLEM 将语言模型学习到的节点表示 h_v 输入图神经网络中，作为节点初始表征进行信息传递。注意，上述公式依赖于 q_θ 分布期望，该期望项可以通过从分布 $q_\theta(y_U|s_U)$ 中采样 $\hat{y}_U$ 来近似表示。换言之，GLEM 使用语言模型 q_θ 针对每个无标签节点 $n \in U$ 预测伪标签 $\hat{y}_n$，得到伪标签集合 $\hat{y}_U$。基于语言模型节点表示和伪标签集合，伪似然函数可以重写如下：

$$O(\phi) = \beta \sum_{n \in U} \log p_\phi(\hat{y}_n|s_v, A, y_L, \hat{y}_{U\setminus n}) + (1-\beta) \sum_{n \in L} \log p_\phi(y_n|s_v, A, y_{L\setminus n}, \hat{y}_U)$$

其中 β 是控制优化项权重的超参数。同样，第一项可以看作知识提炼过程，通过伪标签将语言模型学习到的知识注入图神经网络。第二项是简单的监督损失，我们使用观察到的节点标签训练图神经网络模型。

期望最大化算法的运行流程如图 7-1 所示。优化过程迭代执行期望估计步和期望最大化步。在期望估计步中，图神经网络预测的节点伪标签与观察到的节点标签一起用于语言模型训练。在期望最大化步中，语言模型为图神经网络提供文本向量表示和伪标签，分别作为标签预测的输入和目标。训练完成后，期望估计步中的语言模型（记为 GLEM-LM）和期望最大化步中的图神经网络（记为 GLEM-GNN）都可以用于节点标签预测。

7.5 实　　验

在本节，我们将进行实验来评估所提出的 GLEM 框架，其中考虑了两种设置。第一种设置是直推式节点分类，即给定文本属性图中的几个有标签节点，模型目标是对其余节点进行分类。第二种设置是与结构无关的归纳式设置，模型目标是将在有标签节点上训练的预测能力转移到未观察到的节点上。所谓未观察节点，是指模型只观察到其文本属性，而其邻居节点未知。

7.5.1 实验设置

1. 数据集

实验中使用了 3 个文本属性图节点分类基准数据集，包括 ogbn-arxiv、ogbn-products 和 ogbn-papers100M。上述数据集的统计数据如表 7-1 所示。

表 7-1　OGB 数据集的统计数据

数据集	节点数量	边数量	节点度均值	训练/验证/测试/%
Arxiv	169 343	1 166 243	13.7	54/18/28
Products	2 449 029	61 859 140	50.5	8/2/90
Papers	11 059 956	1 615 685 872	29.1	78/8/14

2. 基线模型

我们将 GLEM-LM 和 GLEM-GNN 与语言模型、图神经网络以及将两者结合的方法进行了比较。对于语言模型,我们采用 DeBERTa 作为预训练模型,在有标签节点上对其进行微调,将微调模型记为 LM-F$_t$。对于图神经网络,我们选择了一些著名的模型,包括 GCN 和 GraphSAGE。另外还包括 3 个在排行榜上排名靠前的基线模型,即 RevGAT、GAMLP 和 SAGN。对于每个图神经网络,我们尝试了不同类型的节点特征,包括:①OGB 数据集的原始特征,记为 X_{OGB};②由预训练 DeBERTa-base 模型进行推断的语言模型表示向量,记为 X_{PLM};③GIANT 特征,记为 X_{GIANT}。

3. 实现细节

我们采用 DeBERTa 作为语言模型实例,并对其进行节点分类微调,作为语言模型初始参数,并进一步推断文本表示向量和第一个图神经网络期望最大化步的伪标签预测结果。在第一个语言模型期望估计步迭代中,我们使用预训练的图神经网络预测结果(例如原始图神经网络预测结果)作为伪标签。根据 GLEM-GNN 的验证集准确率选择最佳期望最大化迭代。在优化过程中,GLEM 可以从期望估计步或期望最大化步开始。为了获得更好的性能,我们让准确度更高的模块生成伪标签,来指导训练另一个模块。例如,如果预训练的图神经网络优于预训练的语言模型,我们就从期望估计步(即语言模型训练)开始。为了与其他特征学习方法(如 GIANT)进行公平比较,图神经网络的超参数设置为论文或官方资料库中描述的最佳设置,其他参数通过网络搜索进行调整。

7.5.2 直推式节点分类

1. 主实验结果

我们将评估 GLEM 在直推式设置环境中的预测结果。表 7-2 列出了在 3 个 OGB 数据集上的评估结果。对于语言模型而言,我们发现微调语言模型(LM-Ft)的结果很有竞争力,这揭示了文本属性在文本属性图节点分类任务中的重要性。通过进一步利用结构信息进行信息传递,我们的方法(GLEM-LM)比语言模型有了显著的改进,这证明了 GLEM 相较于语言模型更有优势。

表 7-2 Arxiv 和 Products 数据集的节点分类准确率比较

数据集	模型		GNN					LM		
			X_{OGB}	X_{GIANT}	X_{PLM}	GLEM-GNN	G↑	LM-Ft	GLEM-LM	L↑
Arxiv	GCN	val	73.00±0.17	74.89±0.17	47.56±1.91	76.86±0.19	3.86	75.27±0.09	76.17±0.47	0.90
		test	71.74±0.29	73.29±0.10	48.19±1.47	75.93±0.19	4.19	74.13±0.04	75.71±0.24	1.58
	SAGE	val	72.77±0.16	75.95±0.11	56.16±0.46	76.45±0.05	3.68	75.27±0.09	75.32±0.08	0.6
		test	71.49+0.27	74.35±0.14	56.39±0.82	75.50±0.24	4.01	74.13±0.04	74.53±0.12	1.44
	GAMLP	val	62.20±0.11	75.01±0.02	71.14±0.19	76.95±0.14	14.75	75.27±0.09	75.64±0.30	0.44
		test	56.53±0.02	73.35±0.14	70.15±0.22	75.62±0.23	19.09	74.13±0.04	74.48±0.41	2.04
	RevGAT	val	75.01±0.10	77.01±0.09	71.40±0.23	77.49±0.17	2.48	75.27±0.09	75.75±0.07	0.48
		test	74.02±0.18	75.90±0.19	70.21±0.30	**76.97±0.19**	2.95	74.13±0.04	75.45±0.12	1.32

续表

数据集	模型		GNN					LM		
			X_{OGB}	X_{GIANT}	X_{PLM}	GLEM-GNN	G↑	LM-Ft	GLEM-LM	L↑
Products	SAGE	val	91.99±0.07	93.47±0.14	86.74±0.31	93.84±0.12	1.85	91.82±0.11	92.71±0.15	0.71
		test	79.21±0.15	82.33±0.37	71.09±0.65	83.16±0.19	3.95	79.63±0.12	81.25±0.15	1.61
	GAMLP	val	93.12±0.03	93.99±0.04	91.65±0.17	94.19±0.01	1.07	91.82±0.11	90.56±0.04	−1.26
		test	83.54±0.09	83.16±0.07	80.49±0.19	85.09±0.21	1.55	79.63±0.12	82.23±0.27	2.60
	SAGN+	val	93.02±0.04	93.64±0.05	92.78±0.04	94.00±0.03	0.98	91.82±0.11	92.01±0.05	0.21
		test	84.35±0.09	86.67±0.09	84.20±0.39	**87.36±0.07**	3.01	79.63±0.12	84.83±0.04	5.17
Papers	GAMLP	val	71.17±0.14	72.70±0.07	69.78±0.07	71.71±0.09	0.54	68.05±0.03	69.94±0.16	1.89
		test	67.71±0.20	69.33±0.06	65.94±0.10	68.25±0.14	0.54	63.52±0.06	64.80±0.06	1.78
	GAMLP+	val	71.59±0.05	73.05±0.04	69.87±0.06	73.54±0.09	1.95	68.05±0.03	71.16±0.45	3.11
		test	68.25±0.11	69.67±0.05	66.36±0.09	**70.36±0.02**	2.11	63.52±0.06	66.71±0.25	3.19

注：mean±std%，最佳结果用粗体表示，第二名用下划线表示。G↑表示 GLEM-GNN 相对于在 X_{OGB} 上训练的相同图神经网络的提升；L↑表示 GLEM-LM 相对于 LM-Ft 的改进。"+"表示在原始图神经网络模型中实施了额外的技巧。

对于基于图神经网络的方法而言，我们发现使用 OGB 节点表示 X_{OGB} 和 GIANT 节点表示 X_{GIANT} 作为输入都能够得到很好的预测结果，即使这些表示在训练过程中保持不变。GLEM 通过动态更新语言模型来为图神经网络生成更有效的节点表示和伪标签，GLEM-GNN 在大多数情况下都明显优于其他使用固定节点表示的方法。值得注意的是，在 OGB 基准数据集上的评估表明，GLEM-GNN 在 3 个文本数据集上都取得了最佳结果。

2. 可扩展性

融合语言模型和图神经网络的一个关键挑战就是可扩展性。当使用参数量较大的语言模型时，结合后的方法将面临严重的可扩展性问题。GLEM 所提出的基于期望最大化的优化范式改善了这一难题，使其能够适应大型语言模型。为了验证 GLEM 的可扩展性，我们在 ogbn-arxiv 数据集上用 DeBERTa-large 训练了 GLEM。表 7-3 的结果表明，GLEM 能够以大约 0.4B 的参数泛化到 DeBERTa-large，这证明了其具有极佳的可扩展性。此外，对于每一个语言模型，应用 GLEM 框架都能得到一致的改进，这有力地证明了该框架的有效性。

表 7-3 不同规模语言模型在 Arxiv 数据集上的性能对比（RevGAT 模型作为图神经网络骨干模型）

模型	验证集准确率	测试集准确率	参数数量
GNN-X_{OGB}	75.01±0.10	74.02±0.18	2 098 256
GNN-X_{GIANT}	77.01±0.09	75.90±0.19	1 304 912
GLEM-GNN-base	77.49±0.17	76.97±0.19	1 835 600
GLEM-GNN-large	77.92±0.06	77.62±0.16	2 228 816
LM-base-Ft	75.27±0.09	74.13±0.04	138 632 488
LM-large-Ft	75.08±0.06	73.81±0.08	405 204 008
GLEM-LM-base	75.75±0.07	75.45±0.12	138 632 488
GLEM-LM-large	77.16±0.04	76.80±0.05	405 204 008

7.5.3 无结构的归纳式节点分类

除了直推式设置,归纳式节点分类也很重要,其目标是在可观察节点上训练模型,然后将模型泛化到未观察到的节点上。诸多实际案例表明,这些新节点往往是低度节点,甚至是孤立节点,这意味着模型很难利用结构信息进行节点分类。因此,我们构建了一种极具挑战性的问题情景,即无结构归纳式设置。该设置假设对于每个测试节点,模型只能观察到其文本属性,而没有任何相连的邻居。我们评估了不同类型的节点标签预测方法,包括图神经网络模型(记为GNN)、不使用结构信息的神经网络模型(记为MLP)和本书提出的GLEM,结果如表7-4所示。

表7-4 ogbn-arxiv 和 ogbn-products 数据集的无结构归纳式节点分类性能对比

类型		Arxiv			Products		
		w/struct	wo struct	diff	w/struct	wo struct	diff
MLP	X_{OGB}	57.65±0.12	55.50±0.23	−2.15	75.54±0.14	61.06±0.08	−14.48
	X_{LM-Ft}	74.56±0.01	72.98±0.06	**−1.58**	91.79±0.01	79.93±0.22	−11.86
	X_{GLEM}-light	75.20±0.03	73.32±0.31	−1.88	91.96±0.01	79.38±0.14	−12.58
	X_{GLEM}-deep	75.57±0.03	**73.90±0.08**	−1.67	91.85±0.02	**80.04±0.15**	**−11.81**
GNN	X_{OGB}-light	70.73±0.02	48.59±0.19	−22.14	90.54±0.04	51.23±0.17	−39.31
	X_{GLEM}-light	76.73±0.02	73.94±0.03	−2.79	92.95±0.03	78.75±0.39	−14.20
	X_{OGB}-deep	72.67±0.02	50.92±0.19	−21.75	91.85±0.11	32.71±2.23	−59.14
	X_{GLEM}-deep	76.79±0.06	**74.29±0.11**	−2.50	93.22±0.03	**79.81±0.01**	**−13.41**
LM	Fine-tune	75.27±0.09	74.13±0.04	−1.14	91.82±0.11	79.63±0.12	−12.19
	GLEM-light	75.49±0.11	74.50±0.16	**−0.99**	91.90±0.06	79.53±0.13	−12.37
	GLEM-deep	75.59±0.08	**74.60±0.05**	**−0.99**	91.81±0.04	**79.69±0.51**	**−12.12**

注:结果包括验证精确度和测试精确度(以 w/struct 和 wo struct 表示)及其相对差异(越小越好)。粗体数字表示每组中的最优性能。

可以看出,无结构的归纳式节点分类是一项更具挑战性的任务,尤其是对于图神经网络模型来说,其性能会明显下降。同时,通过与图学习的有效融合,GLEM-LM 能够考虑局部语义以及邻近的结构信息,从而实现更准确的无结构归纳式节点分类预测。此外,表 7-4 中 MLP 和 LM 部分的 X_{GLEM}-deep 表明,GLEM 提供的节点表示向量还能提高其他模型的预测性能,赋予神经网络模型和语言模型更好的无结构推理能力。

7.5.4 训练范式对比

如前所述,除了直接对语言模型进行微调(记为 LM-Ft)之外,还有其他将图神经网络与语言模型相融合的训练范式。一种训练范式使用固定的语言模型生成节点表示向量,供图神经网络进行节点分类标签预测(记为 Static)。另一种训练范式将信息传递限制在少数采样邻居中,从而降低内存成本(记为 Joint)。我们将本书提出的范式 GLEM 与其他现有训练范式进行比较。对于每个范式,我们选择两个模型进行训练,结果见表 7-5。

表 7-5 融合语言模型与图神经网络的不同训练范式对比

数据集	Metric	LM-Ft DeBERTa-base	Static SAGE-XOGB	Joint		GLEM	
				joint-BERT-tiny	GraphFormers	GLEM-GNN	GLEM-LM
Arxiv	val. acc.	75.27±0.09	72.77±0.16	71.58±0.18	73.33±0.06	76.45±0.05	75.32±0.04
	test acc.	74.13±0.04	71.49±0.27	70.87±0.12	72.81±0.20	75.50±0.24	74.53±0.12
	parameters	138 632 488	218 664	110 694 592	110 694 592	545 320	138 632 488
	max bsz.	30	all nodes	200	180	all nodes	30
	time/epoch	2 760 s	0.09 s	1 827 s	4 824 s	0.13 s	3 801 s
Products	val. acc.	91.82±0.11	91.99±0.07	90.85±0.12	91.77±0.09	93.84±0.12	92.71±0.15
	test acc.	79.63±0.12	79.21±0.15	73.13±0.11	74.72±0.16	83.16±0.19	81.25±0.15
	parameters	138 637 871	206 895	110 699 975	110 699 975	548 911	138 637 871
	max bsz.	30	all nodes	100	100	80 000	30
	time/epoch	5 460 s	8.1 s	8 456 s	12 574 s	153 s	7 740 s

注：最大批处理数量(max bsz.)和时间/轮次(time/epoch)是单个 NVIDIA Tesla V100 32GB GPU 的测试结果。

我们可以看出，一方面，虽然静态训练范式的效率最高，但固定的语言模型导致模型整体的学习能力受限，所以其分类准确率并不高；另一方面，由于图结构的缩小，联合训练范式的效率和效果最差。最后，由于我们提出的 GLEM 范式能够促进语言模型和图神经网络的协同工作，因此取得了最佳的分类性能。同时，在效率方面，我们的范式接近于静态训练。总的来说，我们提出的 GLEM 训练范式能够在不牺牲效率的前提下取得比其他训练范式更好的节点分类结果。

7.5.5 收敛性分析

GLEM 框架利用变分期望最大化算法进行优化，该算法在每次迭代中由期望估计步训练 GLEM-LM，由期望最大化步训练 GLEM-GNN。在此，我们通过观察 ogbn-arxiv 和 OGB-Products 数据集上的验证准确度曲线来分析 GLEM 的收敛性。图 7-2 所示的 GLEM 在 OGB 数据集上的收敛性分析表明，在每一个期望估计步和期望最大化步中，GLEM-GNN 和 GLEM-LM 的性能都会持续上升直至最高点，并在较少迭代轮次后收敛。值得注意的是，GLEM 在 ogbn-arxiv 数据集上只需要一次迭代就能收敛，这是极其高效的。

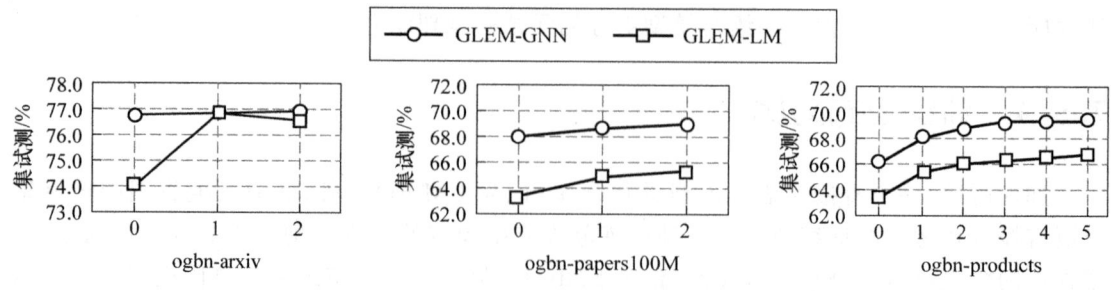

图 7-2 GLEM 在 OGB 数据集上的收敛性分析

7.6 本章小结

在文本属性图的研究范畴内,每个节点均被赋予了一个具有丰富语义内涵的文本描述,这一特性使得 TAG 成为探索文本与图结构交织复杂关系的重要载体。针对 TAG 的有效学习,一个理想的解决方案旨在深度融合文本信息、图结构信息的内在价值,同时充分利用语言模型在图语义捕捉上的优势与图神经网络在图结构表示学习中的专长。然而,由于 LM 与 GNN 联合训练过程中涉及的计算密集性与资源消耗,特别是在面对大规模 TAG 时,这一方法的实现面临着显著的计算复杂度挑战,极大地限制了其实际应用场景的拓展。

鉴于此,本书聚焦于探索一种高效且可扩展的融合策略,旨在将 LM 与 GNN 有机结合,以推动大规模 TAG 中节点表示学习的研究进程。为此,我们提出了一种创新的解决方案——GLEM,该模型根植于伪似然变分推断框架,巧妙地借鉴了变分期望最大化(Variational Expectation Maximization,VEM)原理。GLEM 通过交替执行期望估计步骤与期望最大化步骤,分别优化语言模型与图神经网络,有效地避免了在大规模 TAG 上直接并行训练这两个复杂模块的需求,从而显著地提升了算法的可扩展性。

GLEM 的学习机制核心在于促进 LM 与 GNN 之间的深度交互与协同增强。在训练过程中,两个模块通过相互学习对方预测的伪标签(pseudo-labels)来不断迭代优化自身。具体而言,图神经网络首先利用图结构信息生成初步节点表示,这些表示随后被用作语言模型的输入,辅助其更精准地理解节点文本描述的深层含义。反过来,语言模型生成的增强文本表示也被反馈回图神经网络,进一步丰富节点表示中的语义特征。这种双向的、迭代的交互过程不仅加深了模型对 TAG 整体结构的理解,还促进了图学习与语言学习之间的无缝融合。

为了全面验证 GLEM 在大规模 TAG 学习中的性能与效率,我们精心设计了涵盖直推式与归纳式两种情景设置的实验框架,并在多个基准数据集上实施了详尽的测试。实验结果表明,GLEM 不仅在节点表示学习的准确性上展现出了显著优势,还能够在保持高效计算效率的同时,有效应对大规模 TAG 的挑战,为文本属性图学习领域的研究与实践提供了有力的支撑。

第 8 章
基于高频感知分层对比选择性编码的文本属性图表示学习

8.1 引 言

图在现实世界中无处不在,并且这些图中的节点通常带有文本属性,从而产生了文本属性图。例如,学术图包含带有标题和摘要的论文,而社交媒体网络则包括带有文本内容的推文。因此,在文本属性图领域进行学习的研究在多个领域(例如网络分析、推荐系统和异常检测)中都变得非常重要。

从本质上讲,图的拓扑结构和节点属性是文本属性图的两个不可或缺的组成部分。因此,文本属性图上表示学习的关键在于将图的拓扑结构和节点属性融合在一起。以前的工作主要采用级联架构,如图 8-1(a)所示,这需要用预训练语言模型对每个节点的文本属性进行编码,随后利用 PLM 嵌入作为特征来训练用于消息传播的图神经网络。然而,由于节点属性和图拓扑结构的建模是分离的,这种学习范式具有明显的局限性。首先,在生成节点的文本表示时,没有利用连接两个节点的链接。实际上,连接的节点在文本语义理解方面可以相互受益。例如,给定一篇关于"LDA"的论文及其与主题建模相关的引用节点,"LDA"更有可能被解释为"潜在狄利克雷分配"而不是"线性判别分析"。此外,这种范式可能会产生与下游任务不相关的文本嵌入,从而阻碍模型学习适用于此类任务的节点表示的能力。而且鉴于图的拓扑结构的形成本质上是由节点属性驱动的,这种范式可能会对图拓扑结构的理解产生不利影响。

图在现实世界中无处不在,广泛地应用于各种复杂的系统中,例如社交网络、推荐系统和学术研究等。在这些图中,节点往往携带文本属性,这种结合形成了文本属性图。例如,学术图中每个节点都可能代表一篇论文,附带有标题、摘要及关键词,而社交媒体网络则可以包含带有文本内容的推文或评论。这使得在文本属性图领域的学习研究在多个领域中变得尤为重要,如网络分析、推荐系统和异常检测等。

从本质上讲,文本属性图的两个核心组成部分是图的拓扑结构和节点的文本属性。图的拓扑结构提供了节点之间的关系信息,而节点的文本属性则为每个节点都提供了丰富的上下文信息。因此，文本属性图上的表示学习的关键在于有效地将图的拓扑结构与节点属性进行融合，以实现更深入的特征学习和理解。

传统的研究方法主要采用级联架构，使用预训练语言模型（PLM）对每个节点的文本属性进行编码，然后利用这些 PLM 嵌入作为特征来训练图神经网络进行消息传播。然而，这种分离的建模方式存在明显的局限性。首先，在生成节点的文本表示时，这种方法并未充分利用连接节点之间的边。实际上，图中相连的节点在文本语义理解上可以互相增强。例如，考虑一篇关于"LDA"的论文及其相关引用节点，若将其与主题建模的其他节点连接在一起，"LDA"更有可能被理解为"潜在狄利克雷分配"而非"线性判别分析"。这种语义互联性表明，节点之间的关系可以显著地影响对文本内容的理解。其次，级联架构可能会生成与下游任务不相关的文本嵌入，这不仅限制了模型对节点表示的学习能力，还可能导致信息的丢失或误导。在实际应用中，这种不相关性可能会影响到推荐系统的效果，导致系统对用户偏好的理解不准确，进而影响推荐质量。此外，图的拓扑结构的形成本质上是由节点属性驱动的，这种分离的学习范式可能会对图的拓扑结构的理解产生负面影响，导致对整体图结构的把握不够全面。

幸运的是，近年来已经有人在一个统一的学习框架中努力共同训练图神经网络和语言模型。例如，GraphFormers 引入了嵌套图神经网络的变换器，促进了文本和节点特征的联合编码，而 Heterformer 则将图聚合模块和基于变换器的文本编码模块交替堆叠，形成一个紧密结合的模型，以捕获网络的异质性。这些创新尽管已显示出有效性，但仍受到两个主要缺点的阻碍，这可能降低表示学习的质量。

首先，现有方法通常采用有监督的训练方式，这要求有大量的标记数据。然而，在许多科学领域，标记数据的稀缺和获取的高昂成本成了一大挑战。其次，现有方法仅依赖有限的优化目标来学习整个模型。在联合训练图神经网络和语言模型的过程中，相关参数通常是通过受约束的优化目标进行学习的。研究表明，这种优化方式无法捕获文本特征与图形模式之间的细粒度相关性，因此，以无监督或自监督的方式学习图表示显得越发重要。

为了解决上述挑战，我们借鉴了对比学习的概念，以增强文本属性图上的表示学习。对比学习通过拉近正样本对之间的距离，同时保持负样本对之间的距离，优化表示的质量。考虑数据稀疏性和有限的监督信号是现有联合训练方法面临的两个主要障碍，对比学习似乎为这两个问题提供了一个有前途的解决方案：它利用内在的数据相关性来设计辅助训练目标，并通过大量自监督信号增强数据表示。

在实际应用中，利用对比学习在文本属性图上进行表示学习并非易事，主要面临以下 3 个挑战。①如何设计一个利用文本属性图独特数据特性的学习框架？文本属性图中的上下文信息以多种形式和不同的内在特征表现出来，例如标记、节点或子图，这些特征之间本质上呈现出复杂的层次结构。此外，这些层次结构相互依赖并相互影响。如何有效地利用文本属性图的这些独特特性，仍然是一个未解决的问题。②如何设计有效的对比任务？仅依靠文本属性图的层次拓扑视图来获得充分包含语义的有效节点嵌入是不够的。在文本属性图中，图的拓扑视图与文本语义视图能够相互增强，这表明了探索跨视图对比机制的重要性。此外，文本属性图中的层次结构可以为选择具有相似语义的正样本对和具有不同语义的负样本对提供有价值的指导，而现有研究对此方面的关注有限。③如何学习有区分性的表示？在开发对比学习框架时，我们从近年来提出的频谱对比学习方法中获得了灵感，该方法在坚实的理论保证下优于多个对比基线。然而,我们发现,从频谱角度来看,频谱对比损失主要集中于学习图的低频成分(LFC),而显著地减弱了高频成分(HFC)的影响。近年来研究表明,低频成分并不总是包含最重要的信息,过度关注低频成分可能导致过平滑问题,使得节点表示收敛到相似的值,进而阻碍其区分能力。因此,需要更多的探索来结合高频成分,以学习更具区分性的嵌入。

为此,我们提出了一种新颖的高频感知频谱分层对比选择性编码框架(HASHCODE),旨在增强文本属性图表示学习。基于图神经网络和编码器架构,我们建议使用自监督信号对 GNN 和编码器进行联合训练〔如图 8-1(b)所示〕。该框架的主要创新在于对比联合训练阶段。具体而言,我们设计了 5 个自监督优化目标,以捕获文本属性图中的分层内在数据相关性。这些优化目标是在对比学习的统一框架内开发的,确保了模型的灵活性和有效性。此外,我们提出了一种简洁地表示为对比学习目标的损失函数,并伴随着强大的理论保证。最小化这一目标可以生成更具区分性的嵌入,进而在低频成分和高频成分之间取得平衡。通过这些创新,所提出的方法能够有效地表征不同粒度或不同形式之间的相关性,为文本属性图的表示学习提供了新的思路和方法。这一研究不仅推动了对比学习在文本属性图领域的应用,也为相关领域的进一步研究奠定了基础。我们的主要贡献总结如下。

- 我们提出了 5 个自监督优化目标,以最大化不同形式或粒度的上下文信息的互信息。
- 我们从频谱域的角度系统地研究了频谱对比损失的基本局限性。我们证明了它学习低频分量,并提出了一种高频感知的对比学习目标,使学习到的嵌入更具区分性。
- 在 3 个百万规模的文本属性图数据集上进行的大量实验证明了我们提出方法的有效性。

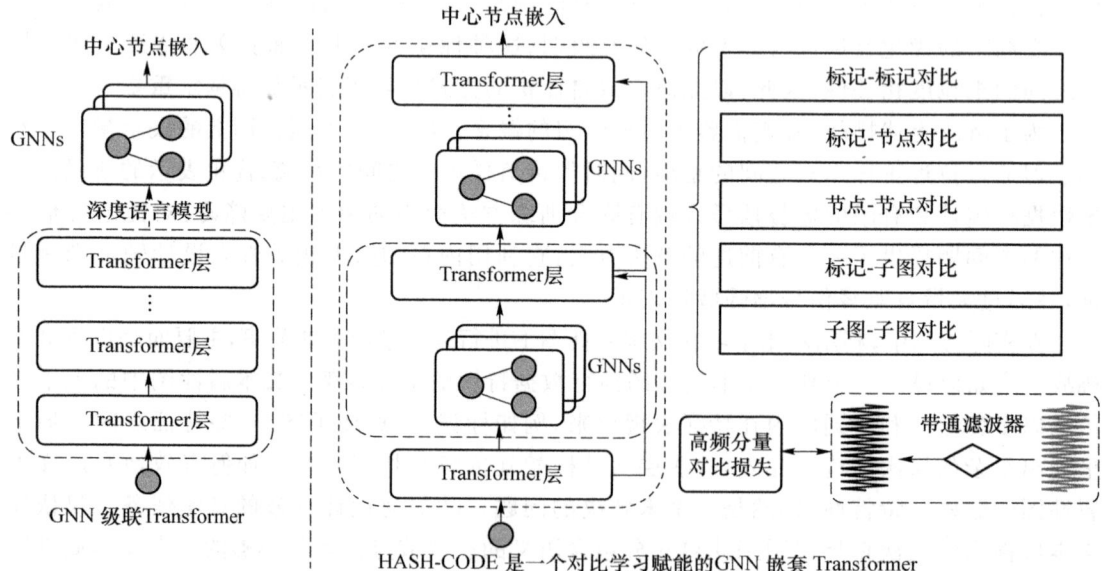

注:右下角虚线内右侧和左侧的线条表示从频谱角度来看的原始图信号以及混合的低频分量和高频分量信号。

图 8-1 (a) GNN 级联编码器的图示;(b)我们提出的对比学习赋能的 GNN 嵌套编码器的图示

8.2 相关工作

8.2.1 文本属性图上的表示学习

文本属性图上的表示学习在多个领域,如自然语言处理(NLP)、信息检索(IR)和图学习,成了一个重要的研究方向。要获得高质量的 TAG 表示,必须结合自然语言理解和图表示技术。近年来,预训练语言模型和图神经网络的进展极大地推动了这方面方法的发展。

许多早期的研究采用了"级联架构",即每个节点的文本信息先由一个编码器(如预训练的语言模型)进行独立编码,然后再通过图神经网络对节点表示进行聚合。这种方式利用了两种模型的内在优势:语言模型擅长处理文本信息,而图神经网络擅长建模节点间的关系。然而,这种架构有一个主要的局限性,即在图神经网络训练时,预训练语言模型生成的嵌入通常不可训练。这种不可调整的嵌入无法满足具体任务的需求以及图的拓扑结构,导致模型性能受到不利影响,尤其是在需要结合上下文信息进行更精细的语义建模时。

为克服这些局限性,研究人员开始探索协同训练 GNN 和 PLM 的统一框架。与传统的分开训练不同,协同训练通过联合优化的方式,同时学习文本和图的表示。这种方法不仅能让语言模型的嵌入在任务上下文中进行微调,还能更紧密地结合图的拓扑结构来提升整体表示能力。例如,GraphFormers 提出了嵌套编码器,将图聚合过程与文本特征编码结合起来,实现了同时编码文本和节点信息的能力。Heterformer 则通过交替堆叠图聚合模块和基于编码器的文本编码模块来捕捉网络中的异质性结构。这些方法的核心思想是,在统一模型中利用不同的模块分担不同的任务:文本编码模块处理语言信息,图聚合模块捕捉图的结构特征。

尽管这些协同训练方法在捕捉文本与图的复杂交互方面取得了一定进展,但它们通常依赖于单一的优化目标来学习整个模型的表示。这样的方法可能难以充分挖掘文本模式与图模式之间的细粒度关联。因此,未来的研究可以探索多目标优化,甚至是引入对比学习等方法,以增强模型在不同模式下的辨别能力和泛化能力。

8.2.2 对比学习

对比学习(contrastive learning)是一种通过从不同的视角或输入增强中获取表示,来提升模型泛化能力的方法。在这一框架中,模型的核心目标是最小化对比损失(InfoNCE Loss),即通过拉近同一数据样本的不同视图并推开不同数据样本的视图,来获得更好的数据表示。在具体实践中,这种方法已经被证明能够在多种下游任务上取得优异表现。通过对比学习所获得的通用表示不仅能够增强模型的泛化能力,还可以用于各种监督或无监督任务,提升模型在任务上的适应性和表现力。在图上节点表示学习中,对比学习同样展现出了强大的潜力。例如,DGI(Deep Graph Infomax)将局部补丁与全局摘要构建为正对,从而通过最小化局部和全局表示之间的对比损失,提升图结构中的节点表示能力。GMI(Graph

Mutual Information)则更进一步,旨在通过对比中心节点及其局部补丁,来同时考虑节点的特征和拓扑结构。这一方法使得节点在嵌入空间中的表示更加鲁棒,同时能够更好地捕捉局部结构信息。另一种方法 MVGRL(Multi-View Graph Representation Learning)则探索了在不同视图之间进行对比学习的可能性,通过结合图的多种视角来提高模型对图中节点表示的理解,从而捕捉更全面的信息。

对比学习的优势在于其能够从无监督数据中提取有用的表示,而这些表示对于许多实际任务,如分类、聚类以及节点分类等,都是至关重要的。通过对比相似和不相似的数据分布,模型可以学习到更加区分性和鲁棒的特征,这使得它在各类任务中展现出强大的性能。

对比学习在实证研究中的成功引发了大量关于其理论基础的探索。对比学习的理论研究试图解释为何这种方法能够在各种任务中表现优异,以及其内在的工作机制。大多数的理论研究将模型视为一个"黑箱",通过分析对比损失函数的性质及其优化行为来揭示对比学习的本质。例如,一些工作使用线性模型来研究所学习的表示,试图从几何和统计角度理解对比学习所捕捉到的特征空间结构。特别值得关注的是,一些研究对对比学习在图结构数据上的表现进行了深入分析。例如,近年来的研究引入了频谱对比损失(spectral contrastive loss),该方法从图的频谱角度出发,对比了不同频率分量的学习情况。通过将频谱对比损失引入图的对比学习框架中,研究人员发现该方法主要学习图的低频分量,从而捕捉图的整体结构。然而,频谱对比损失忽视了高频分量的学习,导致在捕捉图的局部信息时存在局限性。

与现有的工作不同,我们首次尝试将文本属性图中的上下文信息视为自监督信号。具体而言,我们的研究强调了标记、节点和子图视图之间的互信息最大化。这些视图分别覆盖了上下文信息中的不同粒度级别,通过同时考虑这些不同层级的信息,我们能够学习到更具层次性的图表示。为了进一步提升对比学习的表现,我们引入了高频感知损失(high-frequency aware loss),该损失旨在补充现有方法对高频信息的忽视,从而提高模型对局部结构信息的捕捉能力。我们的方法不仅通过整合频谱信息进行对比学习,还引入了上下文信息的多层次建模,使得所学习的表示更具区分性。这种表示学习能够更好地适应复杂的下游任务,并展现出优异的性能。通过实验验证,我们证明了高频感知损失能够显著地提升节点表示的质量,从而在多个下游任务中表现出色。我们的研究为图结构数据上的对比学习开辟了新的方向,并为未来基于文本属性图的表示学习研究奠定了基础。

8.3 预备知识

在本节中,首先给出文本属性图的定义,并阐述文本属性图上的节点表示学习问题,然后介绍我们提出的高频感知频谱对比损失。

8.3.1 定义(文本属性图)

文本属性图被定义为 $\mathcal{G}=(\mathcal{V},\mathcal{E})$,其中 $\mathcal{V}=\{v_1,\cdots,v_N\}$,$\mathcal{E}$ 分别表示节点集和边集。令 $\mathbf{A}\in \mathbf{R}^{N\times N}$ 为图的邻接矩阵,若 $v_j\in\mathcal{N}(v_i)$,则 $A_{i,j}=1$,否则 $A_{i,j}=0$。这里 $\mathcal{N}(\cdot)$ 表示一个节点的一跳邻居集合。此外,每个节点 v_i 都与文本信息相关联。

8.3.2 问题陈述

给定一个文本属性图 $\mathcal{G}=(\mathcal{V},\mathcal{E})$，任务是构建一个具有参数 θ 的模型 $f_\theta:\mathcal{V}\to R^K$，以学习节点嵌入矩阵 $F\in R^{N\times K}$，同时考虑网络结构和文本语义，其中 K 表示特征通道的数量。学习到的嵌入矩阵 F 可以进一步用于下游任务，例如链路预测、节点分类等。

8.3.3 高频感知频谱对比损失

我们方法中的一个重要技术是高频感知频谱对比损失。它是在对传统频谱对比损失进行分析的基础上开发出来的。给定一个节点 v，传统的频谱对比损失定义为

$$\mathcal{L}_{\text{Spectral}}(v,v^+,v^-)=-2\cdot E_{v,v^+}\left[f_\theta(v)^\mathrm{T} f_\theta(v^+)\right]+E_{v,v^-}\left[(f_\theta(v)^\mathrm{T} f_\theta(v^-))^2\right]$$

其中 (v,v^-) 是节点 v 的一对正视图，(v,v^-) 是一对负视图，f_θ 是从节点到 R^K 的参数化函数。最小化 $\mathcal{L}_{\text{Spectral}}$ 误差函数等价于总体视图上的频谱聚类，其中拉普拉斯矩阵最小的几个特征向量被保留为最终嵌入矩阵 F 的列。

可以从频谱的角度证明，$\mathcal{L}_{\text{Spectral}}$ 主要学习图的低频分量，极大地削弱了高频分量的影响。近年来的研究表明，低频分量不一定包含最重要的信息，并且最终会导致过平滑问题。

作为这种低通滤波器的替代方案，为了引入高频分量，我们提出了高频感知频谱对比损失：

$$\mathcal{L}_{\text{HFC}}(v,v^+,v^-)=-2\alpha\cdot E_{v,v^+}\left[f_\theta(v)^\mathrm{T} f_\theta(v^+)\right]+E_{v,v^-}\left[(f_\theta(v)^\mathrm{T} f_\theta(v^-))^2\right]$$

其中 α 用于控制图中的高频分量比例。

初步查看时，可能会发现我们的公式 $\mathcal{L}_{\text{HFC}}$ 与 $\mathcal{L}_{\text{Spectral}}$ 非常接近。值得注意的是，主要的区别在于参数 α 的引入。然而，这并非仅仅是一个无关紧要的添加；它源于复杂的数学考量，并且与 $\mathcal{L}_{\text{Spectral}}$ 出人意料地一致，能够对图中的高频分量比例进行细致的控制。最小化我们的 $\mathcal{L}_{\text{HFC}}$ 会产生更具区分性的嵌入，在低频分量和高频分量之间实现平衡。

8.4 方 法

8.4.1 概述

现有研究大多依赖有监督的优化目标，主要集中于序列和图形特征的建模，忽视了对数据内部相关性的更全面探索。受对比学习最新进展的启发，我们提出了一种全新的方法，从多视角对比原始数据，挖掘其内在相关性，提供更具表达力的表征。该方法的核心思想是结合多个精心设计的自监督学习目标，旨在增强图神经网络和预训练语言模型的表现力。与传统方法不同，我们不仅仅依赖显性标签或监督信号，而是通过捕捉输入数据的多层次结构和语义信息，挖掘其内部关联。在这一框架中，特别关注那些在输入特征中反映的隐含相关信号，作为构建自监督目标的基础。

如图 8-2 所示,我们的方法通过不同粒度的信息进行建模,包括标记级别、节点级别和子图级别。每一个粒度的信息都被视为原始输入的不同视图,这些视图提供了多样的上下文和结构性信息,丰富了模型的表征能力。通过捕捉这些多视图间的相关性,我们将自监督学习目标无缝整合到语言建模和图挖掘任务的联合训练框架中,进一步提升了模型在多模态数据处理中的泛化能力。这种方法不仅能够增强模型对节点间复杂关系的理解,还能够促进序列和图结构特征的融合,实现更为精确的表征学习,尤其在无监督或弱监督任务中表现出色。

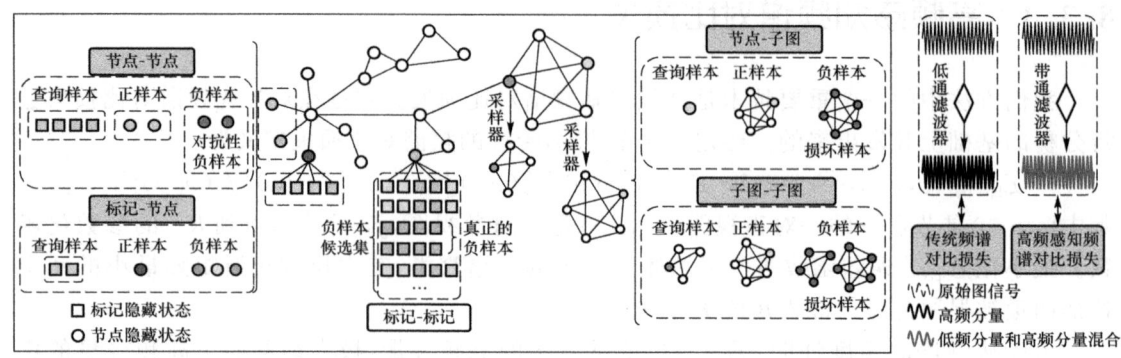

图 8-2　HASH-CODE 的整体架构

8.4.2　基于文本属性图的分层对比学习

文本属性图在层次结构中自然具有 3 个层次:标记级别、节点级别和子图级别。基于上述图神经网络和预训练语言模型,我们进一步结合了额外的自监督信号和对比学习,以增强输入数据的表示。我们采用联合训练的方式,基于多视图相关性构建不同的损失函数。

1. 对标记级别相关性进行建模

我们首先从对标记序列中的双向信息进行建模开始。受像 BERT 这样的掩码语言模型启发,我们提议使用对比学习框架来设计一个任务,该任务最大化掩码序列表示与其上下文表示向量之间的互信息。具体来说,对于一个节点 v,给定其文本属性序列 $x_v = \{x_{v,1}, x_{v,2}, \cdots, x_{v,T}\}$,我们将 $x_{v,i,j}$ 和 $\hat{x}_{v,i,j}$ 视为一对正样本,其中 $x_{v,i,j}$ 是从 i 到 j 的 n 元语法序列,$\hat{x}_{v,i,j}$ 是从位置 i 到 j 处被掩码的相应序列。当不需要区分节点和文本序列之间的从属关系时,为了简化符号,我们可以省略下标 v。

对于一个特定的查询 n 元语法 $x_{i,j}$,我们不是像在一批数据中那样不加区分地将其与所有负样本候选集 $\mathcal{N}$ 进行对比,而是基于文本属性图中的层次结构所提供的监督信号来选择真正的负样本进行对比,如图 8-3 所示。直观地说,我们希望消除那些与查询具有高度相似语义的候选,同时保留与查询语义相关性较低的候选。为了实现这个目标,我们首先定义一个 n 元语法和一个节点之间的相似性度量。对于一个节点 v,我们使用一个特定于节点的点积来定义 n 元语法的隐藏状态 $h_{x_{i,j}}$ 和这个节点的隐藏状态 h_v 之间的语义相似性:

$$s(h_{x_{i,j}}, h_v) = \frac{h_{x_{i,j}} \cdot h_v}{\tau_{h_v}}, \tau_{h_v} = \frac{\Sigma_{h_{x_i} \in H_v} \left\| h_{x_i} - h_v \right\|_2}{|H_v| \log(|H_v| + \epsilon)}$$

其中 $\bm{h}_{x_i}$ 是标记 x_i 的隐藏表示，$\bm{H}_v$ 由分配给节点 v 的标记的隐藏表示组成，而 ϵ 是一个平滑参数，用于平衡不同节点之间温度 τ_{h_v} 的尺度。

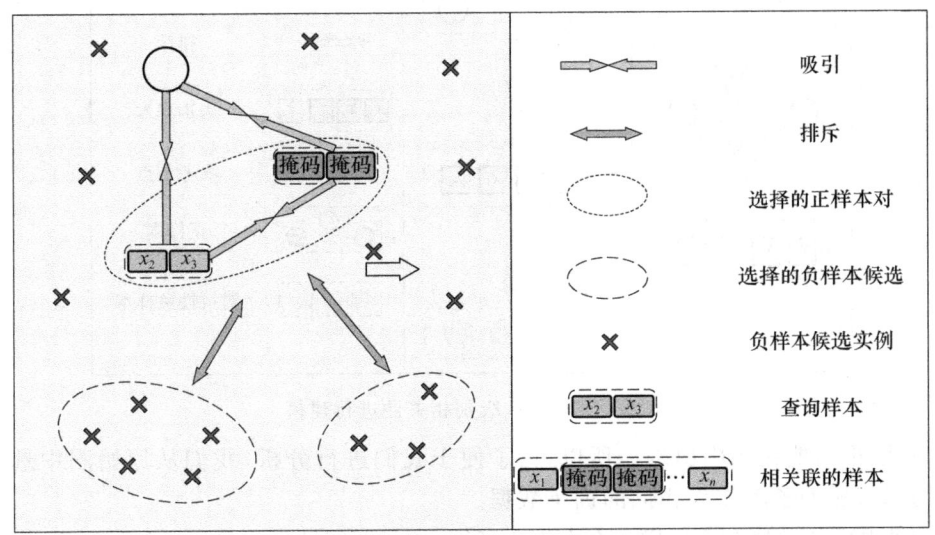

图 8-3　标记级别对比选择性编码

在此基础上，我们同时考虑标记层级和节点层级进行负样本采样选择。对于查询 n 元语法 $x_{i,j}$，我们将其对应的节点 v 的表示记为 $\bm{h}_0$。对于一个负样本候选，如果它与 $\bm{h}_v$ 的相似性相比于其他负样本候选与 $\bm{h}_0$ 的相似性不那么显著，我们更有可能选择它。基于这样的直觉，为特定查询生成最不相似的负样本 $\mathcal{N}_{\text{select}}(h_{x_{i,j}})$。

通过使用这些经过筛选的负样本，我们将标记级别对比（TC）损失的目标函数定义如下：

$$\mathcal{L}_{\text{TC}} = \frac{1}{M}\sum_{m=1}^{M}\mathcal{L}_{\text{HFC}}(x_{m,i,j},\hat{x}_{m,i,j},\mathcal{N}_{\text{select}}(h_{x_{m,i,j}}))$$

其中 M 是表示集的大小，$\mathcal{L}_{\text{HFC}}$ 是我们提出的高频感知频谱对比损失。

2. 对节点级别相关性进行建模

研究跨视图对比机制对于节点表示学习尤为重要。如前所述，文本属性图中的节点具有文本属性，这些属性可以指示网络中的语义关系，并作为结构模式的补充。如图 8-4 所示，对于一个节点 v，我们将其文本属性序列和与其直接相连的邻居节点 u（对于 $u\in N_v$）视为两个不同的视图。

在标记级别相关性建模中的负样本选择性编码策略倾向于选择挑战性较小的负样本，随着时间的推移会降低它们的贡献。我们采用 ProGCL 方法，通过混合操作对抗性地重新加权并生成更难的负样本 v。因此，我们最小化以下节点级别对比（NC）损失：

$$\mathcal{L}_{\text{NC}} = \frac{1}{M}\sum_{m=1}^{M}\mathcal{L}_{\text{HFC}}(x_{m,v},N_{m,v},\tilde{v}_m)$$

在分析了节点的局部邻域与其文本属性之间的相关性之后，我们将研究扩展到涵盖子图之间的相关性。这种方法有助于表示与节点相关的局部和高阶结构。节点与其直接邻域的相关性比与远距离节点的相关性更强是合理的，因为远距离节点对它们的影响极小。因

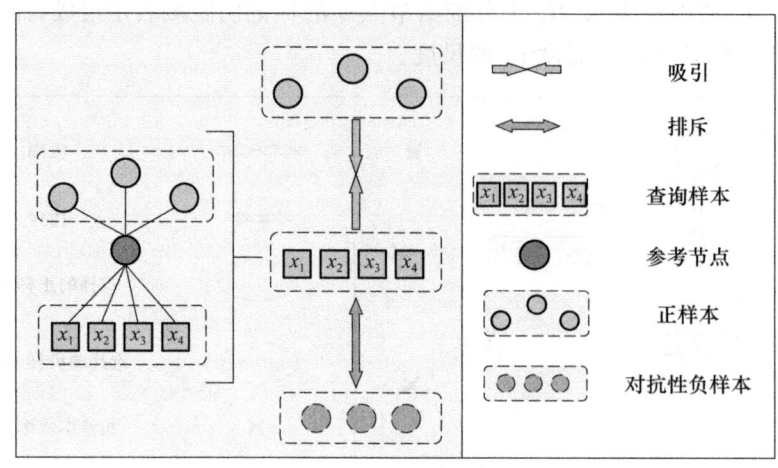

图 8-4 对节点级别相关性进行建模

此,局部社区很可能在图中出现。所以,为了便于我们进行分析,我们从原始图中选择一系列包含局部邻域的子图作为我们的训练数据。

当前最重要的挑战在于采样一个上下文子图,该子图能够提供足够的结构信息,这些信息对于推导出中心节点的高质量表示至关重要。在这种情况下,我们采用基于个性化 PageRank 算法(PPR)的子图采样方法。考虑不同邻居的重要性各不相同,对于特定节点 i,子图采样器 S 首先使用 PPR 计算邻接节点的重要性得分。邻接矩阵 $\boldsymbol{A} \in \boldsymbol{R}^{N \times N}$ 对应的重要性得分矩阵 $\boldsymbol{S}$ 被指定为 $\boldsymbol{S} = \alpha \cdot (\boldsymbol{I} - (1-\alpha) \cdot \overline{\boldsymbol{A}})$,其中 $\boldsymbol{I}$ 表示单位矩阵,α 是范围内的一个参数。$\overline{\boldsymbol{A}} = \boldsymbol{AD}^{-1}$ 是列归一化的邻接矩阵,其中 $\boldsymbol{D}$ 是相应的对角矩阵,其对角线上的元素为 $D(i,i) = \sum_j A(i,j)$。向量 $S(i,:)$ 列举了节点 i 的重要性得分。

对于特定节点 i,子图采样器 S 选择最重要的前 k 个邻居来形成子图。被选择节点的索引是

$$\mathrm{idx} = \mathrm{top\_rank}(S(i,:), k)$$

其中 top_rank 是返回对应前 k 个值的索引的函数,这里的 k 指定了上下文图的大小。子图采样器 S 处理原始图以及节点索引,以推导出节点 i 的上下文子图 G_i。这个子图的邻接矩阵 $\boldsymbol{A}_i$ 和特征矩阵 $\boldsymbol{X}_i$ 定义如下:

$$\boldsymbol{A}_i = \boldsymbol{A}_{\mathrm{idx},\mathrm{idx}}, \boldsymbol{X}_i = \boldsymbol{X}_{\mathrm{idx},:}$$

其中,idx 表示索引操作;$\boldsymbol{A}_{\mathrm{idx},\mathrm{idx}}$ 是指邻接矩阵,按行和列进行索引以对应于导出的子图;$\boldsymbol{X}_{\mathrm{idx},:}$ 是按行进行索引的特征矩阵。

在获得中心节点 i 的上下文子图 $G_i = (\boldsymbol{A}_i, \boldsymbol{X}_i)$ 后,编码器 $\mathcal{E}: \boldsymbol{R}^{N \times N} \times \boldsymbol{R}^{N \times F} \rightarrow \boldsymbol{R}^{N \times F}$ 对其进行编码以推导出潜在表示矩阵 $\boldsymbol{H}_i$,记为

$$\boldsymbol{H}_i = \mathcal{E}(\boldsymbol{A}_i, \boldsymbol{X}_i)$$

子图级别的表示 s_i 通过一个读出函数 $\mathcal{R}: \boldsymbol{R}^{N \times F} \rightarrow \boldsymbol{R}^F$ 进行汇总,即

$$s_i = \mathcal{R}(\boldsymbol{H}_i)$$

到目前为止,已经生成了子图的表示。如图 8-5 所示,为了对子图级别中的相关性进行建模,我们将分别从节点 h_i 及其最重要的邻居节点 $\hat{h}_i$ 采样得到的两个子图 s_i 和 $\hat{s}_i$ 视为正样本对,而将其余的子图 s 视为负样本对。我们最小化以下子图级别对比(SC)损失:

第 8 章 | 基于高频感知分层对比选择性编码的文本属性图表示学习

$$\mathcal{L}_{\text{SC}} = \frac{1}{M}\sum_{m=1}^{M}\mathcal{L}_{\text{HFC}}(s_m,\hat{s}_m,\tilde{s}_m)$$

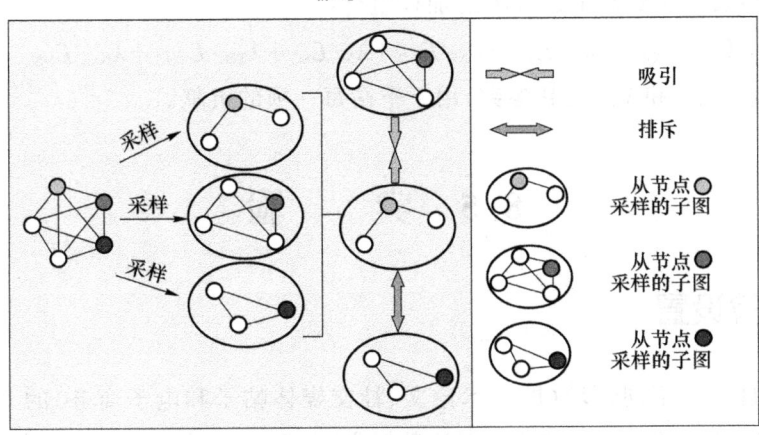

图 8-5 对子图级别相关性进行建模

在对层级内部的相关性进行建模之后,我们进一步考虑对跨层级相关性进行建模,因为不同的层级是相互依赖的并且会相互影响。

3. 对标记-节点相关性进行建模

为了对标记-节点相关性进行建模,我们的直觉是训练语言模型,以通过图神经网络生成的嵌入来细化对文本的理解。因此,推动语言模型学习细粒度的任务感知上下文信息。具体来说,对于一个序列 $x_v = \{x_{v,1}, x_{v,2}, \cdots, x_{v,T}\}$,我们将 x_v 及其对应的节点表示 h_v 视为一个正样本对。此外,对于一组节点表示,我们使用一个函数 $\mathcal{P}$ 来破坏它们以生成负样本,表示为

$$\{\tilde{h}_1, \tilde{h}_2, \cdots, \tilde{h}_M\} = \mathcal{P}\{h_1, h_2, \cdots, h_M\}$$

其中 M 是表示集的大小。在我们的实验中,$\mathcal{P}$ 是随机打乱函数。这种破坏策略确定了不同上下文节点标记之间的差异,这对于一些下游任务(如节点分类)至关重要。我们开发了以下标记-节点对比(TNC)损失:

$$\mathcal{L}_{\text{TNC}} = \frac{1}{M}\sum_{m=1}^{M}\mathcal{L}_{\text{HFC}}(x_{m,v}, h_{m,v}, \mathcal{P}\{h_1, h_2, \cdots, h_M\})$$

4. 对节点-子图相关性进行建模

直观地说,节点依赖于它们的局部邻域,并且不同的节点有不同的上下文子图。因此,我们考虑中心节点与其上下文子图之间的强相关性,设计一个自监督的 pretext 任务,将真实的上下文子图与虚假的上下文子图进行对比。具体来说,对于捕获上下文子图中局部信息的节点表示 h_v,我们将上下文子图 s_v 表示视为正样本。与计算 $\mathcal{L}_{\text{TNC}}$ 类似,我们使用随机打乱函数来破坏其他子图表示以生成负样本,表示为

$$\{\tilde{s}_1, \tilde{s}_2, \cdots, \tilde{s}_M\} = \mathcal{P}\{s_1, s_2, \cdots, s_M\}$$

我们最小化以下节点-子图对比(NSC)损失:

$$\mathcal{L}_{\text{NSC}} = \frac{1}{M}\sum_{m=1}^{M}\mathcal{L}_{\text{HFC}}(h_{m,v}, s_{m,v}, \mathcal{P}\{s_1, s_2, \cdots, s_M\})$$

5. 总体目标损失

我们的总体目标函数是上述 5 项的加权组合：

$$\mathcal{L}_{\text{HASH-CODE}} = \lambda_{\text{TC}} \mathcal{L}_{\text{TC}} + \lambda_{\text{NC}} \mathcal{L}_{\text{NC}} + \lambda_{\text{SC}} \mathcal{L}_{\text{SC}} + \lambda_{\text{TNC}} \mathcal{L}_{\text{TNC}} + \lambda_{\text{NSC}} \mathcal{L}_{\text{NSC}}$$

其中 $\lambda_{\text{TC}}, \lambda_{\text{NC}}, \lambda_{\text{SC}}, \lambda_{\text{TNC}}$ 和 λ_{NSC} 是超参数，用于平衡每一项的贡献。

8.5 实　　验

8.5.1 实验设置

我们在来自 3 个不同领域（即学术论文、社交媒体帖子和电子商务）的 6 个数据集（即 DBLP[①]、Wikidata5M（Wiki）[②]、来自亚马逊数据集[③]的 Beauty（美妆）、Sports（体育）和 Toys（玩具）以及产品]上进行实验。我们利用 3 个常见的指标来衡量预测准确性：Precision@1（P@1）、归一化折损累计增益（NDCG）和平均倒数排名（MRR）。这 6 个数据集的统计信息总结在表 8-1 中。

表 8-1　预处理后的数据集统计信息

数据集	Product	Beauty	Sports	Toys	DBLP	Wiki
♯Users	13 647 591	22 363	25 598	19 412	N/A	N/A
♯Items	5 643 688	12 101	18 357	11 924	4 894 081	4 818 679
♯N	4.71	8.91	8.28	8.60	9.31	8.86
♯Train	22 146 934	188 451	281 332	159 111	3 009 506	7 145 834
♯Valid	30 000	3 770	5 627	3 182	60 000	66 167
♯Test	306 742	6 280	9 377	5 304	100 000	100 000

我们将 HASH-CODE 与 3 种类型的基准方法进行比较：① GNN 级联变换器，包括 BERT+MaxSAGE、BERT+MeanSAGE、BERT+GAT、TextGNN 和 AdsGNN；② GNN 嵌套变换器，包括 GraphFormers 和 Heterformer；③原始 GraphSAGE、原始 GAT、原始 BERT 和 Twin-Bert。

对于所有比较的模型，我们在 Hugging Face 中采用 12 层的 BERT-base-uncased 作为骨干预训练语言模型以进行公平比较。在所有数据集上，这些模型最多训练 100 个 epoch。我们在 P@1 上使用提前停止策略，耐心值为 2 个 epoch。最小训练批次大小为 64，学习率设置为 1e−5。对于产品、DBLP 和亚马逊数据集，我们根据不同的文本长度将序列长度填充到 32；对于维基数据集，填充到 64。采用 Adam 优化器来最小化训练损失。其他参数在

[①] https://originalstatic.aminer.cn/misc/dblp.v12.7z。
[②] https://deepgraphlearning.github.io/project/wikidata5m。
[③] http://snap.stanford.edu/data/amazon/。

验证集上进行调整，我们将具有最佳验证性能的检查点保存为最终模型。基准方法中的参数在验证集上进行仔细调整，以选择最理想的参数设置。

8.5.2 整体比较

参考先前关于网络表示学习的研究，我们考虑两个基本任务，即链接预测和节点分类，根据整体评估结果报告我们有以下观察。

在比较不同数据集上的原始文本模型和图模型时，我们发现了一个一致的性能排名：BERT 优于 Twin-BERT，Twin-BERT 又超过 GAT 和 GraphSAGE。这种层级关系揭示了 GNN 模型在捕获丰富文本语义方面的局限性，因为它专注于节点邻近性和全局结构信息。具体而言，单塔 BERT 模型优于双塔 Twin-BERT 模型的优越性能突显了整合双方信息的优势，尽管 BERT 逐个进行相似性计算，但它在低延迟场景中可能效率不高。

对于 GNN 级联变换器，在产品、DBLP 和维基数据集上，BERT+GAT 在建模属性方面通常优于 BERT+MeanSAGE 和 BERT+MaxSAGE，这归因于其多头自注意力机制。然而，在美妆、体育和玩具数据集上，其性能有所下降，可能是由于亚马逊评论中基于关键词的属性带来的噪声。尽管存在这些变化，但 GNN 级联变换器仍不及协同训练方法，这在很大程度上是因为训练期间节点文本特征的静态性质。在这些模型中，在所有数据集上 AdsGNN 始终领先于 TextGNN。这凸显了 AdsGNN 的节点级聚合模型在建模结构信息方面的有效性，证明了紧密耦合结构在整合图和文本数据方面的优越性。

对于 GNN 嵌套变换器，与亚马逊数据集相比，在产品和 DBLP 数据集等更密集的网络上，Heterformer 的表现优于 GraphFormers。我们的 HASH-CODE 始终优于所有基准方法，在 6 个数据集上相对于最具竞争力的方法实现了 2%～4% 的相对改进。这些发现证实了对比学习在增强用于表示学习任务的协同训练架构方面的有效性。

8.5.3 消融实验

我们提出的 HASH-CODE 基于 HFC 感知的对比目标设计了 5 个预训练目标。在本节中，我们在产品和 DBLP 数据集上进行了消融研究，以分析每个目标的贡献。我们评估了几个 HASH-CODE 变体的性能：① No-TT 移除了 $\mathcal{L}_{TC}$；② No-TN 移除了 $\mathcal{L}_{TNC}$；③ No-NN 移除了 $\mathcal{L}_{NC}$；④ No-NS 移除了 $\mathcal{L}_{NSC}$；⑤ No-SS 移除了 $\mathcal{L}_{SC}$；⑥ No-HFC 用频谱对比损失替换了 HFC 感知损失，还提供了 GraphFormers 的结果用于比较。本次评估采用 P@1 和 NDCG@10。

从图 8-6 中我们可以观察到，移除任何一个对比学习目标都会导致性能下降，这表明所有目标对于捕获标签属性图中不同粒度级别的相关性都是有用的。此外，这些目标的重要性在不同的数据集上有所不同。总体而言，$\mathcal{L}_{TC}$ 比其他目标更重要，在所有数据集上移除它会导致性能更大幅度的下降，这表明自然语言理解在这些数据集上更为重要。另外，No-HFC 的表现比其他变体更差，这表明了使用 HFC 学习更具区分性的嵌入的重要性。

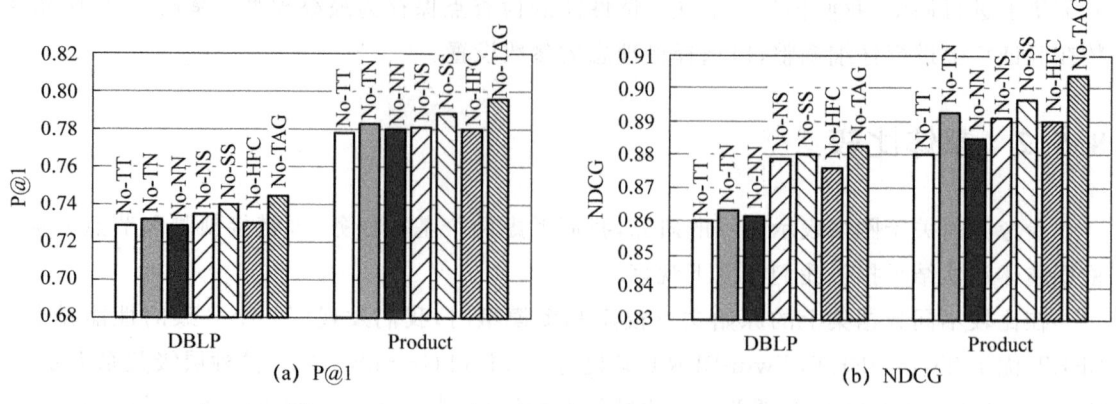

图 8-6　DBLP 和产品数据集上不同组件的消融研究

8.5.4　效率分析

我们比较了 HASH-CODE 和 GNN 嵌套变换器（GraphFormers）之间的时间效率。评估是在英伟达 3090 GPU 上进行的。我们遵循与前人相同的设置，其中每个小批次都包含 32 个编码实例，每个实例都包含一个中心节点和 ♯N 个邻居节点，每个节点的标记长度为 16。我们在表 8-2 中报告了每个小批次的平均时间和内存（GPU 随机存取存储器）成本。

表 8-2　GraphFormers 和 HASH-CODE 每个小批次的时间和内存成本

♯N	3	5	10	20	50	100	200
时间：GraphFormers	63.95 ms	97.19 ms	170.16 ms	306.12 ms	714.32 ms	1 411.09 ms	2 801.67 ms
时间：HASH-CODE	67.68 ms	105.35 ms	180.03 ms	324.11 ms	754.97 ms	1 573.29 ms	2 962.86 ms
内存：GraphFormers	1.33 GB	1.39 GB	1.55 GB	1.83 GB	2.70 GB	4.28 GB	7.33 GB
内存：HASH-CODE	1.33 GB	1.39 GB	1.55 GB	1.84 GB	2.72 GB	4.43 GB	7.72 GB

注：邻居大小从 3 增加到 200。HASH-CODE 实现了与 GraphFormers 相似的效率和可扩展性。

我们发现，这些方法的时间和内存成本随着邻域元素的增加而线性上升。同时，HASH-CODE 的总体时间和内存成本与 GraphFormers 非常接近，特别是当邻居节点数量较少时。基于上述观察，可以合理地推断，与 GNN 嵌套变换器相比，HASH-CODE 在具有更高准确性的同时，在效率和可扩展性方面也保持了相当的水平。

8.6　本章小结

在本书中，我们引入了标签属性图上的节点表示学习问题，并提出了 HASH-CODE，一种分层对比学习架构来解决该问题。与先前的"级联架构"不同，HASH-CODE 利用 5 个自监督优化目标，以促进不同粒度下网络和文本信号之间的全面相互增强。我们还提出了一种 HFC 感知的频谱对比损失，以学习更具区分性的节点嵌入。在包括链接预测和节点分类在内的各种图挖掘任务上的实验结果证明了 HASH-CODE 的优越性。此外，所提出的框架可以作为具有不同特定任务归纳偏差的构建块。看到它在现实世界的标签属性图上的未来应用，如推荐、滥用检测和基于推文的网络分析，将是很有趣的事情。

第9章
基于文本属性图表示学习的搜索广告系统

9.1 引　　言

广告搜索是电子商务中极为重要且利润丰厚的渠道之一。它指的是在搜索引擎的原生搜索结果旁边或上方展示与用户查询相关的广告。这些广告是由广告商通过出价购买相关关键词的方式获得的，目的是将产品或服务精准地推广给目标用户。当用户的搜索查询与广告商所购买的关键词产生匹配时，广告商的产品或服务广告便会出现在搜索结果页面上。这一模式不仅能增强用户体验，还能带来可观的广告收入。

在广告搜索的运作中，关键在于如何准确地建模用户的"搜索意图"与广告商的"广告目的"之间的相关性。这种相关性决定了广告的展示效果，也直接影响了用户点击率（CTR）和广告商的投资回报率（ROI）。传统的广告搜索方法一般会将用户的查询文本和广告商的关键词文本视为意图和目的的载体，并通过各种自然语言理解（NLU）模型来从这些文本中提取语义信息。常见的 NLU 模型包括深度结构语义模型（DSSM）和各种预训练语言模型。这些模型通过文本相似度的衡量来推断查询和关键词之间的语义相关度，从而决定哪些广告最适合展示给用户。

然而，NLU 模型并不是解决广告搜索问题的万能钥匙。尤其是在广告搜索这种场景中，用户的查询文本和广告商的关键词通常非常简短。这种短文本内容缺乏丰富的语义信息，使得基于文本的 NLU 模型难以准确地理解用户的深层意图和广告商的真正目的。这导致广告的相关性不高，用户体验不佳，CTR 较低，广告商也对结果不甚满意。

针对这一问题，近年来一些研究开始探索将用户的历史行为数据纳入广告搜索模型中。这些历史行为可以包含用户的点击、浏览、购买记录等，作为短文本的补充信息来增强模型的语义理解能力。例如，如果用户曾经多次点击与水果相关的广告，那么即便他们的查询文本是简短的单词"cherry"，模型也可以推测用户的意图是购买水果而非其他商品。这种结合了历史行为数据的模型在提升搜索相关性方面表现出色，能够弥补短文本语义稀疏的问题。

目前，广告搜索系统普遍采用的是基于查询和关键词文本的双塔结构。这种结构通过分别为用户查询和广告关键词构建语义向量，来衡量两者之间的相关性。但在实际应用中，广告商对双塔模型的效果并不总是满意,用户的点击率也常常不理想。一个核心问题在于,查询文本和关键词文本并不足以全面反映用户的个性化搜索意图和广告商的广告目的。在双塔模型中,来自不同用户或广告商的相同查询和关键词往往被模型视作具有相同的语义信息,因而生成相同的向量表示。这种简化处理忽略了用户和广告商的个性化差异。

现实情况往往更加复杂。例如,不同用户在输入相同查询时可能有完全不同的需求。图 9-1 展示了 Bing Ads 中的一个真实案例:一名厨师和一名程序员都输入了相同的查询"cherry",但前者想要购买水果,而后者则寻找的是键盘。在广告商方面也存在类似的情况,多个广告商可能购买了相同的关键词,但他们的产品类别却截然不同。在这种情况下,传统的双塔模型无法精准区分这些差异,进而导致广告推荐的效果不理想。

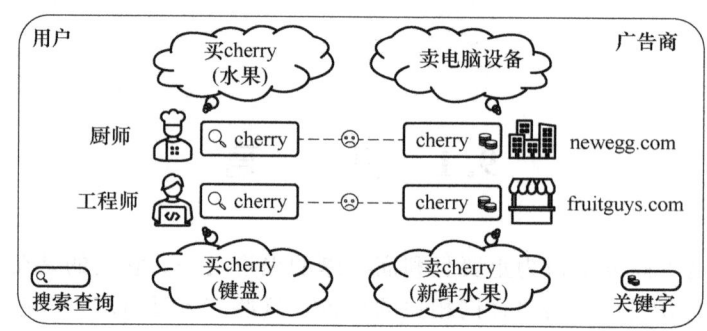

图 9-1　Bing Ads 的一个真实样例

为了改善这种情况,越来越多的研究开始探索引入个性化和多样化的用户行为数据,以及广告商的业务背景信息。通过将这些信息与查询和关键词文本结合,可以更准确地理解每个用户和广告商的真实意图,从而提升广告展示的相关性和点击率。这些创新的广告搜索模型不仅能更好地满足用户需求,也能为广告商带来更高的投资回报率。

为了更精细地建模用户与广告商的个性化意图,我们在本章中提出并探讨了广告搜索中的一个全新问题:面向用户与广告商的个性化广告搜索。这个问题的核心在于通过(用户、查询、关键词、广告商)四元组的相关性建模,提升广告投放的精准度。传统的广告搜索方法通常基于查询与关键词的二元组相关性,忽略了用户的个性化需求以及广告商的推广目标。而四元组模型能够在建模过程中引入用户和广告商的个性化偏好,从而更准确地捕捉用户的搜索意图与广告主的广告目的,满足个性化广告推荐的需求。

与二元组模型相比,四元组模型显著地增强了广告搜索的灵活性和适应性。用户的搜索行为并不是孤立的,而是基于其个性化需求和历史行为演化而来的。同样,广告商的广告投放也需要结合其业务目标与投放策略。因此,将用户与广告商共同纳入模型,可以更好地挖掘潜在的相关性,帮助系统在面对多样化的广告投放场景时做出更加个性化的推荐。

然而,这一新颖问题的提出伴随着两个关键挑战。首先,用户和广告商的特征表示建模十分困难。用户通常以匿名身份存在,比如通过客户 ID 字符串进行标识,这种表示方式往往缺乏与用户个体特征直接相关的信息,难以准确地反映其个性化需求。此外,广告商通常通过网址域名进行标识,但这些域名通常过于简略,无法清晰地展示广告商的业务特点或服务领域。例如,网址"indeed.com"仅从字面上难以反映出其作为招聘平台的广告投放目的。

其次，查询与关键词的向量化表示也需要同时考虑文本语义以及相关参与者的个性化特征。这意味着单纯依赖查询文本的表面语义信息可能无法捕捉用户真实的意图。例如，对于身份为厨师的用户而言，输入的查询词"cherry"应该更接近于"fruit cherry"的含义，而对于一名工程师而言，"cherry"则可能更倾向于"cherry keyboard"的含义。这种语义差异反映了用户职业背景或兴趣对查询词解释的影响，而广告搜索系统需要能够识别并区分这些隐含的语义差异，从而做出更加精准的广告推荐。

因此，解决该问题的关键在于设计一个能够有效融合四元组中每个元素特征的模型，既要捕捉用户和广告商的个性化偏好，又要准确理解查询与关键词的语义关联。这不仅需要复杂的特征表示学习，还需要在模型中嵌入上下文信息，使其能够更好地适应广告搜索中的多样化场景和需求。在接下来的研究中，我们将详细地探讨如何通过创新的模型结构和训练策略来应对这些挑战，为广告搜索中的个性化推荐提供更优的解决方案。

受以往工作的启发，我们提出利用用户和广告商在搜索平台中留下的丰富的历史行为来解决上述挑战。首先，我们引入用户的搜索历史和广告商的历史购买行为来学习用户和广告商的特征表示，这些行为可以被称为全局行为。我们这样做的动机在于：搜索类似查询或点击类似广告的不同用户往往有类似的偏好。同样地，如果不同广告商购买大量类似的关键词，他们的业务或特征表示也会趋于相似。其次，我们提出利用用户的同一会话中搜索的查询来学习个性化的查询表示向量，同时利用广告商同一货单中购买的关键词来学习与广告商相关的关键词表示向量，这些行为可以被称为局部行为。具体来说，一个会话是来自用户的发生在一个连续的短时间范围内的一组查询，这些查询通常会有一个一致的搜索意图。如图9-2所示，这种具有共同会话关系的查询将有助于判断当前输入的查询cherry是否表示水果或键盘。而广告商向搜索平台投放的一个货单则是一组描述同一产品或表达同一广告目的的关键词。从图9-2中我们可以看出，通过具有共同货单关系的关键词bluetooth keyboard和cherry keyboard，我们可以了解到广告商friutguys.com所购买的关键词cherry是指键盘相关设备。通过引入这些有助于补充信息的历史行为，基于四元组模型就能够更精确地发现并匹配用户搜索意图和广告商的广告目的。

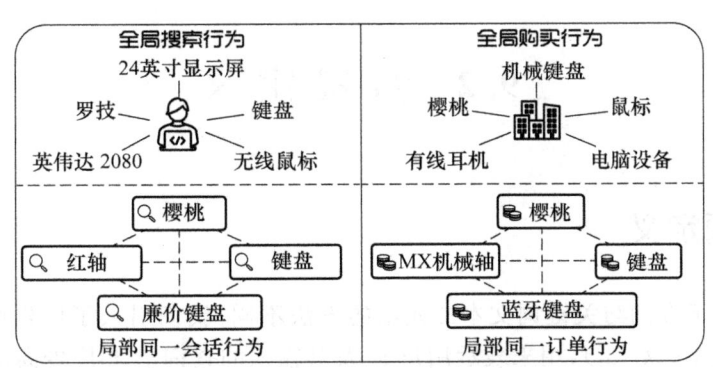

图9-2 一个全局行为和局部行为的样例

传统方法将用户的行为以普通的节点对图（每条边连接两个节点）的格式来建模。在这种传统图中，每条边连接两个节点，也就意味着节点（查询和关键词）之间的关系是成对表示在图中的。然而，我们所研究的基于四元组的相关性问题中，节点之间的关系是以多元高阶的形式出现的，超出了成对表示的格式。例如，将查询作为节点，将上述共同会话关系作为边，则每条边都可能会连接两个以上的节点，节点间的关系不再是二元的（成对的），而是三元的、四元的，或者是更多元的、高阶的。在这种情况下，传统的节点对图则没有能力对这种多元高阶关系进行表示和建模。此外，以前的工作通常将行为图看作具有单一连接关系的二部图。而在我们的问题中，为了更好地建模个性化的偏好，我们引入了多种历史上的全局行为和局部行为，其中包含了多种类型的节点和连接关系，从而形成了一个异构的行为图。节点类型和关系类型的异构性包含了四元组以及行为图的独特特征，这对于揭示真实的用户搜索意图以及广告商的广告目的至关重要。

为了应对上述挑战，我们提出了一种新的基于四元组的广告搜索相关性模型范式PASS，即面向用户与广告商的个性化广告搜索模型。与传统的节点对图不同，我们引入异构超图作为描述复杂的历史行为的结构。在超图中，每条超边都可以连接多个节点，从而灵活地捕捉多元高阶的关系，更适合用于表示上述全局和局部行为。具体来说，用户、广告商、查询和关键词被视为 4 种类型的超图节点，同时，我们还精心设计了各种超边来模拟历史行为中的各类多元高阶的关系。基于设计的异构超图，我们还进一步提出了一个异构文本超图 Transformer(heterogeneous textual hypergraph transformer)，用来深入融合节点内的细粒度语义和超图中的异构多元高阶拓扑关系，从而准确地捕捉历史全局和局部行为中的个性化偏好。最终，用户节点和查询节点的高质量表示将被融合在一起，作为搜索意图的向量表示。同样地，广告商节点和关键词节点的高质量表示将被融合在一起，作为广告目的的向量表示，用于判断两者之间的相关性。我们提出的 PASS 模型在几个工业数据集上得到了充分的测试和评估，并比目前最好的基线模型有显著的提升和收益。我们的贡献总结如下。

- 据我们所知，我们是第一个研究面向用户与广告商的个性化广告搜索模型这一新颖问题的。
- 我们提出了一个新颖的基于异构文本超图的模型 PASS，通过深度融合文本语义和丰富的历史行为，精确地建模了用户的搜索意图和广告商的广告目的。
- 我们提出的方法在几个工业数据集上得到了充分的测试和评估，并在各类指标上都超过了目前最好的基线方法。

9.2 背景定义

9.2.1 问题定义

与现有的基于查询与关键词文本二元组的方法不同，我们引入了广告商和用户的信号来组成四元组 (u_i, q_i, k_i, a_i)，用来表示用户 u_i 及其输入的查询 q_i 和广告商 a_i 及其购买的关键词 k_i。潜在的搜索意图和广告目的可以分别基于 (u_i, q_i) 和 (a_i, k_i) 进行进一步建模。对于每个用户 u_i，我们收集他的历史行为信息集合 $mathcalU_i$，包含 u_i 搜索的所有历史查询（即全局行为）和每次搜索相应的会话信息（即局部行为）。同样地，对于每个广告商 a_i，我们也收集其历史行为信息集合 $mathcalA_i$，包括 a_i 购买的所有关键词和每个关键词相应的货单信息。最终，我们的目标是学习一个相关性模型 $f: f(u_i, q_i, k_i, a_i) rightarrow \{0, 1\}$，通过融合历史行为信息集合 $\mathcal{U}_i$ 和 $\mathcal{A}_i$ 来预测 (u_i,q_i) 的搜索意图与 (a_i,k_i) 的广告目的之间的相关性得分。

9.2.2 超图

超图是一种灵活的拓扑结构。超图中连接节点的边可以称为超边,每条超边可以连接两个以上的节点。设 $\mathcal{G}=(\mathcal{V},\mathcal{E},\mathbf{H})$ 是属于超图的一个具体的实例,它包括一个节点集 $\mathcal{V}=\{v_i\}_{i=1}^n$ 和一个超边集 $\mathcal{E}=\{e_j\}_{j=1}^m$。其中,每条超边 e_j 可以连接一个节点的集合 $\{v_1,v_2,\cdots,v_k\}\subseteq\mathcal{V}$。节点和超边之间的连接关系可以由一个邻接矩阵 $\mathbf{H}\in\mathbb{R}^{|\mathcal{V}|\times|\mathcal{E}|}$ 表示:

$$H_{i,j}=\begin{cases}1, & \text{if } e_j \text{ connects } v_i \\ 0, & \text{if } e_j \text{ disconnects } v_i\end{cases}$$

对于任一节点 $v_i\in\mathcal{V}$,我们可以用 $\mathcal{E}_v(v_i)=\{e_j\in\mathcal{E}\,|\,H_{i,j}=1\}$ 表示与节点 v_i 相连的超边集合。类似地,对于任一超边 $e_j\in\mathcal{E}$,我们可以用 $\mathcal{V}_e(e_j)=\{v_i\in\mathcal{V}\,|\,H_{i,j}=1\}$ 表示超边 e_j 所连接的节点集合。

9.3 方　　法

9.3.1 整体架构

图 9-3 展示了我们提出的 PASS 模型的框架。我们首先根据用户和广告商的历史行为设计并构建了一个异构超图,用来表示多个节点之间复杂的多元高阶关系。该异构超图包含 4 种类型的节点和 8 种类型的超边。当给定待判断相关性的四元组后,我们首先根据个性化页面排名(personalized page rank)的重要性对超图进行采样,得到包含与输入相关的全局和局部行为信息的子超图。然后,我们将强大的预训练语言模型作为文本节点的编码器,并让其与所提出的异构文本超图 Transformer 进行高效的联合训练,从而深度融合细粒度语义和异构拓扑信息,得到高质量的节点表示。最后,基于学习到的输入四元组中每个元素的表示,我们可以生成搜索意图和广告目的的表示向量,并使用最后的评分模块来衡量两者的相关性。

9.3.2 异构超图的构建

以前的工作主要是基于查询与关键词之间的点击行为构建普通的节点对图,这种图无法捕捉到四元组或其他历史行为中复杂的多元高阶关联关系。与以往的工作不同,我们提出将多种历史行为建模为超图,因为超图中每一条边都可以连接多个节点,可以灵活地表示节点间的多元高阶关系。我们使用了 4 种类型的节点(u,q,k 和 a),并精巧地设计了 8 种类型的超边来描述各类行为。

基于预训练语言模型的文本属性图表示学习及应用

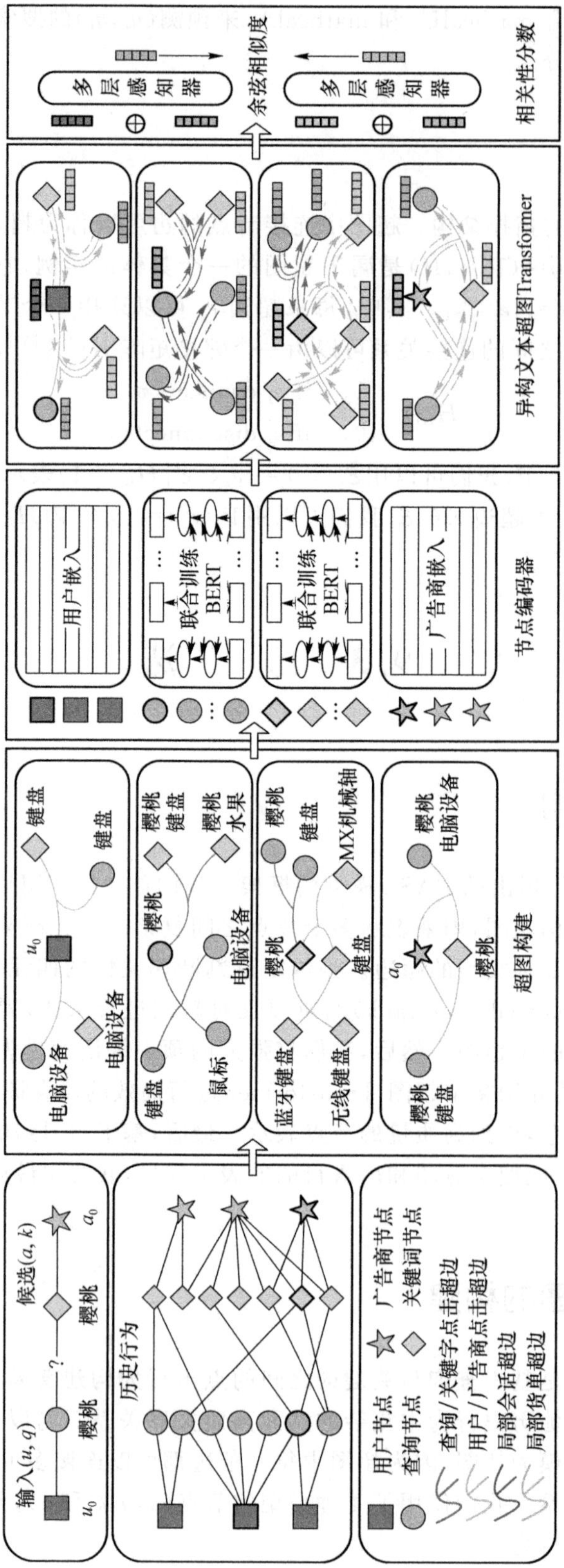

图 9-3　PASS 模型的整体框架

1. 用于建模用户搜索意图的超边

我们设计了 4 种类型的超边来学习理想的用户和查询表示向量,从而揭示用户潜在的搜索意图。

- 全局搜索超边。对于每一个用户 u_i,全局搜索超边连接了用户 u_i 搜索过的所有历史查询,用于学习用户的全局个性化偏好。
- 局部会话超边。对于用户 u_i 搜索的每个查询 q_i,我们构建了一个局部会话超边来连接 u_i 搜索的与 q_i 在同一个会话内的其他查询,从而更好地建模细粒度的搜索意图。
- 查询点击超边。对于每一个查询 q_i,我们构建了一个查询点击超边来连接 q_i 和 q_i 对应的点击频率最高的若干关键词,用于补充单个查询文本的语义。
- 用户点击超边。对于每一个点击行为(用户 u_i 搜索 q_i 并点击 k_i),我们构建了一条用户点击超边来连接这个三元组 (u_i, q_i, k_i),从而通过保存完整的点击行为信息来更好地建模用户兴趣。

2. 用于建模广告商广告目的的超边

类似地,我们设计了 4 种类型的超边来学习理想的广告商和关键词表示向量。

- 全局购买超边。对于每一个广告商 a_i,我们构建了一个连接广告商 a_i 购买的所有关键词的全局购买超边,用于建模广告商的特征表示。
- 局部货单超边。我们将每个货单都表示为一个局部货单超边,将广告商所购买的同一货单中的所有关键词连接起来,从而引入共同货单的信息来提升关键词的表示。
- 关键词点击超边。对于每个关键词 k_i,我们构建了一个关键词点击超边来连接 k_i 和 k_i 对应的点击频率最高的若干查询,用于补充单个关键词文本的语义。
- 广告商点击超边。对于每一个与广告商 a_i 相关的点击行为(a_i 购买的 k_i 被 q_i 点击),我们构建了一个广告商点击超边来连接这个三元组 (a_i, k_i, q_i),以增强对广告目的的建模。

总的来说,我们将构建的异构超图表示为 $\mathcal{G} = \{\mathcal{V}, \mathcal{E}, \mathbf{H}\}$,并且使用 t_v, t_e 来分别表示节点 v 和超边 e 的类型。

3. 超图采样

由于系统中存在着巨量的历史行为,使用所有信息构建的超图会包含数百万个节点和边。如果直接在全量的超图上进行运算,会消耗大量的运算资源成本。一般的解决方案是通过均匀抽样对每个节点的邻居节点采样一个子集,作为该节点的上下文信息。然而,不同邻居节点包含的信息量是不同的。因此,采样策略应该捕捉邻居节点中最关键的信息,从而更好地参与中心节点的建模。

受之前工作的启发,我们引入了个性化网页排名(Personalized Page Rank,PPR)算法作为我们的采样策略。给定一个传统的节点对图,目标节点 t 相对于源节点 s 的 PPR 值 $\text{pi}_t(s)$ 被定义为 α-discounted random walk 从节点 s 开始并在 t 终止的概率。PPR 值 $\text{pi}_t(s)$ 可以通过以下公式来计算:

$$\pi_t(s) = (1-\alpha) \sum_{j \in \mathcal{N}(t)} \frac{\pi_j(s)}{|\mathcal{N}(j)|} + \alpha \delta_{ts}$$

其中 δ_{ts} 是克罗内克函数,如果 $t=s$ 该函数的返回值为 1,否则为 0。考虑超图中每个超边同

时连接多个节点,我们进一步将该公式拓展为计算超图上的 $\mathrm{pi}_t(s)$:

$$\pi_t(s) = (1-\alpha)\sum_{e\in\mathcal{E}_v(t)}\sum_{v\in\mathcal{V}_e(e)}\frac{\pi_v(s)}{|\mathcal{E}_v(t)|\cdot|\mathcal{V}_e(e)|} + \alpha\delta_{ts}$$

从而在计算时考虑超边的拓扑结构信息,这样的计算过程可以使用已有的方法高效地完成。接着,我们可以通过聚合超边所连接节点的重要性来计算超边 e 相对于节点 s 的 PPR 重要性:

$$\pi_e(s) = \sum_{v\in\mathcal{E}_v(e)}\frac{\pi_v(s)}{\sqrt{|\mathcal{E}_v(e)|}}$$

最后,我们可以根据计算出的 PPR 重要性,从原始超图中采样固定数量的与输入四元组相关的超边和节点参与后续运算。

9.3.3 异构文本超图 Transformer

基于采样的子超图,我们进一步提出了一个新颖的异构文本超图 Transformer,用来学习输入四元组中的元素(即 u,q,a 和 k)的表示。它可以深度融合每个节点内的文本语义和超图拓扑结构表示的用户行为。传统的超图神经网络(HGNNs)通常遵循两阶段的消息传递范式,即节点→超边→节点。节点的语义首先被预编码到表示向量中,这些表示向量将在超图神经网络传播的过程中被固定。然后,属于同一超边的节点的表示向量被组合在一起作为该超边的表示向量。最后,与目标节点相连的超边的表示向量被融合为最终的节点表示。

然而,由于我们研究问题的特殊原因,直接将这种 HGNN 应用于我们所研究的任务可能是不合适的。①首先,广告搜索中语义理解仍然是核心部分。然而,HGNN 中的节点语义向量是预先学习和固定的,这种预先学习的向量可能并不包含与广告搜索任务相关的信息。此外,语义和拓扑结构的建模被这种静态的节点表示向量隔成两阶段,导致节点语义建模能力较差。因此,端到端的 NLU-HGNN 联合训练模型会更适合我们的任务。②其次,现有 HGNNs 的聚合是在节点层面进行的,即在消息传递过程中,节点内的所有字词(Token)都会作为一个不可分割的整体参与运算。然而,这种粗粒度的聚合可能忽略了邻居节点的字词(Token)之间复杂的细粒度关联关系。例如,如果单词"Keyboard"中的语义能够被纳入被同一超边连接的另一节点内的"Cherry"的单词表示中,我们可以实现对其实际含义的更好建模。因此,一个有效的字词级聚合策略可能可以捕捉到细粒度的关联信息。③最后,大多数 HGNN 是为同构超图设计的,它不能捕捉到我们构建的行为超图内的异构性(例如多种类型的节点和超边)。

为了解决上述挑战,我们提出了一种新型的异构文本超图 Transformer,我们将称其为 HT2。如图 9-4 所示,一个 HT2 网络层由两个核心模块组成:细粒度边内聚合可以在节点的字词层面上有效地传递信息,以捕捉每个超边内的细粒度关联;异构边间聚合可以融合异构超边的表示并将其作为最终节点表示向量。这种语义信息和拓扑结构的融合嵌套在 HT2 中,并在统一的联合训练框架下学习。

1. 细粒度边内聚合

细粒度边内聚合模块旨在通过捕捉细粒度的语义关联来学习超边的表示。传统的 HGNN 首先学习节点表示,然后将它们组合在一起,这种粗粒度的节点级信息聚合导致其在文本属性图上效果不好。一个直接的解决方案是将所有组成节点的文本拼接起来,然后采用自注意力的方式在所有字词之间传递信息。然而,一个超边可能由许多节点组成,导致了拼接得到的文本较长。在处理这样的长文本时,原本的自注意力机制存在着较大的平方复杂度,并且忽视了各种节点类型的异构性。受最优传输(Optimal Transport,OT)聚合的启发,我们提出了一种新的基于OT的异构超边内聚合模块,它能够以线性复杂度聚合异构的细粒度的字词级语义。

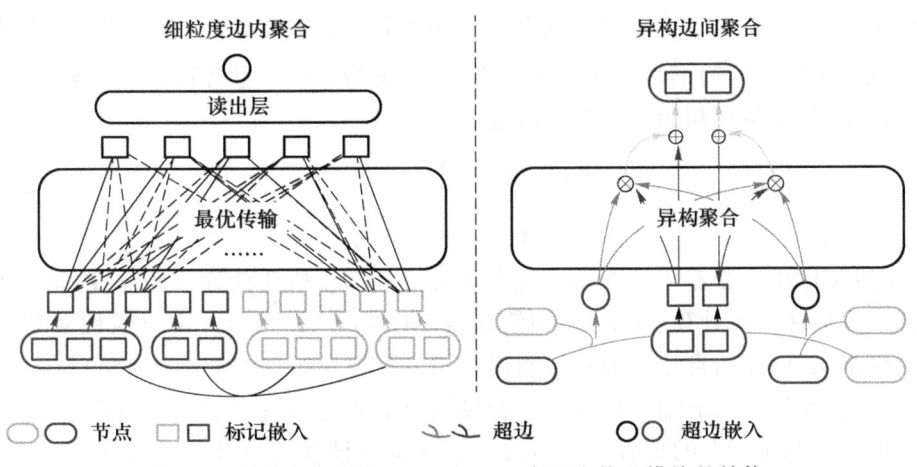

图 9-4 异构文本超图 Transformer 中两个核心模块的结构

假设给定一个超边 e 及其连接的文本节点集 $\mathcal{V}_e(e)$,每个节点 $v \in \mathcal{V}_e(e)$ 都与长度为 l_v 的文本相关联,这些节点的文本将被分别送入一个与HT2共同训练的预训练语言模型,来获得基于上下文的字词表示。接着,在 $\mathcal{V}_e(e)$ 的节点内的所有字词表示构成了一个字词表示集 $\mathcal{S}=\{s_i \in \mathbb{R}^d\}_{i=1}^L$。OT聚合是一种聚合信息的方法,它通过引入可学习的参考向量集 $\mathcal{Z}=\{z_i \in \mathbb{R}^d\}_{i=1}^p$ 将 $\mathcal{S}$ 中的相关元素组合成固定数量的表示向量。每个参考向量 z_i 都可以被看作一个集合单元,它将 $\mathcal{S}$ 中的相关语义聚集在该单元中。$\mathcal{S}$ 和 $\mathcal{Z}$ 之间的最优传输矩阵 $T \in \mathbb{R}^{L \times p}$ 将作为聚合的权重。给出预先计算好的传输成本矩阵 C 和两个集合上的质量分布 $s' \in \mathbb{R}^n, z' \in \mathbb{R}^p$,$T$ 可以通过以下方式得到:

$$T = \underset{T \in U(\mathcal{S},\mathcal{Z})}{\mathrm{argmin}} \langle C, T \rangle = \sum_{i,j} C_{i,j} T_{i,j}$$

$$U(\mathcal{S},\mathcal{Z}) = \{T \in \mathbb{R}_+^{L \times p} \mid T 1_p = s', T^T 1_L = z'\}$$

从直观上来说,$\mathcal{S},\mathcal{Z}$ 可以被视为语义空间中的两个离散的分布。每个 s_i 都可以被看作语义空间中一个包含质量大小为 s_i' 的土堆的源点,每个 z_j 都可以被看作一个容量为 z_j' 的洞,并且 $\Sigma_i s_i' = \Sigma_j z_j'$。我们假设 $s' = \frac{1}{L} 1_L, z' = \frac{1}{p} 1_p$ 来保证质量在元素之间的均匀分布,用来表示一个提前定义好的从 s_i 传输单位质量土堆到 z_j 的花费(例如欧几里得距离)。在这种情况下,最优传输矩阵 T 可以代表一个计划,该计划以最少的成本将所有的土从源点转入目标洞,该成本由传输的土的质量乘以传输成本计算。$T_{i,j}$ 代表从 s_i 移动到 z_j 的土的体积。因此,在语义空间场景下,s_i 和 z_j 之间的语义相关性越高,对应的最优运输矩阵 $T_{i,j}$ 中就会具有越大的权重。计算得到的最优传输矩阵 T 也会是一个稀疏矩阵,最多有 $p+L-1$ 个非零元素,同时,由于每行元素之和以及每列元素之和分别等于相应的质量分布,这个矩阵将是一个自规范化的矩阵，它更符合我们所研究任务的聚合信息的要求。

考虑不同类型节点的表征可能因异构性存在于不同的特征空间中，我们进一步提出了异构注意距离来计算矩阵 C：

$$q_i^z = W_z^q z_i, \quad k_i^s = W_{t_{s_i}}^k s_i$$

$$C_{i,j} = 1 - \frac{k_i^{s\text{T}} q_j^z}{\|k_i^s\|_2 \cdot \|q_j^z\|_2}$$

其中 $W_z^q, W_{t_{s_i}}^k \in \mathbb{R}^{d \times d}$ 是与节点类型相关的可学习参数。计算出的聚合权重 $\mathcal{T}$，$\mathcal{S}$ 中的相关异构信息将被汇集到不同的信息单元 z 中。之后，汇集的特征向量将被拼接起来，并送入一个多层感知网络层，以生成超边 e 的表示向量：

$$z_j = \sum_{s_i \in \mathcal{S}} \mathcal{T}_{i,j} W_{t_{s_i}}^v s_i$$

$$e = W_{t_e} [z_1; z_2; \cdots; z_p]$$

其中 [;] 是拼接操作。受益于可控的参考集数量 $p(\ll L)$ 和低秩稀疏矩阵 $\mathcal{T}$，这种基于 OT 的聚合范式可以在距离计算 ($O(pL)$) 和信息聚合 ($O(p+L-1)$) 方面以线性复杂度有效地聚合字词级语义，而原始自注意力聚合则需要忍受平方复杂度的影响 ($O(L^2)$)。

简而言之，我们提出的细粒度边内聚合模块具有以下明显的优点。①细粒度语义关联有效被字词级的基于 OT 的聚合范式引入。②异构性被我们设计的异构注意力距离捕捉，并被紧密地整合到聚合范式中。③线性复杂度提高了模型的效率，同时保持了类似自注意力机制的聚集相关信息的能力。④用于语义理解的语言模型的参数被看作可学习的参数，形成了 NLU-HGNN 联合训练的范式。

2. 异构边间聚合

异构边间聚合旨在通过聚合每个节点所连接超边的拓扑信息来提升节点表示。为了自适应地选择信息量最大的边作为节点的信息补充，我们提出了一种异构注意力机制，将连接的超边表示聚合到节点表示中，用与任务相关的异构拓扑信息进一步提升节点的语义表示。具体来说，假设给定目标节点 v 及其连接的超边集合 $\mathcal{E}_v(v)$，属于 v 的字词序列表示为 $\mathcal{S} = \{s_i\}_{i=1}^{l_v}$，每个超边 $e_i \in \mathcal{E}_v(v)$ 的表示向量为 e_i，则节点 v 和连接的超边之间的异构注意力得分可以表示为

$$q_i^v = W_{t_v}^q s_i, \quad k_j^e = W_{t_{e_j}}^k e_j$$

$$\text{Att}(s_i, e_j) = \underset{e_j \in \mathcal{E}_v(v)}{\text{softmax}} \left(\frac{q_i^v \cdot k_j^e}{\sqrt{d}} \right)$$

然后，每个字词的表示 s_i 都是所连接超边表示的异构投影的基于注意力得分的加权聚合，可以表示为

$$s_i = (1-\beta) s_i + \beta \sum_{e_j \in \mathcal{E}_v(v)} \text{Att}(s_i, e_j) W_{t_{e_j}}^v e_j$$

其中 $\beta \in \mathbb{R}$ 是一个属于 [0,1] 的权重，用来平衡节点本身的表示与高阶拓扑信息的融合。

3. 在 PASS 中的使用

为了充分融入细粒度的语义和拓扑信息，我们进一步考虑堆叠 L 个 HT2 网络层，并将不同层学到的表示向量连接起来，生成最终的字词表示：

$$s_i = W_{t_{s_i}} [s_i^{(0)}; s_i^{(1)}; \cdots; s_i^{(L)}]$$

最终，节点表示是所包含字词表示的均值聚合：

$$v = \frac{1}{l_v} \sum_{s_i \in v} s_i$$

具体来说，我们将 BERT 作为文本节点编码器，为查询和关键词生成字词表示。考虑用户和广告商一般都是无意义的字符串，我们通过聚合相应全局超边的语义对其进行编码，以确保模型的效率。以用户表示为例，给定与用户 u_i 相关的全局搜索超边 e，我们通过固定参数的 BERT 生成所有 $q_j \in \mathcal{V}_e(e)$ 的表征，并通过均值池化将它们聚合为 u_i 的表示。然后，我们用聚合生成的表示初始化一个可学习的表示查找表 $E_u(u_i)$。同时，每个用户节点在 HT2 模块中将被看作一个具有单个字词表示的文本节点。广告商表示查找表 $E_a(a_i)$ 也按照类似的方法基于全局购买超边生成。

通过提出的异构文本超图 Transformer，我们可以得到以下增强的节点表示。①保留偏好的用户和广告商表示。HT2 能够从异构超图中提取用户和广告商的偏好，并进一步将其编码为学习到的表示。②个性化的查询表示和广告商相关的关键词表示。查询（关键词）的纯语义表征将与局部行为超图中建模的个性化的用户（广告商）的信息一起融合来提升最终的查询和关键词表示。这样融合了行为信息的表示将有助于为相关性建模提供精准的搜索和广告意图。

9.3.4 相关性模块

在聚合了多元高阶拓扑信息之后，我们直接融合输入四元组中的节点表征，来表示潜在的搜索意图和广告目的。具体来说，上一步中得到的节点表示 (u_i, q_i) 和 (a_i, k_i) 将分别被拼在一起并各自通过一个多层感知网络层（MLP）来生成搜索意图表示 r_i 与广告目的表示 p_i，它们可以被表示为

$$r_i = W^r[u_i; q_i], \quad p_i = W^p[a_i; k_i]$$

算法 9-1 展示了计算给定的 (u_i, q_i) 与 (a_i, k_i) 的相关性的整体流程。

算法 9-1 PASS 的前向计算过程

输入：输入四元组 (u_i, q_i, k_i, a_i)、行为超图 $\mathcal{G}$

输出：(u_i, q_i) 与 (a_i, k_i) 的相关性得分 y_i

1: $\mathcal{G}' \leftarrow$ 超图采样$(\mathcal{G}, u_i, q_i, a_i, k_i)$
2: **for** $v \in \mathcal{V}$ **do**
3: $S_v^{(0)} = \{s_i^{(0)}\}_{i=1}^{l_v} \leftarrow \begin{cases} \text{BERT}_q([s_0, s_1, \cdots, s_{l_v}]_{s_i \in v}), & \text{if } t_v \text{ is q} \\ \text{BERT}_k([s_0, s_1, \cdots, s_{l_v}]_{s_i \in v}), & \text{if } t_v \text{ is k} \\ \{s_0 = E_u(v)\}, & \text{if } t_v \text{ is u} \\ \{s_0 = E_a(v)\}, & \text{if } t_v \text{ is a} \end{cases}$
4: **end for**
5: **for** $l \leftarrow 1, 2, \cdots$ **do**

6: $e^{(l)} \leftarrow \text{Intra-AGG}(\{S_v^{(l-1)} | v \in \mathcal{V}_e(e)\})$

7: $S_v^{(l)} \leftarrow \text{Inter-AGG}(\{e^{(l)} | e \in \mathcal{E}_v(v)\})$

8: **end for**

9: **for** $v \in \mathcal{V}$ **do**

10: $\tilde{v} = \frac{1}{l_v} \sum_{s_i \in v} W[s_i^{(0)}; s_i^{(1)}; \cdots; s_i^{(L)}]$

11: **end for**

12: $r_i, p_i \leftarrow W^r[\tilde{u}_i; \tilde{q}_i], W^p[\tilde{a}_i; \tilde{k}_i]$

13: $y_i \leftarrow \frac{(r_i \cdot p_i)}{\|r_i\|_2 \cdot \|p_i\|_2} y_i$

14: **return** y_i

其中 $W^r, W^p \in \mathbb{R}^{d \times 2d}$ 是 MLP 的可学习参数。最终的相关性得分 y_i 可以使用 r_i 与 p_i 之间的余弦相似度衡量：

$$y_i = \frac{(r_i \cdot p_i)}{\|r_i\|_2 \cdot \|p_i\|_2}$$

9.3.5 目标函数

我们使用了一个主流的样例对排序损失函数——贝叶斯个性化排序（Bayesian Personalized Ranking，BPR）损失函数来优化 PASS 模型中的参数。我们采用了同批次负采样策略来提升训练效率。具体来说，给定一个批次的四元组正例 $\mathcal{B} = \{((u_i, q_i), (a_i, k_i))\}_{i=1}^n$，我们可以生成相应的搜索意图表示与广告目的表示 $\{(r_i, p_i)\}_{i=1}^n$。对于每个正例 (r_i, p_i)，同批次内的其他广告目的表示 $\{p_j | j \neq i\}$ 将被视为负例集合 $\mathcal{N}^-$。然后，BPR 损失函数的计算可以表示为

$$\mathcal{L}(\mathcal{B}) = -\frac{1}{n} \sum_{i=1}^n \frac{1}{|\mathcal{N}^-|} \sum_{p_i^- \in \mathcal{N}^-} \log \delta(c(r_i, p_i) - c(r_i, p_i^-))$$

$$= -\frac{1}{n^2} \sum_{i=1}^n \sum_{j=1}^n \log \delta(c(r_i, p_i) - c(r_i, p_j))$$

其中，c 是余弦相似度，δ 是 sigmoid 函数。

9.4 实　　验

9.4.1 实验设置

1. 数据集

我们的模型在两个真实世界的工业数据集上进行了充分的评估，这些数据集是从必应广告（Bing Ads）的不同业务场景中收集的，包括 Product-Ads 和 Textual-Ads。两个数据集

都是根据2022年3月1日至6月1日3个月内的历史点击记录构建的。每个样本都是一个四元组(u,q,k,a),表示用户u点击了广告商a在输入查询q下的关键词k,例如(dc1f-2423-ab23-f3e3,cherry keyboard,keyboard,newegg.com)。我们移除了一些与平台交互少于3次的不活跃用户,在Product-Ads中这类用户占所有用户的14%,在Textual-Ads中这类用户占12%。对于每个数据集,日期为最后十天的四元组被随机分成验证集和测试集,其余样例被当作训练集。表9-1列出了数据集的详细统计数据。同时,其他行为信息,例如会话信息和货单信息,也被收集起来构建整个超图。

表 9-1 数据集的统计数据

数据集	#train	#val	#test	#user	#adver.
Product-Ads	1 977 560	199 815	200 976	149 503	105 405
Textual-Ads	9 068 716	751 816	751 987	486 799	214 738

2. 基线模型

我们从主流的3类方法中选择了一些基线模型。

(1) 基于语义的模型

这种类型的方法仅仅依靠文本语义来匹配查询和关键词。

- C-DSSM:在单词序列上应用卷积神经网络来学习文本表示。
- TwinBERT:是一个基于预训练的BERT模型的双塔编码器。

(2) 基于图的模型

按照以前的方法,历史行为被组织成一个传统节点对图。节点的表示向量(查询和关键词)是由语言模型预先学习的,在GNN的训练过程中为固定的向量。

- GAT:采用多头注意力机制从邻居节点聚合信息。
- HGT:针对不同类型的边,利用参数独立的模块来建模异构注意力。

(3) 语义与图结合的模型

文本语义与历史行为在NLU-GNN联合训练的框架下进行融合。

- TextGNN:在BERT-GAT联合训练的框架下整合了文本和图的信息。
- AdsGNN:从不同角度融合了文本语义和点击图的信息。我们选择了效果最好的合并了字词层面信息的$AdsGNN_t$。
- BGTR:利用广告上的购买行为来学习理想的广告商和关键词表示。
- HBGLR:将语义和具有可学习结构的异构图信息编码到节点表示中。

除此之外,我们还为混合模型实现了一个额外的版本(例如 $textTextGNN_{ua}$),通过增加用户和广告商的信号来处理基于四元组的任务,从而更加公平地进行对比。这些针对基线模型的额外的用户和广告商表示与我们的方法有相同的生成和训练过程,并最终在相关性模块中融合,来学习搜索意图和广告目的表示。

3. 实现细节和评估

在实验中,我们将"bert-base-uncased"作为所有方法的预训练BERT模型。每个句子的最大序列长度被设定为15。我们在验证集上仔细地调整了所有方法的超参数,并使用验证集上效果最好的保存点在测试集上进行评估。对于所提出的PASS模型,隐藏层的维度d为768,每个节点的采样超边数量设置为3,每个超边采样5个节点。模型中短接权重beta设置为0.5,HT2层的数量设置为2。我们采用IPOT来解决最优传输问题,参考集的大小p为5。训练批次的大小为256,训练最多的轮次为15,并配合早停策略。我们采用Adam优化器来最小化训练损失函数。我们用召回任务来评估所有的方法,即根据输入的(u,q)检索出最相关的候选关键词(a,k)。所有的(a,k)对都被当作候选集中的候选,最终检索的相关度最高的5/20/100个结果被用于两种常用的检索指标Recall和NGCG(Normalized Discounted Cumulative Gain)的评估。

9.4.2 主要结果

表9-2展示了不同方法的召回性能。我们可以从中观察到:①单纯使用GNN是效果最差的方法,因为节点的文本表示在训练期间是固定的,导致在语义匹配方面的能力较差;②混合模型普遍优于纯语义模型,验证了历史行为在用户意图理解和语义信息补充方面的有效性;③通过加入额外的用户和广告商表示,所有方法的表现都得到了一定的提升,这表明用户和广告商的信号有助于促进广告搜索的效果;④我们提出的模型在各个评估指标上都明显超过了基线模型。PASS将语义和行为与强大的异构超图深度融合,能够精确地建模搜索意图和广告目的,并取得了令人满意的效果。此外,我们的PASS模型的一个简化蒸馏版本已经被部署在Bing Ads的线上召回阶段并进行A/B测试,并且展示了明显的效果提升。

表9-2 Product-Ads和Textual-Ads的实验结果

模型	Product-Ads						Textual-Ads					
	Recall@k			NDCG@k			Recall@k			NDCG@k		
	$k=5$	$k=20$	$k=100$	$k=5$	$k=20$	$k=100$	$k=5$	$k=20$	$k=100$	$k=5$	$k=20$	$k=100$
C-DSSM	0.090	0.150	0.289	0.071	0.081	0.108	0.063	0.107	0.229	0.045	0.052	0.078
TwinBERT	0.101	0.165	0.295	0.086	0.093	0.118	0.074	0.127	0.255	0.059	0.069	0.093
GAT	0.060	0.114	0.251	0.043	0.055	0.083	0.037	0.075	0.196	0.019	0.025	0.048
HGT	0.082	0.141	0.279	0.064	0.077	0.105	0.056	0.102	0.223	0.038	0.047	0.074
TextGNN	0.117	0.192	0.331	0.064	0.122	0.149	0.097	0.151	0.277	0.078	0.089	0.112
TextGNN$_{ua}$	0.130	0.207	0.341	0.107	0.134	0.158	0.104	0.161	0.285	0.089	0.097	0.120
AdsGNN	0.122	0.198	0.337	0.101	0.125	0.150	0.101	0.156	0.287	0.085	0.094	0.119
AdsGNN$_{ua}$	0.137	0.212	0.348	0.113	0.138	0.162	0.119	0.173	0.306	0.101	0.109	0.136
BGTR	0.121	0.196	0.336	0.101	0.127	0.153	0.103	0.158	0.286	0.087	0.095	0.118
BGTR$_{ua}$	0.142	0.216	0.350	0.115	0.140	0.161	0.121	0.177	0.308	0.102	0.112	0.138
HBGLR	0.136	0.210	0.344	0.112	0.138	0.159	0.117	0.167	0.293	0.095	0.104	0.127
HBGLR$_{ua}$	<u>0.150</u>	<u>0.225</u>	<u>0.359</u>	<u>0.121</u>	<u>0.147</u>	<u>0.169</u>	<u>0.128</u>	<u>0.185</u>	<u>0.319</u>	<u>0.110</u>	<u>0.121</u>	<u>0.147</u>
PASS	**0.169**	**0.247**	**0.380**	**0.137**	**0.164**	**0.190**	**0.140**	**0.199**	**0.335**	**0.119**	**0.132**	**0.160**

注:最优结果和次优结果分别通过加粗和下划线标出。

9.4.3 消融实验

我们进行了充分的消融实验来研究PASS中各个部分的有效性。

1. 不同类型的超边

在这个实验中，我们旨在研究不同类型超边的重要性。我们从超图中去除了不同类型的超边，并报告了模型在剩余超图上的表现。表 9-3 展示了实验的结果。①如果没有会话或货单超边，模型在 R@20 指标上的性能会明显下降 0.013/0.011。局部行为（共同会话和共同货单数据）描述了查询和关键词的上下文语义，为学习查询和关键词的个性化表示提供了不可或缺的补充信息。②模型的性能在移除与点击相关的超边后也有所下降，这揭示了点击行为对于学习理想的用户/广告商表示至关重要。总的来说，在去除任何类型的超链接后，PASS 的效果都会下降，这表明不同的超边能够捕捉到独特的有价值的行为信息来促进搜索意图与广告目的的匹配。

表 9-3 关于超边的消融实验

模型	Product-Ads		Textual-Ads	
	R@20	R@100	R@20	R@100
PASS	**0.247**	**0.38**	**0.199**	**0.335**
w/o session-edge	0.234	0.362	0.188	0.321
w/o order-edge	0.227	0.355	0.184	0.315
w/o u/a-click-edge	0.240	0.370	0.193	0.326
w/o q/k-click-edge	0.230	0.356	0.185	0.317

2. 超图采样策略

在这个实验中，我们研究提出的基于 PPR 的采样策略的影响。普通的平均采样和基于节点度数的采样方法用作采样效果的对比。表 9-4 展示了实验的结果。相比于平均采样和节点度数采样，基于 PPR 的采样策略分别帮助模型在指标 R@20 上提升了 0.014/0.012 与 0.008/0.006。我们提出的基于 PPR 的采样策略确保了被采样的子图保留了信息量大的节点，避免了超图上信息传递中潜在的噪声，因此取得了最好的效果。

表 9-4 关于超图采样的消融实验

采样策略	Product-Ads		Textual-Ads	
	R@20	R@100	R@20	R@100
Uniform sampling	0.233	0.364	0.187	0.322
Degree-based sampling	0.239	0.371	0.193	0.328
PPR-based sampling	**0.247**	**0.380**	**0.199**	**0.335**

3. 异构文本超图 Transformer

在这个实验中，我们通过对 HT2 模块进行调整来验证其有效性。表 9-5 展示了实验的结果。首先，我们使用均值聚合对每个节点内的字词表示进行粗粒度的节点级聚合，作为其在 HT2 模块中的节点表示向量。在两个数据集上，由于缺乏细粒度的字词级语义融合，模型在 R@20 上的指标明显下降了 0.024/0.019，这表明细粒度的字词级信息聚合有利于准确理解搜索和广告意图。其次，我们去掉了与异构性相关的部分，形成了传统的针对同构元素的注意力运算。在这种情况下，模型的效果也明显下降，揭示了不同的节点和超边的类型导致了不同的特征空间，应该在信息融合时被充分考虑。最后，我们尝试使用其他的聚合方法替换提出的基于 OT 的聚合。其他方法包括：均值聚合直接对超边内所有字词表示向量进行求平均，来生成超边表示；完整的自注意力运算和稀疏自注意力运算将所有字词进行拼接，先捕捉语义关联再进行聚合。实验结果显示平均聚合是最差的方法，表明了字词之间的关联信息对准确的语义信息聚合非常重要。与基于启发式假设的稀疏自注意力运算相比，所提出的基于 OT 的聚合方法具有更好的性能，这可能归功于最优传输求解器在聚合相关信息时具有一定的理论保证。与完整的自注意力运算相比，基于 OT 的聚合方法在有相似效果的同时，大大地减少了训练时间，证明了基于 OT 的聚合的高效性。

表 9-5 关于 HT2 模块的消融实验

模型	Product-Ads		Textual-Ads	
	R@20	Time(h/epoch)	R@20	Time(h/epoch)
Nodel-level aggregation	0.223	**1.1**	0.180	**5.2**
Homogeneous attention	0.233	1.5	0.188	8.4
Mean aggregation	0.231	1.3	0.189	6.5
Sparse self-attention	0.240	1.6	0.192	8.6
Full self-attention	**0.249**	8.5	0.198	44.8
PASS	0.247	1.8	**0.199**	9.2

9.4.4 冷启动场景下的效果

在个性化问题中，冷启动效果是指对于新出现的历史行为有限的用户模型检索效果。在这种场景下，我们使用一个简单而有效的策略来为新用户生成特征表示，并评估了模型的有效性。具体来说，新用户的特征表示被初始化为由 PASS 预先学习的活跃用户表示向量的均值。为了对效果进行评估，我们进一步收集了非活跃用户（即少于 3 条搜索记录）的历史点击数据并将其作为冷启动场景的评估数据集，形成了 38 706 条 Product-Ads 测试数据和 182 461 条 Textual-Ads 测试数据。然后，我们在正常数据集上训练我们的模型和基线模型，并在冷启动场景的评估数据集上进行评估。表 9-6 显示了 PASS 和几个基线模型的实验结果。与用户相关的模型在冷启动场景中都会有一定的性能下降，这是由不活跃用户的特征表示学习不充分导致的。但 PASS 仍然优于所有基线模型，这可能是因为高质量的超图建模和细粒度的融合模块有助于对查询和关键词的精准理解。

表 9-6 冷启动场景下的模型效果评估

模型	Product-Ads		Textual-Ads	
	R@20	R@100	R@20	R@100
AdsGNN$_{ua}$	0.202	0.338	0.161	0.286
HBGLR$_{ua}$	0.215	0.349	0.170	0.299
PASS	**0.225**	**0.359**	**0.180**	**0.309**

9.4.5 模型效率分析

我们展示了 PASS 在 Product-Ads 数据集上的训练和推理时间,并选择了两个现有效果最好的遵循 NLU-GNN 联合训练范式的基线模型 AdsGNN$_{ua}$ 与 HBGLR$_{ua}$ 作为比较。时间测试是在一台拥有 Nvidia-A100-80 GB GPU 和 Intel(R) Xeon(R) CPU E5-2690 v3 @ 2.60 GHz 2 600 MHz 112 GB CPU 的机器上进行的。表 9-7 展示了不同模型的训练和推理时间。推理时批次大小为 256。实验结果表明,PASS 与基线模型相比,在有更好效果的情况下并不会额外产生太多的时间花费。

表 9-7 模型效率分析

任务	AdsGNN$_{ua}$	HBGLR$_{ua}$	PASS
Training(h/epoch)	1.6	2.3	1.8
Inference(ms/batch)	785	791	804

9.5 本章小结

广告搜索系统的核心效能高度依赖于精准建模用户搜索意图与广告商广告目的之间的复杂相关性。传统上,基于双塔架构(即查询—关键词)的相关性模型,虽然在一定程度上捕捉了基础相关性,却因其仅依赖于简短的文本表示(查询与关键词),而未能充分考量用户与广告商在搜索与投放过程中的多样化、个性化偏好,这一局限性显著地制约了系统在实际应用中的表现与用户体验。

鉴于此,本书深入地探讨了"面向用户与广告商的个性化广告搜索"(PASS)这一前沿课题,旨在通过创新方法突破现有模型框架的局限。我们提出,利用超图这一高级数据结构来建模用户与广告商的历史行为数据,旨在揭示隐藏于海量行为数据中的多元、高阶关系,从而为相关性判断提供更为丰富、深入的补充信息。这一策略不仅捕捉了用户与广告商的行为模式,还揭示了他们之间的潜在联系与偏好差异。

为有效融合细粒度语义信息与超图拓扑结构的复杂特性,我们设计并实现了一个高效的异构文本超图 Transformer 模型。该模型创新性地结合了自然语言处理与图神经网络的优势,通过深度挖掘文本语义的微妙差异与超图结构中蕴含的高阶关系,实现了对用户搜索意图与广告商广告目的更加全面、准确的刻画。具体而言,该模型将用户、查询、关键词、广告商作为核心元素,构建了一个基于四元组(用户-查询-关键词-广告商)的相关性评估框架,从而能够更真实地反映实际搜索场景中的复杂交互关系。

在实验验证环节,我们采用工业界真实且多样化的数据集对模型进行了全面评估。实验结果表明,相较于传统模型,我们的框架在多个关键指标上均展现出了显著优势。这不仅验证了本书所提问题的重要性,也充分证明了所设计模型在应对复杂广告搜索场景时的有效性与优越性。

第 10 章
基于拓扑驱动语言模型预训练的推荐系统

10.1 引 言

　　商品表征学习的核心在于如何在建模时兼顾商品自身的属性与商品之间的交互。这些交互通常由用户的行为数据定义，例如哪些商品被共同点击、浏览或购买。这些行为揭示了商品之间的关联性和用户感知的相似性。商品的语义属性，例如描述、类别、价格等，反映了商品本身的固有特征，而用户行为则从实际使用场景中为商品赋予了额外的关联维度。

　　近年来，图神经网络在处理这种基于交互关系的商品表征问题的过程中展现了强大的能力。这些方法将商品视为节点，将用户行为定义的商品间互动（例如共现关系）视为边，从而构建一个商品交互图。在这一框架下，GNN 能够通过节点（商品）之间的信息传递，捕捉商品之间的复杂关系，使得模型能够更好地理解商品间的关联性。

　　一个典型的 GNN-based 方法通常包括两个主要模块：用于建模商品语义的自然语言理解模块（NLU），例如 BERT 等预训练语言模型，以及用于捕捉商品间交互特征的图神经网络模块。在这种架构中，每个商品首先通过其文本特征（如商品描述）进行表征，然后再将该表征与其邻域（即与之有交互的商品）进行聚合，生成最终的商品表示。这种方式允许模型同时考虑商品的语义和拓扑结构，以生成更加全面的表征。

　　尽管现有的 GNN-based 方法在整合商品语义和交互特征上已经取得了一定的进展，但这些方法在语义信息与拓扑信息的融合上仍然存在一定的不足。具体而言，目前的解决方案往往在编码商品文本特征时，没有充分利用其在交互网络中的位置和关系。换句话说，商品在生成自身语义嵌入时，无法直接参考与其他商品的交互信息。这导致语义和拓扑信息的融合是松散耦合的，无法充分挖掘多视图信息的互补性。因此，进一步研究如何在商品表征学习中加强 GNN 与 NLU 模块的协同作用显得尤为重要。

　　从 NLU 模型的角度来看，目前大多数预训练语言模型（如 BERT）都是在大规模通用语料库（如维基百科）上进行训练的，目的是捕获常见的语义知识。然而，在特定领域的应用中，商品之间的语义相似性可能与常规的语义理解有所不同。举例来说，预训练的 BERT 模型会将"啤酒"和"尿布"视为语义上完全不同的两个商品，并为它们学习较为遥远的嵌入。然而，根据用户行为数据，这两类商品经常被共同购买，因此它们在交互空间中应该具有较高的相似性。如果我们能够在商品的预训练过程中教会语言模型理解这些基于用户行为的信号,这将极大地提升模型在特定应用场景下的表现。

此外,NLU 模型学习到的语义信息也能够为 GNN 提供有力的补充。图结构中的稀疏性问题是一个普遍的挑战,尤其是在长尾商品的场景中,很多不常被点击或购买的商品由于缺乏用户行为数据的支持,难以从图结构中获得足够的信息。引入基于语义相似性的跨商品信息传递,可以在一定程度上弥补这种行为图稀疏性带来的问题,从而提高整个模型的泛化能力。

基于以上分析,我们提出了一种新的训练范式 TESPA,以实现 GNN 与 NLU 模块的互相增强。TESPA 在对商品进行语义建模的同时,借助用户行为引导的商品交互信息,实现了语义与拓扑的深度融合。通过这种方式,TESPA 不仅能够提升语义模型对商品关系的理解,还能有效改善图结构稀疏性的问题,为长尾商品的表征提供更丰富的信息来源。总结而言,商品表征学习中的核心挑战在于如何有效地融合商品的语义信息与交互信息。我们提出的 TESPA 范式通过加强 GNN 与 NLU 模块的协同作用,提供了一种更加高效、全面的表征学习方式,为电商推荐系统中的商品表示问题提供了新的解决方案。

10.2 方　　法

如图 10-1 所示,TESPA 框架由 3 个主要部分组成:拓扑驱动的语言模型预训练、基于语义的图丰富化以及多通道共同训练模块。

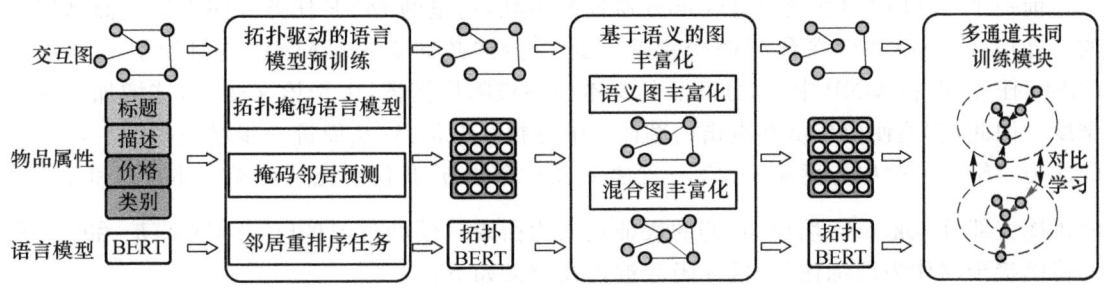

图 10-1　文本增强拓扑结构学习模型 TESPA 的框架图

在拓扑驱动的预训练阶段,首先,TESPA 继续根据多粒度拓扑信号对 NLU 模型进行预训练;其次,基于语义相似度丰富原始图拓扑;最后,一个新颖的紧密耦合的 co-training 范式,以多通道方式深度融合语义和交互。对比学习技术进一步被引入通道内(intra-channel)和通道间(inter-channel)上下文中,以加强协同合作。

10.2.1　拓扑驱动的语言模型预训练

传统的预训练语言模型通常在如维基百科这样的广泛文本数据集上进行训练,目的是包含通用的语义知识。然而,如前言中所强调,交互图可能包含独特的信息。将这种拓扑特定的知识整合到语言模型中可以增强商品表征。如图 10-2 所示,我们提出了 3 个预训练任务,将交互图的拓扑关系补充到通用预训练语言模型中。

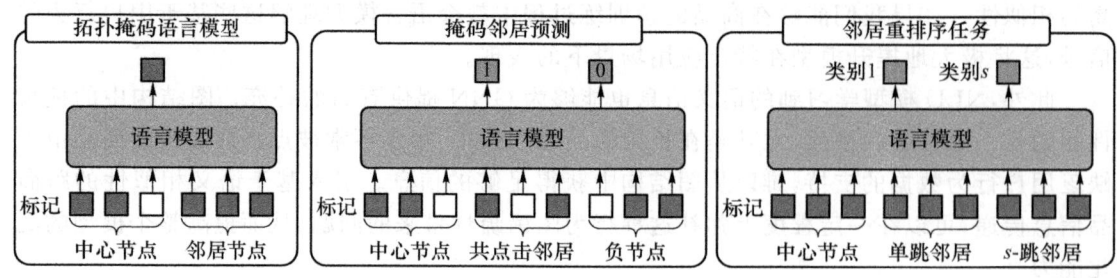

图 10-2 3 种拓扑驱动的语言模型预训练任务

1. 拓扑掩码语言模型（TMLM）

给定一个中心商品 c 和其邻居之一 n，它们的描述文本分别定义为 $T^{(c)} = \{t_1^{(c)}, t_2^{(c)}, \cdots, t_k^{(c)}\}$ 和 $T^{(n)} = \{t_1^{(n)}, t_2^{(n)}, \cdots, t_u^{(n)}\}$。我们随机用特殊标记[MASK]替换中心商品 T_c 中的一部分 tokens。TMLM 的目标是预测被掩盖的 tokens。让 $\boldsymbol{\Phi}^{(c)} = \{\phi_1^{(c)}, \phi_2^{(c)}, \cdots, \phi_m^{(c)}\}$ 表示句子 $\boldsymbol{T}^{(c)}$ 中 m 个被掩码 tokens 的索引。$\boldsymbol{T}_\Phi^{(c)}$ 表示 $\boldsymbol{T}^{(c)}$ 中的被掩码 tokens 集合，$\boldsymbol{T}_{-\Phi}^{(c)}$ 表示观察到的（未掩码的）tokens 集合。TMLM 的目标函数正式定义为

$$\mathcal{L}_{\text{tmlm}}(\boldsymbol{T}_\Phi^{(c)} \mid \boldsymbol{T}_{-\Phi}^{(c)}, \boldsymbol{T}^{(n)}) = \frac{1}{m} \sum_{i=1}^{m} \log p(t_{\phi_i} \mid \boldsymbol{T}_{-\Phi}^{(c)}, \boldsymbol{T}^{(n)}; \theta)$$

其中 θ 表示预训练模型中的可学习参数。TMLM 赋予语言模型在邻域中预测缺失 tokens 的能力，从而顺利地编码不同商品 s 之间的 token 关联。

2. 掩码邻居预测（MNP）

前一个 TMLM 任务专注于 token 层面的关联，这里的 MNP 任务专注于编码商品层面的拓扑信号。MNP 旨在预测两个商品 s 是否会被共同点击。MNP 类似于下一句预测（NSP）任务，但在 MNP 中，部分商品的文本描述被随机掩盖，由于语义受损，这增加了预测难度。因此，它迫使模型从共点击的商品 s 中寻找补充信息，从而进一步增强模型利用邻域的能力。给定一个中心商品 c 和其一个共点击的邻居 n，我们首先从原始文本 $\boldsymbol{T}^{(c)}$ 和 $\boldsymbol{T}^{(n)}$ 中随机掩盖部分 tokens。然后，它们的表征定义为由语言模型学习的[CLS]嵌入 $\hat{\boldsymbol{h}}_c$ 和 $\hat{\boldsymbol{h}}_n$。我们将链接预测作为训练任务，目标函数被正式定义如下：

$$\mathcal{L}_{\text{mnp}} = -\log \frac{e^{\langle \hat{\boldsymbol{h}}_n, \hat{\boldsymbol{h}}_c \rangle}}{e^{\langle \hat{\boldsymbol{h}}_n, \hat{\boldsymbol{h}}_c \rangle} + \sum_{r \in R} e^{\langle \hat{\boldsymbol{h}}_n, \hat{\boldsymbol{h}}_r \rangle}}$$

3. 邻居重排序任务（NRT）

MNP 任务捕获商品 s 之间的一阶关系。然而，图的一个显著特征是其天然的高阶连接。高阶关系提供了邻居节点的相对位置。因此，我们设计了 NRT 任务以捕获高阶亲密度。给定一个中心商品 c，我们首先基于最短路径距离（SPD）从其拓扑上下文中随机选择一组邻居。具体来说，从 s-hop 邻居中随机选择一个邻居 $n^{(s)}$，其 $\text{SPD}(c, n^{(s)}) = s$。收集所有 u hops 的邻居后，我们可以获得来自不同跳的一组邻居：$S = \{n^{(1)}, n^{(2)}, \cdots, n^{(u)}\}$，其中 u 是一个超参数，决定感知范围。基于中心节点 c 和邻居集合 S，我们将 NRT 任务形式化为一个分类任务，去将每对 $\langle c, n^{(s)} \rangle$ 分类到表示它们相对距离的正确类别 s 中，和 $n^{(s)}$ 的表征被拼接在一起，并输入一个线性分类器中。训练目标被定义为交叉熵损失：

$$e = \sigma(W_{\text{nrt}} \times \text{concat}(h_c, h_s))$$

$$\mathcal{L}_{\text{nrt}} = -\sum_{i=1}^{u} y_i \log(e_i)$$

其中，W_{nrt} 是将嵌入投影到 u 维向量的权重矩阵，σ 表示 softmax 激活函数，y_i 是真实标签。NRT 任务使得预训练模型能够学习邻居之间相对高阶的关系。

4. 多任务训练范式

为了将拓扑信息融入语言模型中，我们引入了 3 个预训练任务：TMLM、MNP 和 NRT。每一个任务都有助于捕获不同类型的拓扑信息。采用统一的多任务训练范式对于发挥这些不同任务所提供的优势至关重要。虽然一种直接的策略是顺序训练这些任务，但这种策略可能会遇到知识遗忘的挑战。在这种情况下，学习到的模型倾向于优先考虑最后的任务，可能会忘记之前任务中获得的知识。为了解决这一问题，我们提出了一种多任务训练策略，该策略迭代训练与不同任务相关的数据 batchs。这涉及为每个任务离线生成训练样本，并引入一个特殊标记来识别任务归属。随后，在训练过程中按顺序呈现对应不同任务的 batchs。根据输入的任务标记，选择性地选择分类层和目标函数。这种策略的核心在于确保在 batch level 公平地训练这 3 个任务，从而降低知识遗忘的风险。

10.2.2 基于语义的图丰富化

在前一小节探讨了如何将拓扑信息纳入语言模型，这一小节我们的重点转向通过语义相似性增强图拓扑结构。User 行为的特点是倾向于流行和热门的商品 s，导致节点度的幂律分布。这种分布意味着大多数商品 s 的拓扑连接是有限的（例如，在一个著名的广告平台上，超过 64% 的在线商品 s 一个月内的点击量少于 3 次）。因此，这些尾部节点不能完全从拓扑连接中获益。为了解决这一限制，我们的目标是通过基于语义相似性引入新的边来增强原始图拓扑。我们采用度量学习来生成语义图：

$$E_s[i,j] = \begin{cases} \mathcal{F}(h_i, h_j), & \mathcal{F}(h_i, h_j) \geq \epsilon \\ 0, & \mathcal{F}(h_i, h_j) < \epsilon \end{cases}$$

其中，$E_s \in \mathbb{R}^{K \times K}$ 是学习到的语义图，h_i 表示通过预训练模型学习到的商品 p_i 的嵌入，ϵ 是一个超参数，用以控制学习到的语义图的稀疏性，$\mathcal{F}$ 函数是相似性计算函数。为确保模型效率，此处 $\mathcal{F}$ 定义为余弦相似性，从而最近邻搜索可通过高效的 ANN 搜索算法解决。

此外，基于具有相似语义的商品 s 往往倾向于共享相似邻居的动机，混合图进一步被提出，通过深度融合语义和图连接来生成新的边。基于原始图 E 和语义图 E_s，混合图 E_h 被定义为 $E_h = E_s E$。总之，我们可以得到原始图、语义图和混合图，这 3 种类型的图组合在一起作为最终的丰富拓扑结构。

10.2.3 多通道共同训练模块

基于预训练语言模型和已被丰富化的交互图，我们进一步引入了多通道 co-training 模块，如图 10-3 所示，用于聚合商品属性和交互图。

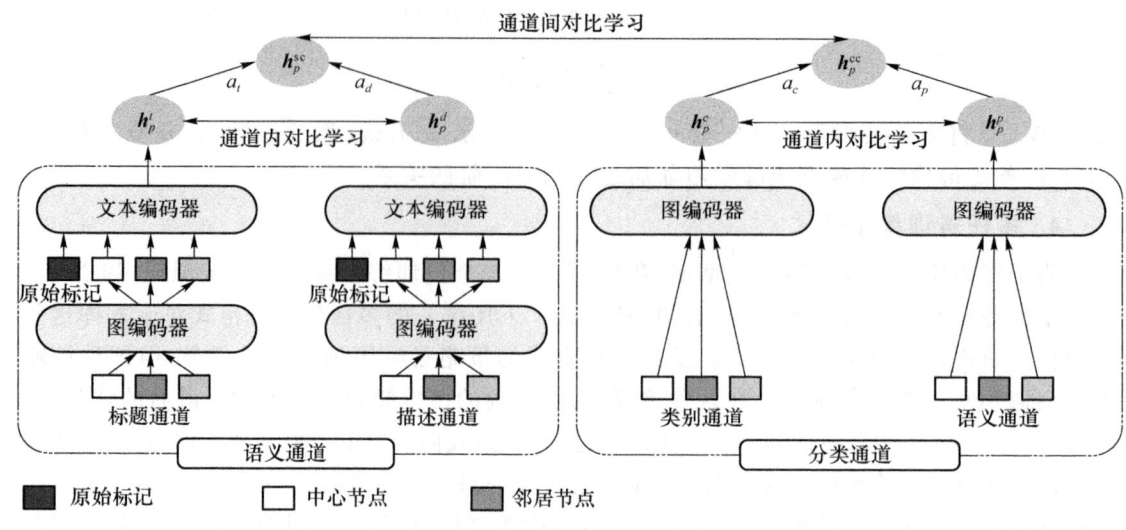

图 10-3 多通道训练的框架图

传统的 GNNs 通常将节点属性编码为静态 embeddings,并在 GNN 训练过程中保持不变。这种预先学习的静态 embeddings 无法确保与下游任务保持一致,可能会阻碍推荐系统的性能。因此,我们提出了协同训练商品属性建模模块和拓扑聚合模块。主要的挑战在于交互图的异质性。首先,商品具有一组属性,例如标题、描述、类别和价格。这些属性具有不同的数据格式和多样化的特性。传统的 GNN 模型通常将所有属性编码为一个单一的商品 embedding,并从邻域中聚合这种表示。然而,不同属性中包含的信息量可能存在差异。例如,与较长的标题和描述相比,价格和类别中的信息在聚合过程中更容易被淹没。因此,我们提出了一种多通道聚合范式,以保留细粒度的关联性。具体来说,每种商品属性类型都被视为一个独立的通道进行建模和聚合。不同通道的最终层输出会被组合为最终表征。为了清晰起见,我们使用语义通道来描述商品标题与商品简介,分类通道则针对商品价格和类别。

在语义通道中,我们旨在以深度耦合的方式共同学习 NLU 和 GNN 模型。我们采用紧密耦合的学习范式,其中多层 graph encoder 和 textual encoder 交替堆叠。一个 [CLS] token 被添加在每个文本的前面作为句子表征。对于 graph encoder,输入的交互图包含由图拓扑增强生成的 3 种类型的边。因此,我们设计了异构图聚合来捕捉这些细粒度的关联性。在 graph encoder 中,中心节点和邻居节点可以相互交换信息,从而将拓扑交互信息嵌入学习到的 [CLS] embedding 中。接下来,在 textual encoder 中,拓扑 [CLS] embedding 会被分发到相关的节点。对于每个节点,我们可以通过整合 [CLS] embedding 和 m 个原始 tokens 的 embeddings 得到矩阵 $M_s^{(l-1)} \in \mathbb{R}^{(m+1) \times d}$。矩阵 $M_s^{(l-1)}$ 会被输送到 textual encoder 中,以将邻域信息从 [CLS] token 传递到原始的 textual token 中。通过这些交替堆叠的文本和拓扑编码器,单个商品内部的语义和交互信息被深度融合,以学习到更有效的商品表示。

对于商品的类别和价格,我们将它们视为分类特征。类别的 embedding 被随机初始化为查找表,并在训练过程中根据训练信号进行更新。对于价格,我们将这些浮点数值分段并排序到不同的区间。属于这些区间的标识被视为分类特征,从而将连续特征转换为分类特征。分类通道的拓扑聚合过程与之前相同,结合了边的类型和权重。

10.2.4 多通道聚合与对比学习

我们从每个通道获得一个 embedding 向量,这些向量保留了语义信息和交互信息。考虑不同通道的信息量可能不同,我们进一步采用了注意力机制来学习各个通道的不同重要性。假设 h_p^t, h_p^d, h_p^c 和 h_p^p 分别表示从标题通道、描述通道、价格通道和类别通道学习到的表征。商品的最终表示是基于学习到的注意力权重对各通道表示的加权和:

$$h = \alpha_t h_p^t + \alpha_d h_p^d + \alpha_c h_p^c + \alpha_p h_p^p$$

多通道机制的增强效果源于每个通道中存在不同类型的信息,这使得模型能够辨别各通道的内在特征并提取有价值的见解。然而,关于不同通道之间的复杂关系和协作关联的研究还不够深入。为了解决这一问题,我们将对比学习技术引入 intra-channel 和 inter-channel 的上下文中,以强化不同通道之间的协作关联。

为了捕捉每个通道内的协作信息,以语义通道为例,我们设计了一个通道内对比损失,使用对比实例 (h_p^t, h_p^d)。相应的对比学习损失正式定义为

$$\mathcal{L}_{\text{intra}}^S = \sum_{p \in P} -\log \frac{\exp(s(h_p^t, h_p^d)/\tau)}{\sum_{p_{\text{neg}} \in P} \exp(s(h_p^t, h_{p_{\text{neg}}}^d)/\tau)}$$

对于分类通道,类别和价格通道作为对比实例,其对比学习损失 $\mathcal{L}_{\text{intra}}^C$ 以相同方式得出。此外,为了捕捉语义通道与分类通道之间的关联,我们进一步设计了跨通道的对比学习损失。语义通道和分类通道之间的对比学习损失定义如下:

$$\mathcal{L}_{\text{inter}} = \sum_{p \in P} -\log \frac{\exp(s(h_p^{\text{sc}}, h_p^{\text{cc}})/\tau)}{\sum_{p_{\text{neg}} \in P} \exp(s(h_p^{\text{sc}}, h_{p_{\text{neg}}}^{\text{cc}})/\tau)}$$

10.2.5 训练目标函数

我们选择 BPR 损失作为训练目标函数,BPR 假设正样本对的推荐分数应高于相应的负样本对。我们模型的目标函数 $\mathcal{L}_{\text{BPR}}$ 定义如下:

$$\mathcal{L}_{\text{BPR}} = \sum_{(p, p^+, p^-) \in O} -\ln \sigma(s_{(p, p^+)} - s_{(p, p^-)})$$

10.3 实 验

我们使用 4 个数据集来评估所提出的 TESPA 模型的性能。ProductAds 和 ProductReco 的数据集是从一个流行的在线广告平台的不同细分市场收集的。此外,还加入了两个流行的数据集,即 Yelp 和 Amazon-sports。详细的数据统计信息如表 10-1 所示。

为了全面评估我们提议的性能,我们选择了 4 种类型的方法作为 baselines。首先,我们选择 3 个 NLU 模型来基于纯语义信息进行商品推荐:DSSM、LSTM 和 BERT。其次,4 个流行的推荐模型 MF、NCF、NGCF 和 LightGCN 也被选为 baselines。此外,我们还采用了

一组流行的 GNN 模型（GCN、GAT、GraphSAGE）来验证 co-training 范式的重要性。最后，近几年有几项工作提出了 GNN 和 NLU 的联合训练，例如 TextGNN、AdsGNN、HashCODE 和 Heterformer，这些也作为 baselines 被引入。实验的评估任务定义为一个检索问题，即基于商品 s 的历史交互和它们的固有属性预测两个输入的商品 s 是否会被共点击。我们采用 3 个典型的排名指标，即 Precision@1（P@1）、NDCG 和 MRR。对于每个测试案例，一个商品将与 300 个候选项关联：1 个正样本加上 299 个随机抽样的负样本用于评估。

表 10-1　4 个数据集的统计信息

数据集	♯商品	♯训练集	♯验证集	♯测试集
ProductAds	2 274 778	18 478 012	50 000	262 841
ProductReco	10 745 783	103 295 927	50 000	942 426
Amazon-sports	28 316	456 050	6 745	1 540
Yelp	2 639	185 097	2 731	5 492

10.3.1　离线实验结果

表 10-2 展示了不同模型的离线性能。我们对每种方法都进行了 5 次实验，并报告了平均性能。

表 10-2　离线测评结果

模型	ProductAds			ProductReco			Amazon-sports			Yelp		
	P@1	NDCG	MRR	P@1	NDCG	MRR	P@1	NDCG	MRR	P@1	NDCG	MRR
LSTM	0.376	0.578	0.532	0.348	0.521	0.495	0.103	0.253	0.242	0.114	0.201	0.242
DSSM	0.408	0.592	0.571	0.381	0.553	0.528	0.116	0.271	0.255	0.120	0.217	0.258
BERT	0.673	0.772	0.722	0.616	0.731	0.695	0.204	0.372	0.395	0.210	0.398	0.383
GCN	0.634	0.771	0.719	0.619	0.727	0.703	0.218	0.384	0.382	0.225	0.408	0.399
GraphSAGE	0.661	0.803	0.754	0.625	0.762	0.719	0.225	0.387	0.409	0.219	0.388	0.378
GAT	0.674	0.804	0.748	0.632	0.756	0.730	0.221	0.385	0.381	0.234	0.411	0.407
MF	0.628	0.753	0.706	0.603	0.706	0.687	0.193	0.264	0.277	0.181	0.368	0.271
NCF	0.647	0.787	0.715	0.639	0.742	0.709	0.232	0.402	0.415	0.247	0.423	0.419
NGCF	0.672	0.793	0.738	0.649	0.760	0.728	0.248	0.419	0.411	0.261	0.437	0.429
LightGCN	0.702	0.816	0.777	0.661	0.785	0.735	0.249	0.431	0.429	0.269	0.441	0.437
TextGNN	0.737	0.836	0.782	0.682	0.791	0.757	0.263	0.477	0.464	0.274	0.478	0.464
AdsGNNt	0.751	0.859	0.806	0.703	0.815	0.774	0.279	0.492	0.488	0.287	0.490	0.479
Heterformer	0.759	0.877	0.821	0.709	0.816	0.773	0.273	0.501	0.484	0.287	0.497	0.475
HashCODE	0.763	0.864	0.819	0.718	0.822	0.789	0.285	0.510	0.496	0.299	0.504	0.488
TESPA	**0.781**	**0.874**	**0.825**	**0.737**	**0.845**	**0.819**	**0.301**	**0.521**	**0.514**	**0.315**	**0.528**	**0.512**

从结果中，我们可以得出以下观察点。①传统的纯语义模型（LSTM 和 DSSM）与其他方法相比表现较差，这表明 user 行为对学习理想的商品表征至关重要。②Heterformer 和 HashCODE 是两项近年来的工作，它们在统一的学习框架下共同训练 GNN 和 NLU 模型。它们的性能显著优于其他模型，验证了该训练范式的有效性。③我们的提案在所有指标上

持续以较大幅度超过 baselines。与 SOTA 相比，TESPA 平均提高了 3% 的性能，性能提升归因于交互与商品语义之间的相互增强，以及适当的多通道图聚合。

10.3.2 在线实验结果

我们将 TESPA 模型的评估扩展到在一个广泛使用的赞助搜索平台上进行在线实验。利用学习到的商品表征，我们计算成对相似性，识别每个商品的 top 候选对象以构建推荐表。该表是支持平台上在线服务的关键组成部分。评估在两个不同的工业场景中进行：ProductAds 和 ProductReco。关键性能指标如每千次展示收入（Revenue Per Thousand Impressions，RPM）、点击通过率（Click-Through-Rate，CTR）和每次点击成本（Cost Per Click，CPC）被用于全面评估。实验结果如表 10-3 所示，TESPA 模型在在线性能上展示了显著的提升。

表 10-3 线上测评结果

工业场景	RPM	CTR	CPC
ProductAds	+8.31%	+9.25%	−5.27%
ProductReco	+1.39%	+2.36%	−0.94%

10.3.3 消融研究

1. 拓扑预训练任务消融

在介绍方法的章节中我们提出了 3 个预训练任务，以将拓扑连接编码到语言模型中，包括 TMLM、MNP 和 NRT。这里我们旨在探讨不同任务的重要性。传统的 MLM 和 NSP 任务也被作为 baselines 采用。NSP 任务被修改为预测邻居作为下一个句子。图形丰富化和 co-training 模块被移除以确保公平性。消融实验结果如表 10-4 所示。

表 10-4 连续预训练任务上的消融研究

模型	ProductAds			ProductReco		
	P@1	NDCG	MRR	P@1	NDCG	MRR
BERT	0.643	0.772	0.722	0.616	0.731	0.695
MLM	0.655	0.779	0.733	0.623	0.739	0.701
NP	0.660	0.784	0.739	0.632	0.742	0.709
TMLM	0.662	0.787	0.745	0.646	0.754	0.718
MNP	0.668	0.797	0.758	0.659	0.761	0.727
NRT	0.675	0.816	0.768	0.665	0.769	0.733
TMLM+MNP	0.679	0.819	0.766	0.668	0.772	0.744
TMLM+NRT	0.685	0.827	0.783	0.677	0.779	0.752
MNP+NRT	0.694	0.822	0.781	0.675	0.782	0.746
TMLM+MNP+NRT	**0.702**	**0.826**	**0.784**	**0.679**	**0.785**	**0.749**

可得出以下结论。①Topology-aware 的预训练任务（例如 NP、TMLM 和 MNP）始终优于仅仅依赖于语义的任务（例如 MLM），这验证了交互图在商品表示学习中的重要性。②TMLM 和 MNP 始终胜过他们的对应任务 MLM 和 NP。该性能提升是合理的，因为 TMLM 能够捕获拓扑信息，而 MNP 通过损坏的输入提高模型的表达能力。③在组合所有预训练任务后模型性能进一步提升，这揭示了不同预训练任务从不同角度捕获有价值且独特的信息。

2. 多任务训练范式消融

传统的 task-level 训练策略被引入作为 baseline，以验证我们设计的 batch-level 迭代训练范式方法的有效性。实验结果如表 10-5 所示。

表 10-5　多任务训练范式消融实验

Paradigm	ProductAds			ProductReco		
	P@1	NDCG	MRR	P@1	NDCG	MRR
task-level	0.772	0.861	0.814	0.723	0.835	0.802
batch-level	**0.781**	**0.874**	**0.825**	**0.737**	**0.845**	**0.819**

可以看出，与 batch-level 方法相比，task-level 模型的性能降低了，这可能是因为 batch-level 迭代训练范式减小了知识遗忘的影响。

3. 图丰富化消融

基于商品之间的语义相似性，原始的图结构得到了增强，并且学习到了两种图（即语义图 E_s 和混合图 E_h），作为对原始图的补充。这里我们研究了不同类型的图对模型性能的影响。

实验结果如表 10-6 所示，可得出以下结论。

表 10-6　图丰富化消融结果

Graph type	ProductAds			ProductReco		
	P@1	NDCG	MRR	P@1	NDCG	MRR
E	0.765	0.852	0.811	0.712	0.826	0.801
$E+E_s$	0.772	0.862	0.814	0.725	0.838	0.809
$E+E_h$	0.774	0.867	0.816	0.727	0.840	0.812
$E+E_s+E_h$	**0.781**	**0.874**	**0.825**	**0.737**	**0.845**	**0.819**

① 在所有数据集和所有评估指标上，使用图丰富化后，模型性能都一致提升。这一现象揭示了基于语义的关系能够提供独特且有用的信息。

② 混合图 E_h 略优于语义图 E_s，这验证了我们最初的假设，即交互图和商品属性的深度融合能够提升模型性能。

③ TESPA 在所有类型的图下都表现出了最佳性能，这表明每个图都保留了其独特的知识。

4. 多通道协同训练模块消融

我们探讨了不同通道的重要性，依次从模型中移除每个通道，并在表 10-7 中报告了不同消融模型的结果。

表 10-7 多通道协同训练模块消融结果

Graph type	ProductAds			ProductReco		
	P@1	NDCG	MRR	P@1	NDCG	MRR
w/o title	0.751	0.842	0.796	0.694	0.803	0.772
w/o description	0.767	0.853	0.804	0.713	0.825	0.794
w/o price	0.769	0.858	0.809	0.719	0.827	0.804
w/o category	0.769	0.857	0.806	0.717	0.829	0.802
w/o intra-channel CL	0.763	0.860	0.812	0.703	0.818	0.797
w/o inter-channel CL	0.769	0.858	0.809	0.702	0.827	0.795
Single channel Agg.	0.770	0.862	0.811	0.719	0.832	0.804
TESPA	0.781	0.874	0.825	0.737	0.845	0.819

① title 相较于其他属性更加重要。移除 title 后,模型性能下降了近 3%。归因于为了吸引 user 的注意力,商品的 title 通常由简洁但准确的描述组成,突出商品的关键信息。

② price 和 category 的影响虽然小于语义特征,但它们仍然为独特的性能提升做出了贡献。移除任何单个通道都会导致性能下降,这说明了全面学习的重要性。

此外,我们还研究了多通道聚合函数的有效性,将单通道聚合(single-channel aggregation)作为 baseline。单通道聚合首先将所有属性编码为 embedding,然后将此 embedding 传播到邻域中。如表 10-7 所示,多通道模型相比单通道模型平均提升了近 1.5%。在单通道模型中,语义丰富的属性可能会压倒相对信息量较少的属性,导致信息丢失和性能下降。

为了评估对比学习组件在通道间(inter-channel)和通道内(intra-channel)的有效性,我们通过分别移除这两种 loss 进行了实验。移除后的模型性能如表 10-7 所示。值得注意的是,移除这些 loss 后,模型性能显著下降。这一下降表明,对比学习 loss 在增强模型捕捉通道内外细微关系的能力方面起到了关键作用。性能的下降进一步表明,模型的有效性与对比学习机制密切相关。移除这些 loss 表明削弱了模型利用不同通道内在关系和协作相关性的能力,突显了我们提出的对比学习框架在方法中的重要性。

10.4 本章小结

商品表征学习的核心问题在于如何在建模过程中同时考虑商品自身属性和商品间的交互关系。这些交互关系通常是由用户的行为数据定义的,如商品的点击、浏览和购买行为等。通过这些行为,能够揭示商品间的关联性以及用户感知的相似性。商品的语义属性(如描述、类别和价格)反映了其固有特征,而用户的行为则为这些商品赋予了额外的关联维度,使其在实际应用场景中更加丰富。近年来,图神经网络在处理这种基于交互关系的商品表征问题上展现了强大的能力。这类方法通过构建商品交互图,将商品视为节点,将用户行为定义的商品间互动(如共现关系)视为边。在这个框架下,GNN 能够通过节点间的信息传递,捕捉商品之间复杂的关系,使得模型能够更好地理解商品的关联性。

典型的 GNN-based 方法通常包含两个主要模块:用于建模商品语义的自然语言理解

(Natural Language Understanding,NLU)模块,例如 BERT 等预训练语言模型,以及用于捕捉商品间交互特征的图神经网络模块。在此架构中,首先通过文本特征(如商品描述)对商品进行表征,然后将该表征与邻域内商品(有交互的商品)进行聚合,从而生成最终的商品表示。这种方式使得模型能够同时考虑商品的语义和拓扑结构,生成更全面的商品表征。尽管 GNN-based 方法在整合商品的语义和交互特征方面已取得了一定进展,但当前方法在融合语义信息与拓扑信息方面仍有不足。现有解决方案往往在编码商品文本特征时,没有充分考虑其在交互网络中的位置和关系。也就是说,商品在生成自身语义嵌入时,无法直接参考与其他商品的交互信息。这导致语义和拓扑信息的融合是松散耦合的,无法充分挖掘两者的互补性。因此,进一步研究如何增强 GNN 与 NLU 模块的协同作用尤为重要。

基于上述分析,我们提出了一种新的训练范式 TESPA,以实现 GNN 与 NLU 模块的互相增强。TESPA 不仅在商品语义建模的过程中利用了用户行为引导的商品交互信息,还实现了语义与拓扑结构的深度融合。通过这种方式,TESPA 不仅能够增强语义模型对商品间复杂关系的理解,还能有效地解决图结构稀疏性的问题,为长尾商品的表征提供更丰富的信息来源。总的来说,商品表征学习的核心挑战在于如何有效地融合商品的语义信息和交互信息。我们提出的 TESPA 范式通过加强 GNN 与 NLU 模块的协同作用,提供了一种更加高效和全面的商品表征学习方式,为电商推荐系统中的商品表示问题提供了新的解决方案。

第 11 章
基于文本属性图表示学习的社交网络对齐

11.1 引　　言

近年来,伴随着互联网技术的迅猛发展,社交网络在人们的日常生活中扮演着越来越重要的角色。从最初单一的社交功能出发,社交网络逐渐发展为提供多样化服务的多功能平台,满足了不同用户的需求。例如,Twitter 和新浪微博等平台为用户提供了发表时事评论、分享日常生活的功能,而 LinkedIn 则专注于求职及职业社交。这一趋势推动了用户在多个平台上同时活跃,不同平台之间的功能差异使得用户在不同社交网络上展示不同的个人侧面,最终形成了跨平台、多维度的社交数据生态。

在这样的背景下,社交网络对齐任务显得尤为重要。它的核心目标是识别不同社交平台上属于同一自然人的账户。这一任务不仅是跨平台社交网络分析的基础,也具备显著的学术意义和广泛的应用前景。通过成功的对齐,不同社交平台上的数据可以被整合,为进一步的分析任务提供支撑,如朋友推荐、信息融合预测和动态网络分析。对于商业应用而言,精准的社交网络对齐可以帮助企业更好地理解用户的跨平台行为,提升广告投放和个性化推荐的效果。

目前,大部分的社交网络对齐方法基于全监督学习。这类方法将对齐问题视为分类或排序任务,利用大量标注数据训练模型,以期在不同平台间准确匹配用户账户。然而,受限于社交平台之间的相互独立性,跨平台标注数据的获取十分困难,在现实情况下,标注数据的稀缺性使得全监督学习模型的性能受到了极大的制约。尤其在跨语言、跨文化的社交网络中,标注的难度进一步增加。此外,人工标注的高成本和不确定性,也成为限制全监督模型应用的关键因素。

为了解决这一问题,研究人员近年来开始探索无监督的社交网络对齐方法。无监督方法试图自动匹配不同社交网络上的用户账户,减少对标注数据的依赖。这类方法通常基于用户属性的相似性进行匹配,如账户名称、地理位置等。然而,由于不同平台上的用户行为和展示形式存在显著差异,无监督方法的普适性和效果受到很大限制。例如,Twitter 用户通常通过文本发表观点,而 Instagram 则以图片内容为主。这种内容形式上的差异,使得难以直接评估不同平台间的相似性,从而降低了无监督方法的准确性。即便在某些属性相对统一的场景中,无监督方法仍然缺乏标注信息的指导,难以在复杂情况下取得与全监督模型相媲美的效果。

在此背景下，半监督学习方法逐渐成为研究的重点。与全监督和无监督方法不同，半监督方法能够同时利用标注和未标注数据。在实际应用中，半监督方法通过少量标注数据引导模型学习方向，同时借助于大量未标注数据来捕捉其内在分布。这使得它在标注数据有限的情况下，也能够有效地提升社交网络对齐的性能。现有的半监督社交网络对齐方法通常在样本层次进行匹配，具体方法为首先将不同平台上的用户账户映射到一个共享的隐空间。在该隐空间中，模型通过两个条件进行学习：一是同一平台内相似账户的隐空间距离应较近；二是已知同一自然人拥有的跨平台账户，其在隐空间的投影也应靠近。基于这种共享隐空间，可以通过计算账户之间的距离来判断其是否属于同一自然人。

然而，现有半监督方法仍然面临一定的挑战。尽管它减少了对标注数据的依赖，但要达到理想的对齐效果，仍需要足够的标注数据提供初步指导。同时，由于不同社交平台间的用户行为、内容发布形式以及社交关系模式可能存在较大差异，如何在统一的隐空间中合理表征这些异构信息仍是一个亟待解决的问题。

如图 11-1 所示，Celine Dion 和 Adele 是著名歌手，而 Stephen Curry 是篮球运动员。由于拥有相似的兴趣，Celine Dion 和 Adele 在两个社交平台（Twitter 和 Facebook）对应的特征空间上都比较靠近。假设已知两个平台上 Celine Dion 对应的账号属于同一个人。

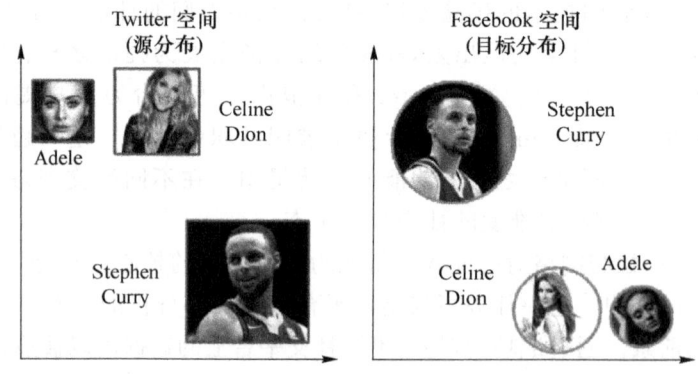

图 11-1　Twitter 和 Facebook 的原始特征分布空间

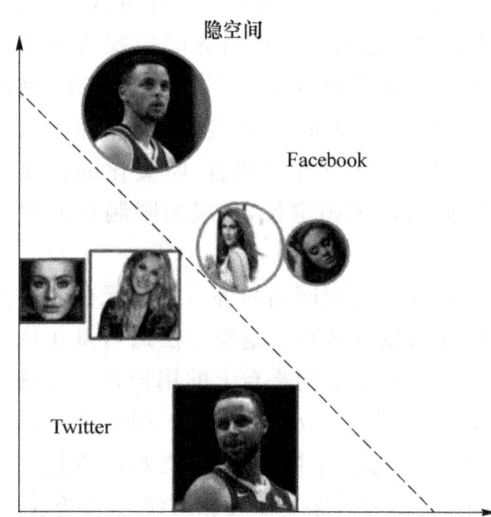

图 11-2　基于样本的对齐模型学习到的隐空间

基于传统的样本级别的对齐方法学习到的隐空间如图 11-2 所示。该隐空间满足上述两个约束条件，即 Celine Dion 对应的两个账户在隐空间中距离很近，并且隐空间可以保持之前单一社交平台上账户之间的相似性。但是，对于 Twitter 平台上的 Stephen Curry 账号，他最近的 Facebook 账户是 Adele 而不是其对应的 Facebook 账户，导致了错误的匹配结果。

不同于其他基于样本的半监督社交网络对齐方法，本书从另外一个崭新的视角来完成该任务。本书将一个社交网络的特征空间看作一个分布，并尝试进行基于分布的社交网络对齐。首先，如图 11-1 所示，两个输入的社交网络可以分别构建出自己的特征空间。从整体的视角来看,由于兴趣的不同,上述 3 位自然人在不同社交空间的分布呈现类似的形状,此类性质被称为社交网络上的同质性。例如,在图 11-1 中,由于拥有相似的兴趣,Celine Dion 和 Adele 在两个社交平台(Twitter 和 Facebook)的单一特征空间上的距离比较近,因此他们在不同社交空间的分布具有相似性。

如图 11-3 所示,如果可以将 Twitter 上的社交空间分布通过一系列的操作 Φ(例如旋转、平移和伸缩)映射到 Facebook 空间中,并且最小化映射后的分布和 Facebook 空间分布之间的距离,属于同一个自然人的账户将会自动地聚集在一起。通过引入社交分布之间的同质性信息,本书将社交网络对齐任务转化成学习合适的操作 Φ 来最小化两个分布之间的距离。图 11-3 中的操作 Φ 一般被称为映射函数。它假设社交账户所包含的信息是自然人在某个特定社交空间的映射。不失一般性,本书将一个社交网络(目标网络)上的账户看作自然人,另一个社交网络(源网络)上的账户是自然人的映射。这个假设已经被多个工作所采用。但是,现存方法一般都是全监督模型,需要大量的样本级别标注数据来学习该映射函数,与上述方法不同,本书拟最小化两个分布之间的距离,进而减少对样本级别标注信息的依赖。该目标函数能够使模型不仅考虑样本级别的局部相似性,而且可以从全局角度考虑社交分布的内在结构。

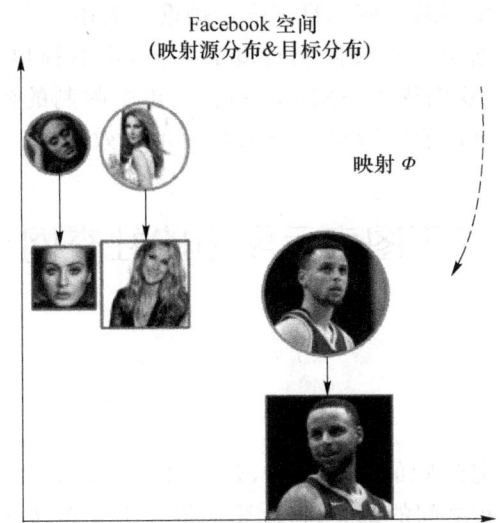

图 11-3　基于分布的对齐模型学习到的隐空间

上述想法需要一个指标来衡量两个分布之间的距离。本书选择了推土机距离(Earth Mover's Distance,EMD)作为评估指标。EMD 已经在多个领域内被证明其有效性,例如信息检索、计算机视觉和自然语言处理等。EMD 从整体上评估了两个加权点集合之间的相似度,它计算了将一个点集合转移成另外一个点集合需要的最小消耗。在社交网络对齐任务中,本书将一个社交网络中的所有账户看作一个加权点集合,然后期待能够学习一个映射函数来最小化映射之后的源分布和目标分布之间的 EMD。但是,网络对齐任务中两个分布之间的 EMD 是动态变化的,带来了新的挑战。传统的方法一般关注最小化两个固定分布之间的 EMD。两个输入的分布被看作一个二分图上两个独立的节点集合,二分图里边上的权重是对应的两个点之间的地面距离。因此,EMD 最小化问题可以转化为最小成本流问题,进而利用 hungarian 算法进行求解。但是,hungarian 算法只能应用在静态的二分图上。在社交网络对齐任务中,首先需要利用映射函数将源分布映射到目标空间。随着映射函数的优化,映射之后的源分布也在逐步变化,进而形成了一个动态二分图。但是,hungarian 算法不能够有效地应用在动态二分图上。动态 EMD 最小化问题的最优解是不确定的,因为其真实求解是 NP-hard 问题。其次 EMD 最小化问题是基于分布的无监督学习,但是少量的标注信息里面包含了样本级别的指导信息。考虑完全不同的场景和意义,如何利用样本级别的标注信息来指导两个分布之间的最小化问题,也是一个亟须解决的挑战。最后上述方法的一个基础工作是先将社交网络映射到一个低维的特征空间中。考虑社交数据的复杂性和拓扑结构的高度非线性,如何学习高质量的社交用户的表征向量也是面临的一个挑战。

本书提出了一个基于对抗学习的模型 SNNA 来完成半监督的社交网络对齐任务。首先,本书利用流行的图表示技术来分别学习两个社交网络的特征空间。其次,在给定两个特征空间后,本书设计了一个基于前馈神经网络的辨别器来估计映射后的源分布和目标分布之间的 Wasserstein 距离(推土机距离的连续表示),然后将映射函数看作生成器来最小化估计得到的 Wasserstein 距离。通过生成器和辨别器之间的相互对抗,两个分布之间的 Wasserstein 距离将会逐步减小,同时映射函数也会得到优化使其能够找到一个最优解的邻居解。本书还提出了另外一个目标函数来融合少量的标注信息,它要求一个源网络中的账户在目标空间的映射点应该与其对应的目标账户接近。上述两个目标函数将在统一的学习框架下进行协同优化。根据引入正交限制程度的不同,本书提出了 3 种 SNNA 模型的变种,包括单向模型 $SNNA_u$、双向模型 $SNNA_b$ 和引入正交限制的模型 $SNNA_o$。最后,本书在 5 个数据集上的实验结果证明了所提 SNNA 模型的有效性。

11.2 基于图表示学习的社交网络对齐

11.2.1 准备知识

本小节首先介绍了研究问题的相关知识,包括推土机距离和 Wasserstein 距离。推土机距离定义了两个概率分布之间的距离,它计算了将一个分布转化为另一个分布所需的最少工作。一个离散的概率分布可以被表示为多个狄拉克函数的和:$\mathbb{P} = \sum_i p_i \delta_{x_i}$。其中 x_i 是在分布 $\mathbb{P}$ 中的一个样本,p_i 是其出现的概率,δ_{x_i} 是狄克拉函数。给出一对离散分布 $\mathbb{P}^I = \sum_i u_i \delta_{x_i}$ 和 $\mathbb{P}^J = \sum_j v_j \delta_{y_j}$,两者之间的 EMD 定义如下:

$$\text{EMD}(\mathbb{P}^I, \mathbb{P}^J) = \min_{E \in \mho(\mathbb{P}^I, \mathbb{P}^J)} \sum_i \sum_j E_{ij} d(x_i, y_j)$$

其中 $d(x_i, y_i)$ 测量了样本 x_i 和 y_i 之间的地面距离。两个分布之间的传输策略定义如下:

$$\mho(\mathbb{P}^I, \mathbb{P}^J) = \{E | E_{ij} \geqslant 0, \sum_j E_{ij} = u_i, \sum_i E_{ij} = v_j, \forall i, j\}$$

在社交网络对齐问题中,本书将经过映射函数处理的源分布看作一些土堆,目标分布看作一些土坑。EMD 计算了将这些土堆填进土坑的最小消耗。消耗量的计算是移动的土的重量乘以对应移动的距离。E_{ij} 代表了从土堆 y_j 移动到土坑 x_i 的土的数目。E_{ij} 越大代表账户 x_i 和 y_j 有更大的概率属于同一个人。

另外，Wasserstein 距离是 EMD 在连续分布上的扩展版本，其定义如下：

$$W(\mathbb{P}^I, \mathbb{P}^J) = \inf_{\gamma \in \Gamma(\mathbb{P}^I, \mathbb{P}^J)} \int d(x,y) \mathrm{d}\gamma(x,y)$$

其中 $\Gamma(\mathbb{P}^I, \mathbb{P}^J)$ 代表了一个联合概率分布 $\gamma(x,y)$，其边缘概率为 $\mathbb{P}^I$ 和 $\mathbb{P}^J$。

11.2.2 问题定义

一个社交网络的定义如下：$N=\{V,W,P\}$，其中 $V=\{v_1, v_2, \cdots, v_n\}$ 是社交网络中的账户集合。每个账户都由一个 d 维特征向量 w_i 来表示，进而可以组成社交网络对应的特征矩阵 $W \in \mathbb{R}^{d \times n}$。矩阵 $P \in \mathbb{R}^{1 \times n}$ 里面包含了社交用户的拓扑结构影响力，例如其出度和入度等。所研究问题的数学定义如下。

定义 11-1（半监督的社交网络对齐） 给出两个社交网络 $O=\{V_O, W_O, P_O\}$ 和 $E=\{V_E, W_E, P_E\}$，以及一些已经知道的匹配账户对 $M=\{(v_o, v_e) | v_o \in V_O, v_e \in V_E\}$，半监督的社交网络对齐任务尝试去寻找其他的匹配对 $Y=\{(v_o, v_e) | v_o \in V_O, v_e \in V_E, (v_o, v_e) \notin M\}$，其中 v_o 和 v_e 属于同一个自然人。

本书假设两个社交网络中账户特征向量的维度相同，都设置为 d。这个约束条件可以使用流行的图表示学习模型来轻易满足。根据研究背景中的介绍，所研究问题可以进一步地定义如下。

定义 11-2（映射函数的学习） 给出一个源分布 $\mathbb{P}^O$、一个目标分布 $\mathbb{P}^E$ 以及少量的标注数据 $M=\{(v_o, v_e) | v_o \in V_O, v_e \in V_E\}$，本书尝试学习一个满足下列条件的映射函数 Φ：① 映射函数 Φ 应该能够最小化映射之后的源分布 $\mathbb{P}^{\Phi(O)}$ 和目标分布 $\mathbb{P}^E$ 之间的 Wasserstein 距离；② 对于集合 M 中的一个标注匹配样本 (v_o, v_e)，映射函数 Φ 应该能够最小化映射之后的源账户 $\Phi(v_o)$ 和目标账户 v_e 之间的距离。

模型训练完成之后，给出一个源网络中的账户对应的特征向量 v_o，它在目标网络中的对应账户可以利用其映射点 $\Phi(v_o)$ 与目标点 v_e 之间的距离 $d(\Phi(v_o), v_e)$ 进行选择。一个较短的距离说明两个账户有更大的可能性属于同一个自然人。

11.2.3 映射函数

由于不同的社交网络之间存在同质性，所以现有的工作一般采用一种比较简洁的映射函数。本书选择了线性变换作为映射函数，其定义如下：

$$\Phi(w_s) = G \times w_s$$

其中 $G \in \mathbb{R}^{d \times d}$ 是待学习的映射矩阵。本书也尝试了其他非线性的映射函数（例如采用了非线性映射的多层感知机），但是效果不是很好。这有可能是因为非线性映射会改变概率分布的内在结构，进而破坏同质性。除此之外，依照之前的工作，映射矩阵 G 如果是一个正交矩阵，将会得到更好的效果。从几何角度上来说，利用一个正交矩阵对一个概率分布进行变化等同于将该分布映射到某些空间，并对其进行旋转，因此能够保存分布的内在结构。同时，一个正交映射从理论上来看也具有数值稳定性。

11.2.4 单向映射模型 SNNA$_u$

首先本书介绍了单向映射模型 SNNA$_u$，其将源分布单方向映射到目标分布所在的空间。SNNA$_u$ 模型引入了生成对抗学习策略来最小化两个分布之间的距离。对抗学习是一个流行的生成模型，其中生成器和辨别器之间进行一场对抗游戏。在社交网络对齐任务中，本书将映射函数看成生成器，然后利用辨别器来估计两个分布之间的 Wasserstein 距离。图 11-4 展示了 SNNA$_u$ 模型的框架图。其中生成器 G 代表映射函数 Φ，辨别器 D 用来估计映射后的源分布 $\mathbb{P}^{G(O)}$ 和目标分布 $\mathbb{P}^E$ 之间的 Wasserstein 距离。SNNA$_u$ 模型的目标函数的数学定义如下：

$$\min_G W(\mathbb{P}^E, \mathbb{P}^{G(O)}) = \inf_{\gamma \in \Gamma(\mathbb{P}^E, \mathbb{P}^{G(O)})} \mathbb{E}_{(w_e, Gw_o) \sim \gamma}[d(w_e, Gw_o)]$$

其中 w_o 代表从源分布 $\mathbb{P}^O$ 中采样得到的样本账户 v_o 对应的特征向量，每个账户的采样概率正比于其拓扑影响力 p_o。w_e 是从目标分布 $\mathbb{P}^E$ 中利用相同方法采样得到的账户的特征向量。为了求解上述目标函数，需要遍历所有可能的联合概率来计算极小值的期望，是一个非常困难的工作。基于 Kantorovich-Rubinstein 对偶性质，当地面距离 d 被定义为欧拉距离的时候，上述目标函数可以写成下面的简洁形式：

$$W = \frac{1}{K} \sup_{\|f\|_L \leq K} \mathbb{E}_{w_e \sim \mathbb{P}^E} f(w_e) - \mathbb{E}_{Gw_o \sim \mathbb{P}^{G(O)}} f(Gw_o)$$

其中函数 f 必须满足 K-Lipschitz 连续性，即对于所有的 $x_1, x_2 \in \mathbb{R}$，函数 f 需要满足 $|f(x_1) - f(x_2)| \leq K|x_1 - x_2|$，其中 $K \geq 0$ 是 Lipschitz 常量。该目标函数期待能够找到在所有可能的 K-Lipschitz 函数上的极大值。前向反馈神经网络拥有强大的近似学习能力，因此本书设计了一个多层前馈神经网络来学习合适的函数 f，即图 11-4 中的辨别器 D。辨别器的目标函数是学习一个合适的函数 f 来估计分布 $\mathbb{P}^E$ 和 $\mathbb{P}^{G(O)}$ 之间的 Wasserstein 距离，其数学定义如下：

$$\max_{\theta, \|f_\theta\|_L \leq K} L_D = \mathbb{E}_{w_e \sim \mathbb{P}^E}[f_\theta(w_e)] - \mathbb{E}_{Gw_o \sim \mathbb{P}^{G(O)}}[f_\theta(Gw_o)]$$

其中 θ 是辨别器中使用的多层神经网络中待训练的参数。本书引入了剪枝策略来强迫对应的参数满足 K-Lipschitz 限制，即在每次梯度更新后，将参数 θ 裁剪到一个较小的窗口 $[-c, c]$ 中。图 11-4 中的生成器用来最小化辨别器估计的 Wasserstein 距离。生成器 G 只存在于第二项，因此生成器目标函数的数学定义如下：

$$\min_{G \in \mathbb{R}^{d \times d}} L_G = -\mathbb{E}_{Gw_o \sim \mathbb{P}^{G(O)}}[f_\theta(Gw_o)]$$

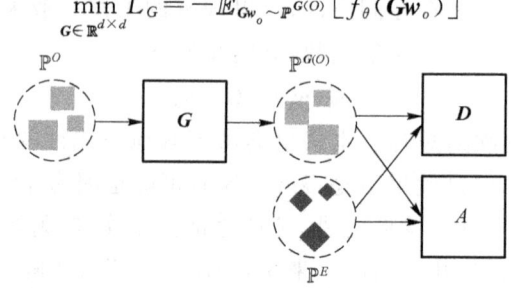

图 11-4　单向映射模型 SNNA$_u$ 的框架图

随着生成器的误差逐步减小,辨别器估计出的 Wasserstein 距离也在逐步减小,属于同一个自然人的不同社交账户在目标特征空间中将会逐步聚合在一起。

算法 11-1 SNNA$_u$ 模型的详细训练过程

输入:学习率 α、剪枝权重 c、最小训练批量大小 m、在每个训练循环中辨别器训练的次数 n_d、基于标注数据的误差权重 λ_c。

输出:初始化的生成器参数 G_0、初始化的辨别器参数 θ_0。

1: **while** 生成器 G 的学习未收敛 **do**
2:    **for** $i=0 \to n_d$ **do**
3:        从源分布中抽样出一个训练批次 $\{w_o^{(i)}\}_{i=1}^m$
4:        从目标分布中抽样出一个训练批次 $\{w_e^{(i)}\}_{i=1}^m$
5:        $g_\theta \leftarrow \nabla_\theta \left[\dfrac{1}{m} \sum\limits_{i=1}^m f_\theta(w_e^{(i)}) - \dfrac{1}{m} \sum\limits_{i=1}^m f_\theta(Gw_o^{(i)}) \right]$
6:        $\theta \leftarrow \theta + \alpha \cdot \text{RMSProp}(\theta, g_\theta)$
7:        $\theta \leftarrow \text{clip}(\theta, -c, c)$
8:    **end for**
9:    从目标分布中抽样出一个训练批次 $\{w_o^{(i)}\}_{i=1}^m \sim \mathbb{P}^O$
10:   $g_G \leftarrow \nabla_G \left(\dfrac{1}{m} \sum\limits_{i=1}^m (-f_\theta(Gw_o^{(i)})) \right)$
11:   $g'_G \leftarrow \nabla_G \lambda_c \cdot \dfrac{1}{|M_t|} \Sigma_{(v_o, v_e) \in M_t} d(Gw_o, w_e)$
12:   $G \leftarrow G - \alpha \cdot \text{RMSProp}(G, g_G + g'_G)$
13: **end while**

同时,为了进一步提高匹配的效果,本书还引入了少量的标注信息来指导映射函数的学习过程,其对应图 11-4 中的组件 A。假设在一个训练批次中,已经得知一组源账户以及其对应的目标账户的集合 $M_t \subset M$。对集合 M_t 中的一个已知匹配的账户对 (v_o, v_e),本书期待能够最小化映射之后的源账户 $G(v_o)$ 和目标账户 v_e 之间的距离:

$$\min_{G \in \mathbb{R}^{d \times d}} L_C = \frac{\lambda_c}{|M_t|} \sum_{(v_o, v_e) \in M_t} d(Gw_o, w_e)$$

其中 w 是账户对应的特征向量。该目标函数可以有效地利用标注数据来指导映射函数的学习过程。参数 λ_c 是一个超参数,用来控制基于标注数据的误差 L_C 在模型训练过程中所占的权重。

算法 11-1 展示了 SNNA$_u$ 模型的训练过程。行 2 至 12 是一个训练周期。首先,如行 2 至行 8 所示,SNNA$_u$ 训练辨别器 n_d 次。这种策略是为了防止对抗学习中的崩塌问题。然后,如行 9 至行 13 所示,通过最小化误差函数的加权和来更新生成器 G,使得学习到的生成器不仅可以最小化两个分布之间的 Wasserstein 距离,同时也可以拟合少量的训练数据。

11.2.5 双向映射模型 $SNNA_b$

单向映射模型 $SNNA_u$ 没有对映射函数 G 添加任何约束。文献证明了如果 G 是一个正交矩阵，那么能够进一步提升社交网络对齐的效果。从几何角度来说，利用一个正交矩阵对一个概率分布进行变化等同于将该分布映射到某些空间，并对其进行旋转，因此能够保存分布的内在结构。同时，一个正交映射从理论上来看也具有数值稳定性。但是，将传统的正交限制条件引入对抗学习的框架中是非常困难的。因此，本书提出了一个双向映射模型 $SNNA_b$ 来隐性地引入正交限制。如图 11-5 所示，$SNNA_b$ 在左右两个方向都进行了映射。如果映射函数 G 是一个正交矩阵，并且能够最小化分布 $\mathbb{P}^{G(O)}$ 和 $\mathbb{P}^E$ 之间的 Wasserstein 距离，那么其转置矩阵 G^T 应该能够最小化分布 $\mathbb{P}^{G^T(E)}$ 和 $\mathbb{P}^O$ 之间的 Wasserstein 距离。考虑输入的两个网络只是部分匹配的并且分布 $\mathbb{P}^E$ 和 $\mathbb{P}^O$ 是不同的，学习到的映射矩阵只能是自洽（self-consistent）的，即矩阵 G 只能近似于正交矩阵但不是真正的正交矩阵。

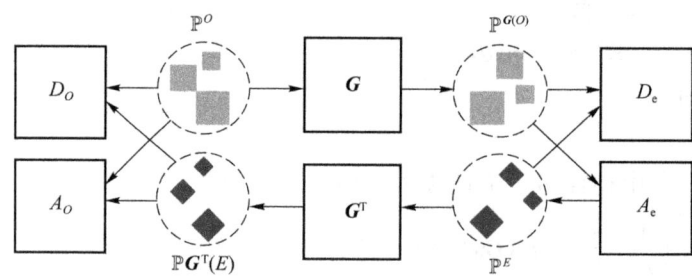

图 11-5 双向映射模型 $SNNA_b$ 的框架图

$SNNA_b$ 模型可以轻易地使用两个共享映射矩阵 G 的单向模型 $SNNA_u$ 来实现。第一个 $SNNA_u$ 模型使用映射函数 G 和辨别器 D_e 来最小化分布 $\mathbb{P}^{G(O)}$ 和 $\mathbb{P}^E$ 之间的 Wasserstein 距离。第二个 $SNNA_u$ 模型利用转置矩阵 G^T 作为映射函数，以及辨别器 D_o 来最小化分布 $\mathbb{P}^{G^T(E)}$ 和 $\mathbb{P}^O$ 之间的 Wasserstein 距离。上述两个 $SNNA_u$ 模型可以依次进行学习优化。模型训练完成后，仍然可以利用学习到的映射函数 G 来为源空间的账户选择对应的目标空间上的匹配账户。

11.2.6 正交映射模型 $SNNA_o$

不同于 $SNNA_b$ 模型中的自洽性假设，本小节对映射矩阵 G 引入了更强的正交限制。如果 G 是一个正交矩阵，那么源矩阵应该能够很轻易地利用转置矩阵 G^T 从其映射版本中重构出来，即 $G^T G w_o = w_o$，这样就可以保证社交账户和自然人可以进行双向的转换。考虑重构得到的分布有可能和原始的分布完全相同，$SNNA_o$ 学习到的映射矩阵要比 $SNNA_b$ 模型更接近正交矩阵。因此，本书提出了一个基于重构思想的组件来将更强的正交限制引入对抗学习模型中。

如图 11-6 所示，本书期待能够利用转置矩阵 G^T 从映射处理后的源分布 $\mathbb{P}^{G(O)}$ 中重构出原始的源分布 $\mathbb{P}^O$。重构后的源分布的定义为 $\mathbb{P}^{O'}$，然后本书提出了一个新的目标函数来最小化原始的源分布和重构的源分布之间的区别：

$$\min_{G \in \mathbb{R}^{d \times d}} L_R = \lambda_r \mathbb{E}_{w_o \sim \mathbb{P}^O}[d(w_o, G^T G w_o)]$$

其中 λ_r 是一个控制重构误差权重的超参数。通过最小化误差 L_R，学习到的转移矩阵 G 应该靠近正交矩阵。$SNNA_o$ 模型的训练过程与 $SNNA_u$ 模型的训练过程类似，仅仅需要添加新定义的重构误差函数。在 $SNNA_o$ 模型中，学习到的映射矩阵应该是正交的、标注数据敏感的，同时也可以最小化两个分布之间的距离。因此，$SNNA_o$ 模型中生成器 G 的目标函数是 3 个误差函数 L_G，L_C 和 L_R 的权重相加求和。

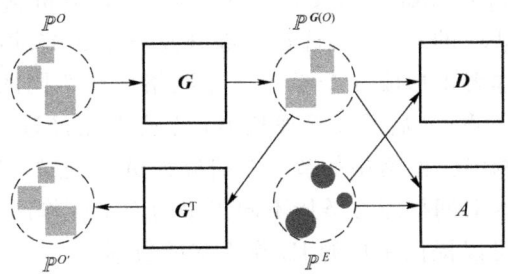

图 11-6　正交映射模型 $SNNA_o$ 的框架图

11.3　实　　验

11.3.1　数据集介绍

本书利用了 2 对社交网络数据集和 3 对学术合作数据集来评估所提出的模型。表 11-1 展示了所使用数据集的统计信息。

表 11-1　数据集的统计信息

数据集	源网络	目标网络	#M
Twi.-Fli.	Twitter(3 259)	Flickr(4 308)	2 773
Wei.-Dou.	Weibo(4 119)	Douban(4 554)	3 235
DBLP15-16	DBLP15(3 881)	DBLP16(5 989)	1 852
DBLP16-17	DBLP16(5 989)	DBLP17(7 073)	2 570
DBLP15-17	DBLP15(3 881)	DBLP17(7 073)	1 492

注：#M 代表已知的匹配的账户对的个数

- Twitter-Flickr：Twitter 和 Flickr 是两个非常流行的社交网络。一般来说很难获取匹配的账号作为训练数据和评估标准。幸运的是，社交网络用户可以在 about.me 平台上展示和链接自己在不同社交平台上的账号。基于从 about.me 网站上搜集到的匹配对，可以爬取到同一个自然人在 Twitter 和 Flickr 上的社交网络信息。通过移除拥有较少属性的账号，最终可以获得 3 259 个 Twitter 账号和 4 308 个 Flickr 账号,其中 2 773 个账号是一一对应的。
- Weibo-Douban:新浪微博是在中国最有影响力的社交平台之一。豆瓣为用户提供了一个可以发表文本,分享电影、书籍和音乐的社交平台。豆瓣用户可以将自己的新浪微博链接放置在自己的主页,因此可以获得两个社交网络之间的匹配关系。除此之外,本书还随机地从两个社交平台中选择了一部分未匹配的账号来形成只有部分匹配样本对的数据集,最终,获得了 4 119 个微博账号和 4 554 个豆瓣账号,其中 3 235 对是已知的匹配账户。
- DBLP:DBLP(http://dblp.uni-trier.de/)是一个计算机领域的学术引用网站,其数据集是可以公开获取的[①]。本书选择了部分发表在 2015 年、2016 年和 2017 年的文章以及其对应的作者来形成 3 个学术合作网络。在不同的年份,本书选择 Yoshua Bengio 作为中心节点,然后通过寻找从中心节点开始经过三跳距离能够到达的合作者来形成一个子网络。网络中的节点是研究人员,节点的属性是该研究人员在这一年发表的论文。本书期待能够链接不同年份的学术合作网络上的同一个研究人员,并且 DBLP 网站可以提供用户的 ID 作为基准数据。

11.3.2 数据预处理

Twitter 用户的特征空间是基于其发表的短文本和社交关注关系来构建的。对于社交网络中的短文本,我们首先利用 NLTK 工具[②]对爬取到的短文本进行清洗,包括词干抽取和停用词移除。一个用户发表的所有的 Tweets 被看作一个整体,然后被表示成一个 tf-idf 特征向量。我们进一步利用一个流行的可以保存节点属性的图表示学习模型 TADW 将网络拓扑结构信息和文本属性同时表示到低维度节点表示向量中。其他数据集的特征空间也是利用 TADW 来创建的,只是利用了不同类型的节点属性(Flickr 用户发布的图片对应的标签和加入的兴趣组、新浪微博用户发布的短文本和标签、豆瓣用户发布的兴趣标签和加入的兴趣组)。对于社交网络,某个用户 v_i 正则化之后的好友数目被看作该用户的拓扑影响力 p_i,并将会用于从对应的概率分布进行训练样本的采样。对于 DBLP 数据集,我们首先根据 2015 年、2016 年和 2017 年 3 年发表的文章创建 3 个学术合作网络。针对学术合作网络上的每个节点,我们收集其对应的作者在该年发表的文章,并抽取其题目和摘要作为节点的属性。文本属性同样被表示为 tf-idf 向量,然后和合作关系一起通过 TADW 模型融合进低维度的表示向量中。在学术合作网络中,本书利用每个节点的度作为其抽样的概率。值得注意的是,不同网络的特征空间是单独学习的,因此可以保证 SSNA 模型可以处理不同类型的社交网络。

11.3.3 对比方法

本书提出的模型将与下面多种流行的方法进行对比,包括半监督和监督的社交网络对齐模型。

---

① http://dblp.uni-trier.de/xml/。
② https://www.nltk.org/。

- MAH 是一个基于子空间学习的半监督模型,可以利用社交网络结构来提升账户匹配的效果。
- COSNET 是一个基于能量模型的社交网络匹配的方法,其考虑了多个网络之间的局部一致性和整体一致性,进而提出了一个有效的次梯度的训练方法来高效地训练模型。
- IONE 是一个基于联合学习的方法,可以同时进行图表示学习和社交网络对齐,其中图表示学习用来捕捉账户之间的相似性。
- CoLink 是一个弱监督的学习模型,其设计了一个协同训练算法来同时学习两个子模型:基于属性的模型和基于关系的模型。
- ULink 通过建模共享的用户隐空间来进行账户的链接。

下面介绍一下不同方法的参数设置。在提出的 SNNA 模型中,社交网络对应的特征空间的维度设置为 100。SNNA 模型中的辨别器 D 是一个只有一个隐藏层的多层感知机模型(MLP)。因为一个太强大的辨别器可能使得生成器失去对抗能力,进而导致对抗学习模型的崩溃,因此本书利用了一个相对简单的模型来实现辨别器。对于生成器 G,其映射矩阵被随机初始化为一个正交矩阵。每个训练批次的大小为 256,学习率 α 被设置为 0.001。如算法 11-1 所示,在每次训练循环中辨别器将会被训练 n_d 次。在本书中 n_d 设置为 5,剪枝权重为 0.01,基于标注数据的误差的权重 λ_c 设置为 0.2,重构误差的权重 λ_r 设置为 0.3。对比方法的参数设置参考原始的文章。对于 CoLink 模型,我们利用支持向量机(SVM)分类器作为其基于属性的模型。

依照现有工作,本书选择了 Hit-Precision 作为评估指标:

$$h(x) = \frac{k - (\text{hit}(x) - 1)}{k}$$

其中 hit(x) 是正确的目标用户在返回的 top-k 候选者中的排序位置。top-k 候选者是根据映射后的源账户和目标账户之间的距离来选择的。Hit-Precision 计算了所有匹配对对应分数的平均值:$\frac{\sum_{i=0}^{i=m} h(x_i)}{m}$,其中 m 是匹配对的个数。

11.3.4 实验结果

对于每个数据集,本书随机地从已知匹配的账户对中选择 T_{tr} 比例的样本作为训练数据,然后随机地选择 N_{te} 个匹配的样本对作为测试数据。这里将训练数据所占的比例 T_{tr} 固定为 10%,将测试数据集的个数 N_{te} 固定为 500。本书将所提出的 3 种 SNNA 模型与现存方法进行对比,然后记录不同的 k 对应的 Hit-Precision 得分。上述过程将重复 3 次并记录其平均得分。

表 11-2 展示了所有方法在社交网络数据集上的实验结果。表 11-3 展示了所有方法在学术合作数据集上的实验结果。从实验结果中可以看出,DBLP 数据集上所有模型的表现都要优于社交网络数据集上的表现。这可能是因为学术合作数据集一般是相对噪声少、相对有规则的,并且其网络也更加稠密,因此能够提供更丰富的账户匹配的指导信息。

COSNET 模型的表现优于 MAH 模型，主要是因为其引入了局部拓扑相似性和整体拓扑相似性。作为一个全监督模型，ULink 在半监督的设定下效果不理想，因为全监督模型一般需要大量的标注数据（例如 80% 的标注数据）才能达到一个令人满意的效果。CoLink 模型在所有的对比方法中表现最好，因为其设计了一个精细的目标函数来同时利用节点属性和网络结构，并且基于属性的目标函数和基于关系的目标函数可以相互补充和促进，进而得到了良好的效果。

表 11-2 社交网络数据集上的实验结果（Hit-Precision）

3 种 SNNA 模型与现存方法	Twitter-Flickr			Weibo-Douban		
	$k=3$	$k=5$	$k=10$	$k=3$	$k=5$	$k=10$
MAH	0.132	0.153	0.192	0.125	0.142	0.191
COSNET	0.144	0.187	0.236	0.132	0.161	0.194
IONE	0.161	0.196	0.242	0.150	0.189	0.232
CoLink	0.193	0.225	0.267	0.171	0.193	0.244
ULink	0.141	0.162	0.199	0.113	0.142	0.198
$SNNA_u$	0.228	0.244	0.295	0.215	0.246	0.282
$SNNA_b$	0.235	0.252	0.304	0.237	0.252	0.298
$SNNA_o$	0.263	0.283	0.321	0.251	0.282	0.311

表 11-3 学术合作数据集上的实验结果（Hit-Precision）

3 种 SNNA 模型与现存方法	DBLP15-16			DBLP16-17			DBLP15-17		
	$k=3$	$k=5$	$k=10$	$k=3$	$k=5$	$k=10$	$k=3$	$k=5$	$k=10$
MAH	0.277	0.309	0.354	0.275	0.305	0.356	0.267	0.311	0.363
COSNET	0.292	0.330	0.373	0.288	0.332	0.386	0.289	0.338	0.375
IONE	0.302	0.347	0.397	0.308	0.345	0.396	0.310	0.352	0.377
CoLink	0.322	0.379	0.414	0.310	0.345	0.400	0.317	0.366	0.395
ULink	0.283	0.318	0.359	0.304	0.317	0.375	0.278	0.325	0.366
$SNNA_u$	0.342	0.388	0.437	0.323	0.353	0.427	0.331	0.376	0.423
$SNNA_b$	0.353	0.394	0.441	0.332	0.379	0.439	0.344	0.382	0.437
$SNNA_o$	**0.383**	**0.420**	**0.461**	**0.350**	**0.399**	**0.457**	**0.373**	**0.417**	**0.469**

从实验结果中还可以看出，在所有的数据集上，本书提出的 SNNA 模型的表现要优于其他模型。这是因为 SNNA 模型引入了整体上的分布相似性信息作为补充，进而可以减少模型对标注数据的依赖。单向的匹配模型 $SNNA_u$ 相对最好对比方法（CoLink）的效果提高了 3%。通过引入自洽的限制，双向模型 $SNNA_b$ 的表现进一步得到了提升，证明了一个正交矩阵有助于提高社交网络匹配的效果。$SNNA_o$ 模型在所有的方法中效果最好，其相对最优的对比方法（CoLink）的表现提升了 7%。通过引入更强的正交限制，相对于双向模型 $SNNA_b$，$SNNA_o$ 进一步提高了接近 3% 的得分，证明了该模型的有效性。

11.3.5 模型训练过程分析

对抗学习的一个著名的特点是其训练过程的不稳定性。因此，本小节展示并分析了 SNNA。模型的训练轨迹。在此选择 DBLP15-16 作为数据集，并将 Hit-Precision 计算过程中的参数 k 设置为 5。每经过 10 000 个训练批次，保存一个临时模型，最终可以得到 100 个临时模型。针对每个临时模型，我们记录了其辨别器的输出结果并将它作为其估测出的 Wasserstein 距离，同时记录了该临时模型在社交网络匹配任务上的效果。值得注意的是，为了方便观察，这里将训练得到的 Wasserstein 距离归一化到 0～10 的范围内。如图 11-7 所示，从实验结果可以看出，随着训练批次的增加，Wasserstein 距离逐步减小，然而 Hit-Precision 得分在逐步增加。实验结果证明了：①本书提出的 SNNA 模型能够在动态环境下有效地减小两个分布之间的 Wasserstein 距离；②一个较小的 Wasserstein 距离对应了更好的社交网络对齐的效果。因此，我们可以保存拥有最小的 Wasserstein 距离的临时模型作为最终的模型。

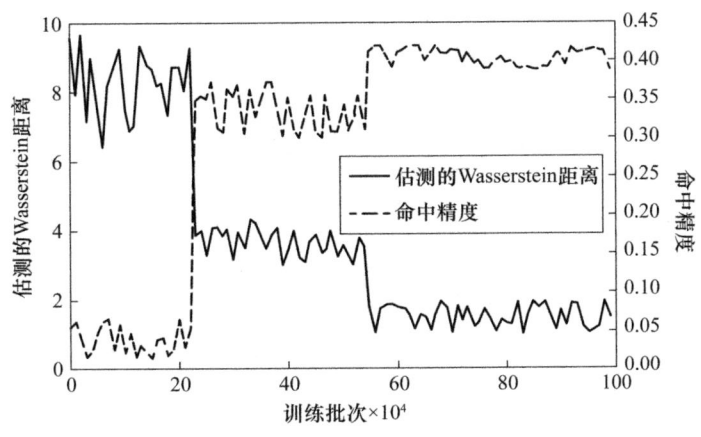

图 11-7 SNNA。模型的训练轨迹

11.4 本章小结

本章深入地探讨了基于图表示学习框架的半监督社交网络对齐任务，旨在通过高效的低维表示学习方法，有效地整合并优化跨社交平台的用户账号匹配过程。具体而言，本章首先利用先进的图表示技术，从复杂的社会关系网络中抽取并构建高质量的低维社交表示空间，该空间能够保留网络结构的关键特性与节点间的内在联系。在此基础上，通过巧妙地融入跨社交平台间的同质性假设，本章提出了一种名为 SNNA（社交网络对齐网络）的框架，该框架能够在概率分布的层面上进行精细化的用户账号匹配，显著地降低了对大量标注数据的依赖，从而提升了实际应用中的可行性与效率。

为实现这一目标，研究问题被转化为一个映射函数的学习与优化过程。理想的映射函数设计需满足两个核心要求：一是能够最小化两个社交平台用户概率分布之间的

Wasserstein 距离,以精确衡量并缩小跨平台间的分布差异;二是能够充分利用有限的标注信息,通过监督学习的方式进一步增强用户匹配的效果与精度。

  为了有效应对上述挑战,本书创新性地引入了对抗学习的机制,以无监督的方式自动学习并最小化两个分布之间的 Wasserstein 距离,从而实现了更为平滑且稳定的跨域对齐。进一步地,为了探索不同匹配策略对性能的影响,本书在 SNNA 框架内引入了多层次的正交限制条件,并据此构建了 3 个具体的模型变体:单向匹配模型 $SNNA_u$,该模型侧重于单向的映射优化;双向匹配模型 $SNNA_b$,通过双向映射的相互约束提升对齐的鲁棒性;正交匹配模型 $SNNA_o$,通过强制映射矩阵的正交性来保证信息的独立性与映射的准确性。

  为验证 SNNA 框架及其各模型变体的有效性,本书在多个公开且多样化的社交网络数据集上进行了广泛的实验评估。实验结果表明,所提出的 SNNA 模型在用户账号匹配准确率上有显著提升,还展示了在处理不同规模与特性的社交网络时的良好泛化能力,充分证明了该模型在解决半监督社交网络对齐问题上的优越性与实用性。

第 12 章
结　语

　　本书全面地回顾了近年来在基于预训练语言模型和图表示学习的文本属性图表示学习这一前沿交叉领域所取得的重大进展。作为一种极具创新性和变革性的研究方向，文本属性图表示学习不仅有效地结合了语言模型和图模型的优势，还为自然语言处理、信息检索、社交网络分析等多个领域带来了深远的影响。通过系统梳理该领域的关键技术和理论创新，本书对未来的发展趋势和潜在应用场景进行了深入展望，展示了文本属性图这一新兴领域的广阔前景。

　　本书的核心是探讨预训练语言模型与图表示学习的深度融合如何为文本属性图的表示学习带来更强大的能力。预训练语言模型（如 BERT、GPT 等）凭借其卓越的语言理解和泛化性能，为文本表示提供了极其丰富的语义特征。它们能够从大规模语料库中捕捉上下文信息、词汇间的复杂关系，并生成高质量的文本向量表示。而图表示学习技术则通过挖掘文本之间的关联性、层次结构以及节点间的复杂拓扑关系，揭示了文本数据内在的结构化特征。这两者的结合弥补了各自在单独使用时的不足。预训练语言模型往往无法很好地处理文本之间的关系及动态拓扑结构，而图表示学习虽然擅长捕捉节点间的复杂关系，但在处理文本的语义层面时常常力有不逮。通过深度融合语言模型和图模型，我们能够更全面地建模文本属性图的多样性和复杂性，提升对文本的表示能力，并在实际应用中取得了令人瞩目的成果。

　　本书展示了预训练语言模型与图表示学习技术的融合策略从简单到复杂的演进历程。从早期的简单拼接与特征融合方法，到联合训练和端到端优化，再到紧耦合的文本属性图表示学习模型，每一代技术的迭代都伴随着显著的性能提升和应用场景的扩展。在应用方面，文本属性图表示学习技术已经展现出巨大的潜力。以下是几个典型的应用领域。①搜索广告系统：基于文本属性图的个性化推荐算法能够更精确地捕捉用户兴趣和广告内容之间的匹配，从而显著地提升广告的点击率和转化率。这类模型通过结合用户的历史行为、广告的语义内容以及用户与广告之间的复杂关系，提供了更加智能化的广告推荐。②社交网络对齐：在社交网络对齐任务中，图表示学习能够有效地识别跨平台的用户身份，帮助不同社交平台间的信息传播与用户互动。通过对用户行为和文本信息的联合建模，文本属性图能够在不同平台之间找到相似的用户特征，实现身份的精确匹配。③低资源场景下的文本处理：在数据资源有限的场景下，半监督或自监督的图表示学习方法可以充分地利用未标注数据中的信息，改善标注数据不足的问题。这为低资源语言、领域特定文本数据的处理提供了极为有效的解决方案。

尽管我们在文本属性图表示学习领域已经取得了显著进展,文本属性图上的表示学习仍然面临着许多挑战,如非线性图结构的建模、复杂性与可解释性的平衡、更有效的协同学习方法、动态性与实时性的处理等。未来的研究将需要集中精力解决这些问题,以推动文本属性图表示学习领域的进一步发展。

(1) 非线性图结构的建模

文本属性图(如知识图谱、社交网络图等)通常具有复杂的非线性结构,这种结构不仅体现在节点之间的连接方式上,还体现在节点属性的多样性、节点间关系的多重性以及图的动态变化性上。文本属性图中的节点和关系往往具有高维且稀疏的特征,这使得在保持信息完整性的同时进行有效的降维和稠密化表示变得尤为困难。文本属性图可能包含多个层次的结构信息(如全局结构、局部社区、节点间的多层次关系等),如何有效地整合这些信息以形成全面的节点表示是一个关键问题。传统的线性模型难以有效地捕捉这种复杂的非线性结构,导致表示学习的效果受限。

(2) 复杂性与可解释性的平衡

随着文本数据规模的不断增大和复杂性的不断提高,如何在保证表示能力的同时提高模型的可解释性成了一个亟待解决的问题。预训练语言模型与图表示学习技术的融合虽然带来了强大的表示能力,但也可能导致模型过于复杂、难以解释。因此,在未来的研究中,我们需要探索如何在保持模型性能的同时提高其可解释性,以便更好地理解模型的决策过程并对其进行优化。

(3) 更有效的协同学习方法

文本属性图上的表示学习往往需要同时考虑文本信息和图结构信息,随着文本数据规模的不断增大和复杂性的不断提高,如何设计有效的协同学习方法以充分利用这两种信息是一个重要挑战。文本属性图中的节点和关系可能包含不同类型的异构信息(如文本描述、数值属性、分类标签等),如何有效地融合这些信息以形成统一的节点表示是一个难题。过度依赖某一方面的信息可能导致表示学习的偏差,如何设计合理的协同训练策略以平衡文本信息和图结构信息在表示学习过程中的贡献是一个关键问题。

(4) 动态性与实时性的处理

现实世界中的文本数据往往是动态变化的,文本属性图的结构和属性也可能随着时间的推移而发生变化,如何及时捕捉这些变化并更新模型的表示以适应新的数据环境,设计能够自适应这些变化的表示学习方法,是文本属性图表示学习面临的一个挑战。此外,某些应用场景,如实时推荐系统、在线社交网络分析等,对模型的实时性要求也非常高。因此,在未来的研究中,我们需要探索如何构建具有动态更新能力和实时响应能力的文本属性图表示学习模型。

综合而言,文本属性图上的表示学习工作为深化我们对文本数据和图结构融合的理解做出了重要的贡献,为构建更智能、更适应现实场景的应用奠定了坚实的基础。在不断追求更优化的算法和更创新的方法的同时,我们对这一领域的深入探索将继续推动科学研究的发展。回顾过去,文本属性图表示学习领域已经取得了令人瞩目的成就;展望未来,这一领域仍然充满了无限的可能与机遇。随着技术的不断进步和应用场景的不断拓展,我们有理由相信,文本属性图表示学习将在未来的智能时代中发挥更加重要的作用。

作为研究者、开发者或应用者,我们都应该保持对新技术、新方法的敏感度和好奇心,不断探索和创新。同时,我们也需要关注技术发展的伦理问题和社会影响,确保技术的合法、合规、安全应用。只有这样,我们才能共同创造一个更加智能、更加美好的未来。

最后,感谢所有为文本属性图表示学习领域做出贡献的学者、工程师和爱好者,是你们的智慧和努力推动了这一领域的不断发展与进步。让我们携手并进,共创智能未来!

参 考 文 献

[1] ZHU Y Q, DU Y Q, WANG Y K, et al. A survey on deep graph generation: methods and applications[EB/OL]. (2022-05-13)[2025-03-01]. https://arxiv.org/abs/2203.06714v3.

[2] MIAO H, SHEN J X, CAO J N, et al. MBA-STNet: Bayes-enhanced discriminative multi-task learning for flow prediction[J]. IEEE Transactions on Knowledge and Data Engineering, 2023, 35(7): 7164-7177.

[3] ZHANG Z J, ZHAO X Y, MIAO H, et al. AutoSTL: automated spatio-temporal multi-task learning[EB/OL]. (2023-04-16)[2025-03-01]. https://arxiv.org/abs/2304.09174v1.

[4] ZHANG P Y, YAN Y C, LI C Z, et al. Continual learning on dynamic graphs via parameter isolation[C]//Proceedings of the 46th International ACM SIGIR Conference on Research and Development in Information Retrieval. Taipei: ACM, 2023: 601-611.

[5] YANG J H, LIU Z, XIAO S T, et al. GraphFormers: GNN-nested transformers for representation learning on textual graph[EB/OL]. [2025-03-01]. https://arxiv.org/abs/2105.02605v3.

[6] HE X X, BRESSON X, LAURENT T, et al. Harnessing explanations: LLM-to-LM interpreter for enhanced text-attributed graph representation learning[EB/OL]. [2025-03-01]. https://arxiv.org/abs/2305.19523v5.

[7] HAMILTON W L, YING R, LESKOVEC J, et al. Inductive representation learning on large graphs[C]//Proceedings of the 31st International Conference on Neural Information Processing Systems. Long Beach, California, USA: ACM, 2017: 1025-1035.

[8] SEN P, NAMATA G, BILGIC M, et al. Collective classification in network data[J]. AI Magazine, 2008, 29(3): 93-106.

[9] ZHAO J N, QU M, LI C Z, et al. Learning on large-scale text-attributed graphs via variational inference[EB/OL]. https://arxiv.org/abs/2210.14709v2.

[10] DEVLIN J, CHANG M W, LEE K, et al. BERT: pre-training of deep bidirectional transformers for language understanding[C]//North American Chapter of the Association for Computational Linguistics, 2021.

[11] CLARK K, LUONG M T, LE Q V, et al. Electra: pre-training text encoders as

discriminators rather than generators[C]//Proceedings of ICLR. 2020.

[12] CONNEAU A, KHANDELWAL K, GOYAL N, et al. Unsupervised cross-lingual representation learning at scale[C]//Proceedings of the 58th Annual Meeting of the Association for Computational Linguistics. Stroudsburg, PA, USA: ACL, 2020: 8440-8451.

[13] HE P, LIU X, GAO J, et al. Deberta: decoding-enhanced bert with disentangled attention[C]//Proceedings of ICLR. 2021.

[14] SANH V, DEBUT L, CHAUMOND J, et al. Distilbert, a distilled version of bert: smaller, faster, cheaper and lighter[C]//ArXiv, 2019.

[15] KIPF T N, WELLING M. Semi-supervised classification with graph convolutional networks[C]//Proceedings of ICLR. 2017.

[16] VELICKOVIC P, CUCURULL G, CASANOVA A, et al. Graph attention networks [C]//Proceedings of ICLR. 2018.

[17] XU K, HU W, LESKOVEC J, et al. How powerful are graph neural networks? [C]//Proceedings of ICLR. 2019.

[18] XU K, LI C, TIAN Y, et al. Representation learning on graphs with jumping knowledge networks[C]//Proceedings of ICML. 2018.

[19] DU J L, WANG S Z, MIAO H, et al. Multi-channel pooling graph neural networks [C]//International Joint Conference on Artificial Intelligence. 2022: 1442-1448.

[20] HUANG Z, WANG Y, LI C, et al. Going deeper into permutation-sensitive graph neural networks[C]//Proceedings of ICML. 2022: 9377-9409.

[21] LI R, ZHAO J, LI C, et al. House: knowledge graph embedding with householder parameteriza-tion[C]//Proceedings of ICML. 2022.

[22] ZHAO Y, LI C Z, PENG J Q, et al. Beyond the overlapping users: cross-domain recommendation via adaptive anchor link learning[C]//Proceedings of the 46th International ACM SIGIR Conference on Research and Development in Information Retrieval. Taipei: ACM, 2023: 1488-1497.

[23] KIM Y. Convolutional neural networks for sentence classification[C]//EMNLP, 2014.

[24] SHEN Y L, HE X D, GAO J F, et al. Learning semantic representations using convolutional neural networks for web search[C]//Proceedings of the 23rd International Conference on World Wide Web. Seoul, Korea: ACM, 2014: 373-374.

[25] TAI K S, SOCHER R, MANNING C D. Improved semantic representations from tree-structured long short-term memorynetworks[EB/OL]. [2025-03-01]. https://arxiv.org/abs/1503.00075v3.

[26] VASWANI A, SHAZEER N, PARMAR N, et al. Attention is all you need[C]// NeurIPS, 2017.

[27] YANG Z, DAI Z, YANG Y, et al. XInet: generalized autoregressive pretraining for language understanding[C]//NeurIPS, 2019.

[28] ZHANG M H, CHEN Y X. Link prediction based on graph neural networks[C]//

Neural Information Processing Systems, 2022

[29] TERU K K, DENIS E G, HAMILTON W L, et al. Inductive relation prediction by subgraph reasoning[C]//Proceedings of the 37th International Conference on Machine Learning. ACM, 2020:9448-9457.

[30] GURURANGAN S, MARASOVIĆ A, SWAYAMDIPTA S, et al. Don't stop pretraining:adapt language models to domains and tasks[C]//Proceedings of the 58th Annual Meeting of the Association for Computational Linguistics. Stroudsburg, PA, USA:ACL, 2020:8342-8360.

[31] CHIEN E L, CHANG W C, HSIEH C J, et al. Node feature extraction by self-supervised multi-scale neighborhoodprediction[EB/OL]. [2025-03-01]. https://arxiv.org/abs/2111.00064v3.

[32] YASUNAGA M, LESKOVEC J, LIANG P. LinkBERT:pretraining language models with document links[C]//Annual Meeting of the Association for Computational Linguistics, 2024.

[33] ZHU J, CUI Y L, LIU Y M, et al. TextGNN:improving text encoder via graph neural network in sponsored search[C]//Proceedings of the Web Conference 2021. Ljubljana Slovenia:ACM, 2021:2848-2857.

[34] LI C Z, PANG B C, LIU Y M, et al. AdsGNN:behavior-graph augmented relevance modeling in sponsored search[C]//Proceedings of the 44th International ACM SIGIR Conference on Research and Development in Information Retrieval. Virtual Event, Canada:ACM, 2021:223-232.

[35] BI S X, LI C Z, HAN X, et al. Leveraging bidding graphs for advertiser-aware relevance modeling in sponsored search [C]//Findings of the Association for Computational Linguistics:EMNLP 2021. Stroudsburg, PA, USA:ACL, 2021:2215-2224.

[36] PANG B C, LI C Z, LIU Y M, et al. Improving relevance modeling via heterogeneous behavior graph learning in Bing ads[C]//Proceedings of the 28th ACM SIGKDD Conference on Knowledge Discovery and Data Mining. Washington DC, USA:ACM, 2022:3713-3721.

[37] HUANG L Z, MA D H, LI S J, et al. Text level graph neural network for text classification[EB/OL]. [2025-03-01]. https://arxiv.org/abs/1910.02356v2.

[38] HU L M, YANG T C, SHI C, et al. Heterogeneous graph attention networks for semi-supervised short text classification[C]//Proceedings of the 2019 Conference on Empirical Methods in Natural Language Processing and the 9th International Joint Conference on Natural Language Processing (EMNLP-IJCNLP). Hong Kong, China:ACL, 2019:4820-4829.

[39] ZHANG Y F, YU X L, CUI Z Y, et al. Every document owns its structure: inductive text classification via graph neuralnetworks[EB/OL]. [2025-03-01]. https://arxiv.org/abs/2004.13826v2.

[40] LIU X E, YOU X X, ZHANG X, et al. Tensor graph convolutional networks for text classification[J]. Proceedings of the AAAI Conference on Artificial Intelligence, 2020, 34(5):8409-8416.

[41] MERNYEI P, CANGEA C. Wiki-CS:a wikipedia-based benchmark for graph neural networks[EB/OL]. [2025-03-01]. https://arxiv.org/abs/2007.02901v2.

[42] SHCHUR O, MUMME M, BOJCHEVSKI A, et al. Pitfalls of graph neural networkevaluation[EB/OL]. [2025-03-01]. https://arxiv.org/abs/1811.05868v2.

[43] BROWN T B, MANN B, RYDER N, et al. Language models are few-shot learners[C]//Proceedings of the 34th International Conference on Neural Information Processing Systems. Vancouver, BC, Canada:ACM, 2020:1877-1901.

[44] MIKOLOV T, SUTSKEVER I, CHEN K, et al. Distributed representations of words and phrases and theircompositionality[EB/OL]. [2025-03-01]. https://arxiv.org/abs/1310.4546v1.

[45] PENNINGTON J, SOCHER R, MANNING C. Glove:global vectors for word representation[C]//Proceedings of the 2014 Conference on Empirical Methods in Natural Language Processing (EMNLP). Stroudsburg, PA, USA:ACL, 2014:1532-1543.

[46] PETERS M E, NEUMANN M, IYYER M, et al. Deep contextualized word representations[EB/OL]. [2025-03-01]. https://arxiv.org/abs/1802.05365v2.

[47] RADFORD A, NARASIMHAN K, SALIMANS T, et al. Improving language understanding by generative pre-training,2018.

[48] LI G, MÜLLER M, GHANEM B, et al. Training graph neural networks with 1000 layers[C]//Proceedings of ICML, 2021.

[49] HU W, FEY M, ZITNIK M, et al. Open graph benchmark:datasets for machine learning on graphs[C]//Advances in Neural Information Processing Systems, 2020.

[50] FREITAS S, DONG Y X, NEIL J, et al. A large-scale database for graph representationlearning[EB/OL]. [2025-03-01]. https://arxiv.org/abs/2011.07682v3.

[51] ZHENG Q K, ZOU X, DONG Y X, et al. Graph robustness benchmark:benchmarking the adversarial robustness of graph machinelearning[EB/OL]. [2025-03-01]. https://arxiv.org/abs/2111.04314v1.

[52] NI J M, LI J C, MCAULEY J. Justifying recommendations using distantly-labeled reviews and fine-grained aspects[C]//Proceedings of the 2019 Conference on Empirical Methods in Natural Language Processing and the 9th International Joint Conference on Natural Language Processing (EMNLP-IJCNLP). Hong Kong, China:ACL, 2019:188-197.

[53] GURURANGAN S, MARASOVIĆ A, SWAYAMDIPTA S, et al. Don't stop pretraining:adapt language models to domains andtasks[EB/OL]. [2025-03-01]. https://arxiv.org/abs/2004.10964v3.

[54] CHEN M D, DU J F, PASUNURU R, et al. Improving in-context few-shot

learning via self-supervisedtraining[EB/OL].[2025-03-01]. https://arxiv.org/abs/2205.01703v2.

[55] YOU Y N, CHEN T L, SUI Y D, et al. Graph contrastive learning with augmentations[C]//Proceedings of the 34th International Conference on Neural Information Processing Systems. Vancouver, BC, Canada:ACM, 2020:5812-5823.

[56] ZHU Y Q, XU Y C, YU F, et al. Deep graph contrastive representation learning[EB/OL].[2025-03-01]. https://arxiv.org/abs/2006.04131v2.

[57] YAN H, WANG S Z, YIN J, et al. Hierarchical graph contrastive learning[C]//Machine Learning and Knowledge Discovery in Databases:Research Track. ACM, 2023:700-715.

[58] WANG S, YAN H, DU J, et al. Adversarial hard negative generation for complementary graph contrastive learning[C]//Proceedings of SDM, 2023.

[59] PEROZZI B, AL-RFOU R, SKIENA S. DeepWalk:online learning of social representations[C]//Proceedings of the 20th ACM SIGKDD International Conference on Knowledge Discovery and Data Mining. New York, USA:ACM, 2014:701-710.

[60] WU Q, ZHAO W, LI Z, et al. Nodeformer:a scalable graph structure learning transformer for node classification[C]//Proceedings of NeurIPS, 2022.

[61] MONTI F, BOSCAINI D, MASCI J, et al. Geometric deep learning on graphs and manifolds using mixture model CNNs[C]//2017 IEEE Conference on Computer Vision and Pattern Recognition(CVPR). Honolulu, HI, USA:IEEE, 2017:5425-5434.

[62] GASTEIGER J, BOJCHEVSKI A, GÜNNEMANN S. Predict then propagate:graph neural networks meet personalized pagerank[C]//Proceedings of ICLR, 2019.

[63] WANG M J, ZHENG D, YE Z H, et al. Deep graph library:a graph-centric, highly-performant package for graph neuralnetworks[EB/OL].[2025-03-01]. https://arxiv.org/abs/1909.01315v2.

[64] WOLF T, DEBUT L, SANH V, et al. Transformers:state-of-the-art natural language processing[C]//Proceedings of the 2020 Conference on Empirical Methods in Natural Language Processing:System Demonstrations. Stroudsburg, PA, USA:ACL, 2020:38-45.

[65] PANG B C, LI C Z, LIU Y M, et al. Improving relevance modeling via heterogeneous behavior graph learning in Bing ads[C]//Proceedings of the 28th ACM SIGKDD Conference on Knowledge Discovery and Data Mining. Washington DC, USA:ACM, 2022:3713-3721.

[66] TIAN Z J, LI C Z, ZUO Z Q, et al. PASS:personalized advertiser-aware sponsored search[C]//Proceedings of the 29th ACM SIGKDD Conference on Knowledge Discovery and Data Mining. Long Beach, CA, USA:ACM, 2023:4924-4936.

[67] LIU Z H, XIONG C Y, SUN M S, et al. Fine-grained fact verification with kernel graph attention network[C]//Proceedings of the 58th Annual Meeting of the Association for Computational Linguistics. Stroudsburg, PA, USA:ACL, 2020:

7342-7351.

[68] NEAL R M, HINTON G E. A view of the EM algorithm that justifies incremental, sparse, and other variants[J]. 1999:355-368.

[69] QU M, BENGIO Y, TANG J. GMNN: graphmarkov neural networks. ICML, 2019.

[70] SOCHER R, PERELYGIN A, WU J, et al. Recursive deep models for semantic compositionality over a sentiment treebank[C]//Proceedings of the 2013 Conference on Empirical Methods in Natural Language Processing. Seattle, Washington, USA: ACL, 2013:1631-1642.

[71] WILLIAMS A, NANGIA N, BOWMAN S R. A broad-coverage challenge corpus for sentence understanding throughinference[EB/OL]. [2025-03-01]. https://arxiv.org/abs/1704.05426v4.

[72] BESAG J. Statistical analysis of non-lattice data[J]. Journal of the Royal Statistical Society:Series D(the Statistician), 1975, 24(3):179-195.

[73] HINTON G E, DAYAN P, FREY B J, et al. The "wake-sleep" algorithm for unsupervised neural networks[J]. Science, 1995, 268(5214):1158-1161.

[74] HAMILTON W L, YING R, LESKOVEC J. Inductive representation learning on large graphs[J]. ArXiv e-Prints, 2017:1706.02216.

[75] ZHANG W T, YIN Z Q, SHENG Z A, et al. Graph attention multi-layer perceptron [C]//Proceedings of the 28th ACM SIGKDD Conference on Knowledge Discovery and Data Mining. Washington DC, USA:ACM, 2022:4560-4570.

[76] SUN C, WU G. Scalable and adaptive graph neural networks with self-label-enhanced training[C]//CoRR, 2021,abs/2104.09376.